W0311922

Unterhalb aller Materie, unterhalb der kleinsten Teilchen liegt ein interaktives Subquantenfeld, das elementarste Partikel und Prozesse verbindet. Das von Laszlo postulierte und von ihm so benannte universale Psi-Feld wirkt als Informationsspeicher und kreativer Urgrund des Seins, der in steter Wechselwirkung mit allen Strukturen der Materie, des Lebendigen und des Geistigen steht. Mit dieser Hypothese bündelt Laszlo zahlreiche neuere Erkenntnisse aus den verschiedenen Einzeldisziplinen zu einem einheitlichen Paradigma.

Auf der Suche nach einem ›missing link‹ zwischen kausaler Verursachung von Ereignissen und spontaner Kreativität überprüft Laszlo vor allem die offensichtlichen Anomalien in Quantenphysik, Evolutionslehre und Bewußtseinsforschung. Nach seiner faszinierenden Hypothese ist es die unsichtbare Verknüpfung von Informationsströmen, die einerseits die Spuren des Vergangenen bewahrt und andererseits neue und zukunftsgerichtete Realitäten aufbaut.

Seine Kritik am gegenwärtigen Naturverständnis, das letztlich immer noch materiell-reduktionistisch verfährt, ist wissenschaftlich gründlich und präzise formuliert. Im Gegensatz zu anderen ganzheitlichen Theorien, die ebenfalls von einer holographischen Verbundenheit der Welt ausgehen, ohne dies jedoch im einzelnen belegen zu können, ist Laszlos Entwurf eines universalen Feldes ein klar formuliertes wissenschaftliches Denkmodell, das eine experimentelle Überprüfung geradezu herausfordert.

Ervin Laszlo, 1932 in Budapest geboren. Dr. Dr. c. mult. Dozent an den Universitäten Yale und Princeton, Professor für Philosophie, Systemwissenschaft und Zukunftsforschung. Wissenschaftlicher Berater des Generaldirektors der UNESCO, Mitglied des Club of Rome, Rektor der Wiener Akademie für Zukunftsfragen, Gründungsrektor der Frankfurter Akademie für Evolutionäres Management. Laszlo verfaßte, neben zahlreichen Zeitschriftenbeiträgen, 55 Bücher. In Deutschland sind u. a. erschienen: *Evolution – die neue Synthese* (1987), *Evolutionäres Management* (1992), *Global denken. Die Neu-Gestaltung der vernetzten Welt* (1989), *Die inneren Grenzen der Menschheit* (1988), *Der Laszlo-Report. Wege zum globalen Überleben* (1992). Im Insel Verlag erschien 1994 *Wissenschaft und Wirklichkeit*.

insel taschenbuch 2108

Ervin Laszlo

Kosmische Kreativität

Ervin Laszlo

Kosmische Kreativität

Neue Grundlagen
einer einheitlichen Wissenschaft
von Materie, Geist und Leben

Aus dem Englischen
von Vladimir Delavre

Insel Verlag

insel taschenbuch 2108
Erste Auflage 1997
Insel Verlag Frankfurt am Main und Leipzig
© der Originalausgabe Floris Books, Edinburgh 1993
© der deutschsprachigen Ausgabe
Insel Verlag Frankfurt am Main und Leipzig 1995
Alle Rechte vorbehalten
Hinweise zu dieser Ausgabe am Schluß des Bandes
Vertrieb durch den Suhrkamp Taschenbuch Verlag
Umschlag nach Entwürfen von Hermann Michels
Druck: Nomos Verlagsgesellschaft, Baden-Baden
Printed in Germany

1 2 3 4 5 – 01 00 99 98 97

Inhaltsverzeichnis

Danksagung

Recherche und Niederschrift des hier vorliegenden Textes waren für mich ein einzigartiges Abenteuer, wobei sich Phasen der Euphorie mit Nächten der Verzweiflung abwechselten. Dennoch waren es nur die Implikationen und Ausdrucksmöglichkeiten der grundlegenden Einsichten, die ich zu vermitteln versuchte, die dabei in Frage standen, nicht jedoch der Kern dieser Einsicht selbst. Dies gab mir die Stärke, über Monate und Jahre des Überdenkens und Korrigierens hinweg weiterzuarbeiten und von Zeit zu Zeit den Rat von Freunden und Kollegen in Anspruch zu nehmen, von deren entsprechender Orientierung und tiefer Motivation ich wußte.

Ich möchte mich daher bei dieser Gelegenheit für die vielfältige konstruktive Kritik und die Beurteilungen bedanken, die mir glücklicherweise zuteil wurden. Diese kamen vor allem von den Mitgliedern der General Evolution Research Group, einem internationalen und interdisziplinären Forschungs-Netzwerk, das ich 1987 mit der Unterstützung von Jonas Salk gegründet habe. Meine Kollegen zeigten sich immer wohlwollend – sie beteiligten sich an der Suche nach allgemeinen Gesetzen des Evolutionsprozesses –, waren aber dennoch frei und offen in ihren Kommentaren und ihrer Kritik. Besonders detailliert und konstruktiv waren die Anmerkungen von Robert Artigiani, Vilmos Csanyi, David Loye, Jonathan Schull und Ignazio Masulli. Der kürzlich verstorbene David Bohm unterstützte mich von Anfang an und stellte mir viele wertvolle Unterlagen zur Verfügung. Karl Pribram hat Teile des Manuskripts wiederholt gelesen und einsichtig und präzise kommentiert. Ich bedanke mich auch bei John Wheeler und Henry Stapp für die ausführlichen und intensiven Diskussionen. Ibn Ravn, Mark Braham, David Dunn, Pal Greguss, Stanley Krippner, Henry Margenau,

Roberto Peccei, Rupert Sheldrake, Mauro Ceruti, Ignazio Licata, Dario Schena Sterza und Roberto Fondi haben jeweils verschiedene Teile des Manuskripts gelesen und konstruktive Anmerkungen gemacht. David Peat half bei der Darstellung der eher esoterischen Konzepte der neuen Physik, während Jean Staune, der für die französische Übersetzung der hier vorliegenden Arbeit im Rahmen der von ihm herausgegebenen Serie bei der Editions Fayard (Paris) verantwortlich ist, mir zahlreiche wertvolle Kommentare und unendlich viel Ermutigung zukommen ließ. Zum guten Schluß möchte ich noch meine tiefe Dankbarkeit gegenüber Christopher Moore, meinem Lektor bei Floris, ausdrücken, dessen beständiges und tiefgründiges Interesse zu einer Zusammenarbeit führte, die von Perioden intensiver Arbeit und Diskussionen in den sonnigen Hügeln der Toskana akzentuiert wurde.

Montescudaio, Toskana im Juni 1993

Vorwort

von Karl Pribram

Dieses Buch ist ein hervorragendes Beispiel postmoderner Auseinandersetzung in ihrer besten Form. Die ersten beiden Teile demonstrieren die Anomalien und Lücken in der heute geltenden Wissenschaft. Die nächsten Abschnitte entwickeln kühn eine neue Wissenschaftsbeschreibung, die darauf hinzielt, unser Verständnis über die bisherigen Begrenzungen hinaus zu führen. Was diese Kapitel anbetrifft, möchte ich warnend darauf hinweisen, daß der Leser die einst von Warren McCulloch geäußerte Maxime beachten möge: »Beiße mir nicht in den Finger, schaue, wohin er zeigt«.

Die Wissenschaft des 20. Jahrhunderts war bei ihrer Suche nach Wissen außerordentlich erfolgreich. Vom kognitiven Standpunkt sind jedoch alle mathematischen Formulierungen in sich selbst unvollständig. Die beschreibenden Aspekte der Wissenschaft, die Konzepte und Bedeutungsinhalte, auf die sich die Berechnungen beziehen, sind vernachlässigt worden, häufig mit Absicht, wie zum Beispiel in der heute noch populären Kopenhagener Interpretation der Quantenphysik. Diese Vernachlässigung hat bei einigen von uns ein ziemliches Unbehagen ausgelöst und, was noch wichtiger ist, dazu geführt, daß die in dem hier vorliegenden Band beschriebenen Anomalien und Wissenslücken vertuscht wurden.

Kosmische Kreativität faßt die Dinge, die in der heutigen beschreibenden Wissenschaft fehlen, hervorragend zusammen. Natürlich ist Laszlo nicht der Einzige, der diese Lücken beklagt. Einstein, Dirac, Bohm und Bell haben alle versucht, ihre jeweiligen physikalischen Formeln zu verstehen, ebenso wie Koestler es in der Biologie und Psychologie versucht hat. Das herkömmliche Schulwissen hat aber in der Regel die Eleganz des bereits Erreichten betont, oft mit dem Hinweis verbunden, daß jeder Versuch eines weiteren Verständnisses nur verwirren würde.

Laszlo ist dafür zu loben, daß er uns eine verständliche Alternative bietet. Alle oben angeführten Wissenschaftler folgten derselben Gedankenrichtung, der jetzt auch Laszlo nachgeht. Er zeigt uns, daß sich die Wissenschaft am Ende des 20. Jahrhunderts erneut mit dem Feldkonzept beschäftigt, das wegen der fast ausschließlichen Betonung von Partikelstrukturen über fast einhundert Jahre lang als obsolet galt.

Feldvorstellungen werden dann benutzt, wenn Fernwirkungen erklärt werden müssen. Newton betrachtete solche Wirkungen und Wechselwirkungen als Kräfte. Heute haben wir uns so sehr an diese Denkweise gewöhnt, daß wir die Gravitationskraft als etwas Gegenständliches betrachten. In Wirklichkeit ist die Fernwirkung das einzig Beobachtbare. Das bedeutet nach Laszlos Ansicht, daß die Gravitation nur eine Schlußfolgerung unserer Beobachtung ist; sie selbst ist keine beobachtbare Größe und daher, ähnlich wie bei Feldkonzepten, nur indirekt ableitbar.

Der Grund dafür, daß wir uns so sehr an die Annahme gewöhnt haben, daß Gravitationsfelder tatsächlich existieren, liegt darin, daß ihre Eigenschaften klar beschrieben wurden und unsere Beobachtungen sie zum allgemeinen Gedankengut gemacht haben. Natürlich gelten diese Selbstverständlichkeiten nur für zwei wechselwirkende Körper; das Drei-Körper-Problem wird erst jetzt allmählich mittels nichtlinearer Computerberechnungen lösbar.

Gravitations-, elektromagnetische, starke und schwache Kernkräfte sind wenigstens den Wissenschaftlern alle inzwischen relativ vertraut, weil die aus ihnen abgeleiteten Eigenschaften keine radikale Abkehr von den gewohnten wissenschaftlichen Messungen erforderlich machen. Die Existenz dieser vier Felder läßt sich aus Wechselwirkungen zwischen Objekten herleiten. Diese Wechselwirkungen erfolgen in Raum und Zeit. Bei den Kernkräften muß man auf Ereigniswahrscheinlichkeiten zurückgreifen; das Gesetz, nach dem die Wirkung mit dem Quadrat der Entfernung abnimmt, wird dabei durch Paulis Ausschließungsprinzip ersetzt usw. Dennoch läßt sich mit den Ableitungen, wenn auch nur mühsam, arbeiten.

Das hier postulierte fünfte Feld ist anders. Es wird nicht aus einer Wechselwirkung zwischen räumlich und zeitlich getrennten Objekten abgeleitet. Wie von Bohm beschrieben, werden Raum und Zeit zu einem impliziten Faktor, sie sind ›eingefaltet‹. Aus mathematischer Sicht ist das fünfte Feld spektral und holographisch organisiert. Die Organisation besteht aus Interferenzmustern, d. h., aus den Amplituden (Größen) der an den Kreuzungsstellen der Wellenformen vorhandenen Interferenzmuster. Die Gleichungen, welche die Transformation von Raumzeit zum Spektralbereich beschreiben, werden Spreizfunktionen genannt, weil die Veränderungen die entsprechenden Spreizfaktoren in eine Verteilungsfunktion solcher Amplituden umwandeln. Die Verhältnisse zwischen den Amplituden kann man sich als holographische Landschaft vorstellen, die sich als Konturkarte darstellen läßt, ähnlich wie es bei den bekannten Wetterkarten mit ihren Temperaturgradienten der Fall ist.

Das fünfte Feld ist daher nicht einfach aus Beobachtungen abgeleitet. Es ist vielmehr eine Transformation von Feldern, die aus Beobachtungen abgeleitet werden. Die Tatsache, daß es sich beim fünften Feld um einen Aspekt zweiter Ordnung handelt, erschwert das Verständnis bedeutend. Tatsächlich konnten bis zur technischen Verwirklichung der holographischen Formelstruktur nur die Mathematiker diesen Typ der Organisationsform nachvollziehen. Leibniz war der erste, der die sogenannten Monaden beschrieb; die erst kurz zurückliegende Entdeckung holographischer Darstellungsmöglichkeiten ist Gabor zu verdanken.

Naturwissenschaftler gehen weniger gerne mit Transformationsgleichungen um als Mathematiker. Transformationen setzen Aktionsstrecken voraus. Bis vor kurzem betrachteten die Wissenschaftler Aktionsstrecken in bezug zu Energieerhaltungsgesetzen, deren Optimierungen in bezug zum Gesetz der kleinsten Wirkung. Prigogine schaffte etwas Neues, indem er auf den Unterschied zwischen weit vom Gleichgewicht entfernten stabilen Zuständen und gewöhnlichen Gleichgewichtszuständen hinwies. Die von den Transformationsgleichungen beschriebenen Wege zwischen Raumzeit und Spektralbereich und umgekehrt könnten sowohl zu Gleichgewichts- als auch zu Ungleichgewichtszuständen führen. Wenn das Prinzip der kleinsten Wirkung in Kraft ist, nehmen die Pfadintegrale eine quantenmechanische Gestalt ein. Gabor hat gezeigt, daß diese Form nicht auf den quantenmechanischen Bereich beschränkt ist, sondern universell für jede Kommunikation gilt. Er definiert daher den Begriff eines sogenannten Informationsquantums, d. h., einen Kanal, der eine Informationseinheit mit der geringstmöglichen Unsicherheit übertragen kann.

Der Weg der geringstmöglichen Unsicherheit führt natürlich zu einer Kommunikation mit maximalem Informationsgehalt. Wenn wir den Informationsgehalt als Maßstab der Komplexität eines Systems ansehen, gelangen wir auf direktem Wege zu Prigogines Beschreibung des Überganges von der Ordnung zum Chaos.

Es gibt daher mindestens zwei Klassen von Wegen, die die Transformationen beschreiben können, die sich zwischen Spektral- und Raumzeitbereichen ereignen. Beide beginnen mit der Definition eines Phasenraumes, der sowohl die spektralen als auch die Raumzeitbereiche umfaßt. Die erste Klasse betont den spektralen Aspekt mit der Beschreibung der räumlichen Aufteilung der Materie; die zweite den Raumzeitaspekt mit der Beschreibung des Zeitverlaufs der Komplexität.

Es gibt nur einen einzigen Aspekt dieses Buches, dem ich nicht voll zustimmen kann. Als Physiologe ist mir bekannt, daß oft gleiche oder ähnliche Beschreibungen (sogar mathematische Formeln) auf verschiedene Organisationsebenen zutreffen. So können sich z. B. Molekülaggregate ganz ähnlich wie Zellaggregate verhalten – gelegentlich sogar wie Gruppen von Individuen. Ökonomische Gesetze lassen sich auf das Verhalten von Nervensystemen anwenden, während die Rückkoppelungsschleifen, die im Organismus Homöostase und Homöorese regeln, sich ebenso auf Kontrollmaßnahmen im technischen Bereich anwenden lassen. Telefonische Kommunikationssysteme, die als Netzwerke zur Informationsübertragung eingesetzt werden, und die Programmierung von Computern stellen elegante Metaphern dafür dar, wie das Gehirn arbeitet und damit das Verhalten und die Erfahrung erzeugt und regelt.

Das Problem entsteht jedoch dann, wenn man aus diesen Metaphern ein genaues Modell konstruieren will, das die Ähnlichkeiten und Unterschiede im Transformationsbereich genau beschriebe und also aufzeigen könnte, wie unterschiedliche Ebenen einander beeinflussen können. Das hier vorliegende Buch ist diesbezüglich, das heißt in der Erklärung in der Beziehung zwischen Psi-Feld und Hirnfunktion, unvollständig. Obwohl ich auf Grundlage der von Laszlo beschriebenen Tatsachen die Hypothese formuliert habe, daß eine Überstimulation der frontolimbischen Hirnstrukturen den Primaten, einschließlich des Menschen, erlaubt, in einen holistischen, holographieähnlichen Funktionszustand überzugehen, habe ich Schwierigkeiten mit der Vorstellung, wie das Psi-Feld den Organismus auf irgendeinem spezifischen außersinnlichen Wege beeinflussen könnte. Es fällt mir ähnlich schwer, dem Psi-Feld die Eigenschaften eines Speichers des menschlichen Dauergedächtnisses zuzuerkennen, wie Laszlo es tut. Aus meiner Sicht wird das Psi-Feld Teil des Transformationsprozesses – d. h., es beschreibt Transformationswege auf *verschiedenen* Ebenen – und ermöglicht damit die Brückenbildung vom Kosmos zum Quark.

Die obigen Einschränkungen könnten aber auch an meinem eigenen mangelnden Verständnis liegen. Als ich ein Kind war, fiel es mir schwer zu glauben, daß ein Gefährt, das schwerer als die Luft war, jemals als Massentransportmittel geeignet sein würde; die Funktion von Papierfliegern leuchtete mir schon eher ein. Tragbare Radiogeräte und ihre heutigen Miniaturausführungen beeindrucken mich immer noch. Das Fernsehen übermannt mich mit seinen Schockfarben und Großaufnahmen von Gesichtern. So denke ich auch beim Lesen dieses Buches an beliebte Abenteuergeschichten, wie z. B. Die *Mikrobenjäger* und Admiral Byrds Erforschung der Antarktis. Laszlo hat das Bedürfnis nach einem auf das 21. Jahrhundert ausgerichteten Wissenschaftsbericht erfüllt, ein Bedürfnis, das in unserem Jahrhundert sträflich vernachlässigt worden ist.

Einführung

Diese Untersuchung greift eine Frage auf, die aus meiner Sicht grundlegend für die wissenschaftliche Erforschung der Natur der Realität ist. Die Frage heißt nicht ›Warum gibt es etwas in der Welt anstatt nichts‹, wie es auf die eine oder andere Weise von Theologen und Philosophen von Thomas von Aquin bis G. W. Leibniz spekulativ formuliert wurde. Mit Ausnahme einer religiösen Auslegung gibt es auf diese Frage keine Antwort. Die grundlegende Frage der Wissenschaft ist vergleichsweise bescheidener. Sie lautet: Wie sind die Dinge zu dem geworden, was sie sind? Wie sieht die Dynamik im Herzen der Natur aus, die das hervorbringt, was wir sehen und was wir sind? Weil nämlich das, was wir sehen und was wir sind – auch wenn es nicht streng vorbestimmt ist –, nicht das Ergebnis reinen Zufalls sein kann. Schließlich entwickelten sich die Dinge der Welt im ganzen gesehen zu etwas Geordnetem und Konsistenten und nicht etwa ungeordnet und chaotisch. Wenn das so ist, so muß es entweder einen Schöpfer gegeben haben, der es notwendigerweise so gewollt hat, oder eine Prozeßdynamik, die immer wieder zur Ordnung führte. Es ist eine Herausforderung für die Erfahrungswissenschaften, die Natur dieser Dynamik zu entschlüsseln.

Das vor Ihnen liegende Buch nimmt diese Herausforderung an. Das Problem, um das es hierbei geht, stellt unseren Verstand auf die Probe – es umfaßt sowohl die grundlegende Frage der Wissenschaft nach der Natur der Realität und darüber hinaus das Problem, ob es auf diese Frage nur eine einzige konsistente Antwort gibt oder etwa verschiedene voneinander unabhängige Antworten. Die wissenschaftliche Forschung hat bisher keine in sich schlüssige, allein gültige Erklärung bezüglich der Prozeßdynamik der natürlichen Ordnungen hervorgebracht; obwohl Naturphilosophen, Naturtheologen und metaphysisch orientierte Prozeßanalytiker immer wieder danach gesucht haben. Diese Situation hat aber vielleicht mehr mit der Aufteilung der wissenschaftlichen Forschung in einzelne Bereiche zu tun als mit der Natur derjenigen Realität, welche diese Forschung zu entschlüsseln sucht.

In den drei Jahrzehnten, in denen ich mich mit dieser Frage auseinandergesetzt habe – mein erstes Buch zu dem Thema *Essential Society: An Ontological Reconstruction* erschien 1963 –, habe ich nicht nur die Ungewöhnlichkeit der Herausforderung erkannt, die mit diesem Problem verbunden ist, sondern auch, daß die wissenschaftliche Forschung beachtenswerte Fortschritte zu ihrer Lösung macht. Jetzt, in den Neunzigern, entstehen ausgeklügelte interdisziplinäre Konzepte, Methoden und Theorien gemeinsam mit einer deutlichen Verschiebung der Sichtweise vom Sein der Dinge zu ihrem *Werden*. Das führt zu der vernünftigen Erwartung, daß die Wissenschaft das Wesentliche der Dynamik erfassen kann, die der aus Unbestimmtheit und Turbulenz entstehenden Komplexität und Ordnung zugrunde liegt – oder, wie es die alten Griechen sagen würden, wie der Kosmos aus dem Grund des Chaos aufersteht. In meiner eigenen Arbeit habe ich nach Nachweisen einer grundlegenden Systemdynamik in den Hauptrichtungen der Naturwissenschaften gesucht; zunächst in Whiteheads *Process Metaphysics,* in der Kybernetik Wieners und Bertalanffys allgemeiner Systemtheorie; später in Prigogines Theorie dissipativer Systeme und Bohms Konzept der impliziten Ordnung. Jedoch konnte mich das alles nicht zufriedenstellen: Obwohl jede der Theorien etwas Grundlegendes erhellte, das in den vorangegangenen fehlte, zeigte keine von ihnen das wesentliche Konzept, mit dem man eine einheitliche Entwicklungsdynamik hätte aufbauen können. Dann allerdings nahm meine Suche eine unerwartete Wendung.

Es ergab sich, daß ich eines schönen Abends im Jahre 1986, unter einem Himmel von unendlicher Klarheit und Tiefe, mit einigen engen Freunden und Kollegen an der Mittelmeerküste zusammensaß, als mir die diesem Buch zugrundeliegende Einsicht zuteil wurde. Wir waren alle nachdenklicher Stimmung, weil wir eben dabei waren, uns von dem Schock zu erholen, den die Nachricht vom Tod eines gemeinsamen Freundes ausgelöst hatte, der von uns allen wegen seiner Einsichtsfähigkeit und Kreativität, ebenso wegen seines tiefempfundenen Humanismus bewundert wurde. Während jeder von uns Episoden aus dem vollen und abenteuerlichen Leben unseres Freundes erzählte, bemerkte jemand, wie tragisch es doch sei, daß die im Laufe seines Lebens angesammelten Erfahrungen und Erkenntnisse mit seinem Tod verschwunden seien, ohne eine Spur zu hinterlassen. Mit einer Überzeugung, die mich selbst ebenso wie die anderen überraschte, antwortete ich, daß Erfahrungen und Kenntnisse unseres Freundes keineswegs aus dieser Welt verschwunden wären: die Spuren seien immer noch vorhanden, genauso wie die Spuren aller anderen Dinge, die jemals im Universum existierten.

Wir schwiegen. Die Wahrheit dieser Behauptung, so kühn sie auch war, ergriff uns alle. Nach einer kurzen Zeit fragte mich einer der Freunde, wieso ich so sicher sein könnte. Meine Antwort kam aus einem mir bisher nicht bewußt gewordenen inneren Reservoir von Ideen und Konzepten. Ich sprach vom Geiz der Natur, vom Aufstieg und Fall all dessen, was je im Kosmos und hier auf der Erde zur Existenz gelangte. Ich sagte, daß ein menschliches Leben, das ungewöhnlichste Abenteuer der Materie im Universum, keine Ausnahme vom Gesetz der Bewahrung aller Dinge und Ereignisse im Kosmos sein könnte und es auch nicht sein kann. Der Reichtum der Eindrücke und Erkenntnisse im Leben eines Menschen verschwindet nicht spurlos; vielmehr bleibt er im Herzen der Realität registriert und eingebettet. Es war, als ob ein Lichtstrahl aus einem der Myriaden Sterne von der Himmelskuppel, die sich über dem ruhigen Strand erhob, auf unsere Augen traf. Eben in diesem Augenblick traf ein Licht auf unsere Augen, das aus allen Teilen des Universums stammte und uns Signale übertrug, die die gesamte Geschichte des Kosmos umfaßten. Nichts in dieser Welt ging spurlos unter, weder ein einziges Photon eines Sterns in Gamma Centauri noch eine Zelle aus dem Netzwerk der Neuronen im Gehirn unseres verstorbenen Freundes.

Nach einer Weile sagten wir uns gute Nacht und verabredeten uns für den nächsten Morgen zum Schwimmen. Am Tage drauf, als wir uns am Strand von der hellen Morgensonne trocknen ließen, fragten meine Freunde, ob ich immer noch von meinem nächtlichen Konzept eines sich selbst bewahrenden Kosmos überzeugt sei. Es war mein erster Impuls, die ganze Idee als Frucht eines poetischen Zwischenspiels ohne weitere Bedeutung zu verwerfen. Ich konnte es aber nicht. Die Idee hielt mich gefangen; sie fühlte sich intuitiv richtig an. Es wurde mir klar, daß es sich hier nicht um etwas handelte, was mir in der letzten Nacht eingefallen war, sondern um etwas, das ich schon immer gewußt hatte. Ich beschloß, auf dieses Konzept zurückzukommen und es in Ruhe zu untersuchen.

Es war Monate später, als ich mein Buch über die allgemeinen Entwicklungsgesetze schon beendet hatte, als es mir klar wurde, daß die Erkenntnis dieses Sommerabends einen Zugang zum Verständnis des Rätsels der Entwicklung von Ordnung im Universum bot. Um aufzuzeigen, wie diese Einsicht – die über Tausende von Jahren im menschlichen Bewußtsein vorhanden gewesen ist – zu einer vernünftigen Lösung des größten aller denkbaren Rätsel beitragen kann, sollte ich zunächst etwas mehr über die Natur dieses Rätsels sagen.

Wenn die Welt, die uns umgibt, das ist, was sie zu sein scheint, und wenn sie nicht schon fertig geschaffen wurde, sondern sich allmählich entwickelt hat, dann muß etwas mehr als der reine Zufall ihre Entwicklung bestimmt haben.

Ein Zufallsprozeß hätte nicht den Grad der Ordnung erzeugen können, dem wir in der Natur begegnen; nicht einmal das Chaos, das uns gelegentlich umgibt, hätte allein vom Zufall geschaffen werden können. Tatsache ist, daß reine unverfälschte Zufälligkeit keinen Platz im Universum gehabt haben kann, auch nicht in der Gemeinsamkeit mit kleinen Anteilen von Ordnung. Wenn eine Reihe zufälliger Ereignisse den Entwicklungsprozeß markiert hätte, würden die aus diesem Prozeß entstandenen Dinge untereinander zu weiteren zufälligen Abweichungen geführt haben. Höhere Ordnungen hätten sich nicht aus diesem Satz zufällig abweichender unterer Ordnungen entwickeln können – es sei denn, daß alle Realität, obwohl sie aus fensterlosen Monaden besteht, von Leibniz' prästabilierter Harmonie regiert wäre. Wenn man von einem dem reinen Zufall ausgesetzten Prozeß ausgeht, würden sogar zuvor geordnete Strukturen im Laufe der Zeit auseinanderwachsen.

In der Natur und in der von Menschen geschaffenen Welt gibt es viele Beispiele für die Diversifikation sich entwickelnder Systeme, die keinen koordinierenden Entwicklungsfaktoren unterliegen. So zeigen zum Beispiel Experimente, daß die Aufhebung der Bindungen zwischen Zellen und Organismus zu einem raschen Anstieg der Heterogenität führt: Lebende Zellen verändern sich in einem Kulturmedium wesentlich stärker als in der morphologischen Gesamtstruktur eines Lebewesens. Wenn keine gemeinsamen Bindungen vorliegen, wird die Tendenz zur Divergenz auch intuitiv in unserem Alltag sichtbar: wenn zwei Menschen – unabhängig davon, wie sehr sie ursprünglich einander zugetan waren – keine gemeinsamen Bindungen hätten, würden ihre jeweils eigenen und natürlicherweise unterschiedlichen Erfahrungen sie allmählich auseinanderdriften lassen. Ein solches Paar wird kaum zusammenbleiben und gemeinsam Teil derselben sozialen Gruppe oder kulturellen Gemeinschaft sein. Solche Beispiele lehren uns, daß es äußerst unwahrscheinlich ist, daß in einem unkoordinierten zufallsgetragenen Universum die ungeheuer komplexen Ordnungen hätten entstehen können, die den biologischen, geistigen und kulturellen Phänomenen zugrunde liegen. Dennoch sind Leben, Geist und die vielschichtige Komplexität des Kosmos und der menschlichen Gesellschaft tatsächlich entstanden. Offensichtlich wurde der Evolutionsprozeß nicht vom reinen Zufall beherrscht: es muß auch ein deutliches Maß von Verbundenheit und Koordination vorhanden gewesen sein.

Wie aber könnten die vielen Dinge der realen Welt miteinander verbunden und koordiniert werden? Wie können Dinge, wie Zellen und Menschen, ebenso wie Atome und Moleküle, Arten und ganze Ökologien, sich nicht nur auseinanderentwickeln, sondern auch aufeinander zuwachsen und sich miteinander verbinden, obwohl sie doch durch Raum und Zeit voneinander getrennt sind? Hat hier eine kosmische Intelligenz die Verbindungen erschaffen – oder war es die Natur?

Wenn die Ordnungen, die wir in der Natur vorfinden, das Ergebnis eines evolutionären Prozesses wären, müßte ein Faktor im Universum vorliegen, der das Spiel des Zufalls eingrenzt, das sonst die Entwicklungslinien auseinanderdriften lassen würde. Dieses Etwas könnte eine individuelle Verbindung zwischen den sich entwickelnden Strukturen selbst sein – wie etwa Liebe und Sympathie zwischen zwei Menschen – oder auch die Integration innerhalb eines größeren Systems, etwa einer gemeinsamen sozialen Gruppe oder kulturellen Gemeinschaft (oder, im Falle von Körperzellen, die Integration in einem lebenden Organismus). Solche Verknüpfungen und Einbindungen müssen überall in der Natur vorhanden sein, weil die Materie sich im Laufe der Zeit zu komplexen Strukturen entwickelt hat, zu wahren Quantenkathedralen innerhalb von Atomen, Atomen innerhalb von Molekülen, Molekülen innerhalb von Kristallen ... und weiter zu Zellen innerhalb von Organismen, Organismen innerhalb von Gesellschaften und Gesellschaften innerhalb von Ökologien. All das verlangt nach einer Erklärung.

Die überraschende Erinnerung an diesen letzten Sommer könnte sie uns liefern. Wenn in der Tat alles, was sich im sichtbaren Universum ereignet, auf irgendeine Weise in der Struktur der Raumzeit gespeichert wird, könnte die Natur den nötigen minimalen Impuls erhalten, der zunächst zufällig auseinanderstrebende Entwicklungspfade zu einem deutlich konvergenten Verlauf bringen könnte. Das liegt daran, daß ein Prozeß, der ein gewisses Maß an Eigenbezüglichkeit aufweist, nicht mehr völlig zufällig verläuft, sondern eine innere Konsistenz aufrechtzuerhalten versucht. Wenn diese Eigenbezüglichkeit nicht monolithisch oder deterministisch ist, wird sie nicht zu einer reinen Wiederholung bereits erreichter Ordnungsgrade führen, sondern vielmehr Möglichkeiten schaffen, die eine echte Neuentwicklung innerhalb des von der inneren Konsistenz vorgegebenen Rahmens ermöglichen. Wenn das Universum die Spuren seiner eigenen Entwicklung bewahren und in das jeweils aktuelle Geschehen zurückkoppeln könnte, und so die einzelnen Teile in Übereinstimmung mit dem Ganzen und das Ganze in Übereinstimmung mit den Teilen ›in-formieren‹ würde, könnte es sich kreativ und in sich selbst konsistent zu höheren Ordnungen entwickeln, ohne der mechanistischen Begrenzung einer Selbstwiederholung oder der chaotischen Anarchie des uneingeschränkten Zufalls ausgesetzt zu sein.

Auf den ersten Blick scheint die Vorstellung, daß die Spuren des Gesamtzustands des Universums – Physiker würden es die Spuren der Wellenfunktion nennen – in der physikalischen Realität kodiert sind, völlig phantastisch zu sein. Bei näherer Betrachtung erscheint sie jedoch viel weniger phantastisch als irgendeine andere Erklärung der kosmischen Ordnung, die wir kennen. Der Gedanke, daß die Ordnung der Natur einem Weg folgt, der bereits am Anfang des Universums vorbestimmt war, wurde gemeinsam mit dem

Niedergang der deterministischen Vorstellungen der klassischen Mechanik aufgegeben; während sich auf der anderen Seite das partiell zufällige Quantenuniversum, das Newtons deterministisches Universum ersetzte, über die Entwicklung höherer Ordnungsformen und -ebenen ausschweigt. Die Annahme, daß ›Blaupausen‹ oder Archetypen die Naturprozesse aktiv in Richtung ihrer Realisierung formen, setzt eine Teleologie voraus, die den erlaubten Rahmen einer wissenschaftlichen Theorie überschreitet; während die These, nach der die vorgefundene Ordnung ›aus dem Nichts‹ geschaffen wurde, eine religiöse Wahrheit verkündet, die völlig außerhalb des wissenschaftlichen Denkens liegt. Konsequenterweise könnte daher die Einsicht, daß das physische Universum sich selbst ›in-formiert‹ und sich so sowohl kreativ als auch konsistent ohne äußere Einflüsse entwickelt, sowohl die knappste als auch vernünftigste aller verfügbaren Deutungen sein.

Natürlich müssen wir, wenn wir die Sinnhaftigkeit einer selbstbezüglichen Dynamik aufzeigen wollen, die alle Dinge der Welt erzeugen kann, zunächst erklären, wie eine so geschaffene Welt sich im Laufe ihrer Entwicklung ›in-formieren‹ könnte. Dieses Buch ist der Aufgabe gewidmet, diejenige interaktive und selbstbezügliche Dynamik zu suchen und zu identifizieren, die geeignet wäre, die in der Natur vorzufindende Ordnung zu erschaffen. Die hier vorgelegten Theorien und Hypothesen werden ohne Dogmatismus vorgestellt, weil die Größe der behandelten Probleme und die Kühnheit der sich aus ihnen ergebenden Lösungen das nicht zulassen.

Kühnheit, die durch methodisches Denken diszipliniert wird, ist jedoch nicht fehl am Platz. Obwohl die Wissenschaft auf sehr vielen Gebieten großartige Ergebnisse erreicht hat, ist sie noch weit davon entfernt, alle Geheimnisse entschlüsselt zu haben; vielmehr ist es nur der erste Abschnitt eines langen Weges, der von intuitiven und mythischen Anschauungen zu einem systematisch erarbeiteten und gründlich überprüften Wissen von der fundamentalen Natur der Welt führt, in der wir selbst und alles, was uns wert ist, zur Existenz gelangten. Die Wissenschaft hat jedoch die ersten Schritte schon längst getan. Sie hat vielleicht schon das Tor erreicht, das zur wahren Einsicht in den einheitlichen interaktiven Prozeß führt, der die verschiedenen konsistenten Ordnungen der unterscheidbaren, aber nicht grundsätzlich getrennten Bereiche erzeugt, die wir gewohnheitsmäßig als ›Materie‹, ›Leben‹ und ›Geist‹ bezeichnen.

Wir sollten nicht zögern, auf diesem Weg weiterzuschreiten.

I. Die Suche

1. Die kosmologische Revolution

> Es gibt *einen* gemeinsamen Fleiß, *einen* gemeinsamen Atem, alle Dinge stehen miteinander in sympathischer Verbindung.
>
> Hippokrates

Der ewige Traum

Es war schon immer ein großartiger Traum, die Welt um uns herum zu verstehen und uns selbst als Teil von ihr zu erkennen. Man träumte ihn in allen Kulturen und Zivilisationen – er ist die Inspiration prähistorischer Mythen und früher Magie gewesen, die Intuition von Mystikern und die Vision von Propheten. Seit zweieinhalbtausend Jahren, seit die Denker der alten Griechen mythische Ansichten und magische Formeln durch rationale Erklärungen ersetzten, war der Traum, die Sterne über uns und den Geist in uns zu erkennen, eine der stärksten Quellen philosophischen Denkens. Und im sechzehnten und siebzehnten Jahrhundert, als kühne Geister damit begannen, die Natur der Realität durch Beobachtung und Experiment zu erkunden, wurde der Traum vom Verständnis unseres Selbst und der Welt um uns auch zum Ursprung des Unternehmens Wissenschaft.

Im jetzigen Zeitalter ist dieser Traum so gut wie verlorengegangen. Die Suche nach materiellem Fortschritt war wichtiger als der Wunsch, eine Bedeutung im Leben und eine Ganzheit in unserer Existenz zu finden. Der moderne Mensch wollte nicht einsehen, daß die vielen Ebenen des Kosmos – die irdische Sphäre unten und die himmlische Sphäre oben – durch umfassende Sympathien aneinandergebunden sind; daß der Mikrokosmos den Makrokosmos reflektiert und daß ein Körnchen Sand das Universum spiegeln kann. In klassischen Zivilisationen waren die intuitiven Gedanken des Hippokrates und das Prinzip von Hermes Trismegistos unbestrittene Wahrheiten: es gibt einen gemeinsamen Fluß, und so wie oben, so auch unten. Der moderne Mensch, geprägt von der im 18. Jahrhundert entstandenen Verbindung zwischen neuer Wissenschaft und traditionellem Handwerk, betrachtete solche umfassenden Ansichten als reinen Aberglauben. Das industrielle Zeitalter eröffnete neue Möglichkeiten zur Befriedigung materieller Bedürfnisse und betonte die Beherrschung der Naturkräfte auf Kosten der immerwährenden Suche nach einem inneren Verständnis der Natur. Anstatt sich an der übergreifenden Bedeutung zu orientieren, überließ sich der moderne Mensch der Vorstellung vom Fortschritt: linear weiterschreitend und, wie es schien, unbegrenzt gültig. Das Leben des Menschen wurde länger und bequemer, aber gleichzeitig auch leerer und bedeutungsärmer.

Dennoch ist der Traum nie völlig aufgegeben worden, ein einheitliches Muster zu finden, das den Dingen und Ereignissen, die wir beobachten und erfahren, zugrunde liegt. In der zweiten Hälfte des 20. Jahrhunderts wurde er im Gefolge des von den zersplitterten Wissens- und Glaubenssystemen hinterlassenen Vakuums wiedererweckt und initiierte eine neue Suche. Heute hat sich diese Suche intensiviert. Während wir uns dem 21. Jahrhundert nähern, werden die menschlichen und sozialen Fragen unserer Welt immer komplexer und drohen sich unserer Kontrolle zu entziehen. Es gibt nicht nur die Aussicht auf eine Krise, sondern auch den heraufziehenden Schatten einer möglichen Katastrophe. Um unsere planetare Heimat zu sichern, sucht man neue Wege, die zu einem besseren Verständnis der Verbundenheit zwischen Mensch und Gesellschaft, innerhalb der verschiedenen Gesellschaften und zwischen Mensch und Natur führen sollen. Wie man an den von der Apollo-Kapsel übertragenen Weltraumbildern sehen kann, ist unser Planet eine Welt innerhalb von Welten – des Sonnensystems, der Galaxie und des gesamten Universums. Die wiederbelebte Suche nach einer einheitlichen Vision umfaßt auch größere Realitäten, indem sie nach unserem Ursprung, nach unserem Platz in der Welt und unserer Rolle in der Natur und im Kosmos fragt.

Der Wunsch nach einer umfassenderen Sicht durchdringt viele Aspekte der zeitgenössischen Kultur und Gesellschaft. Zeichen hierfür sind das erneuerte Interesse für ganzheitliches Denken, orientalische Philosophie, Religion und Mystizismus und für natürliche Lebensweisen. Die Menschen begnügen sich nicht mehr damit, die Welt durch die schmale Brille einzelner Wissenschaftsdisziplinen zu sehen; immer öfter wollen sie alles, und alles als Ganzes sehen. Das Bedürfnis nach einer einheitlichen Weltsicht ist ein Zeichen von Gesundheit und Vitalität in einer chaotischen und unsicheren Zeit. Es ist Beweis dafür, daß der tiefe Wunsch nach Wissen und Verständnis in den Umwälzungen einer sich verändernden Welt nicht verloren gegangen ist. Minderwertige Kulturen mögen sich mit Bruchstücken von Konzepten ohne tiefere Bedeutung zufrieden geben, lebendige und starke Kulturen suchen dagegen die Umrisse der erfahrbaren Realität als Ganzes zu erkennen.

Bei dieser Wiederbelebung des alten Traumes von der Einheit sollte die Rolle der Wissenschaft nicht unterschätzt werden. Auch wenn die theoretischen Wissenschaften die Religion und Kunst nicht ersetzen oder intuitive Einsichten in die Natur der Realität nicht vorwegnehmen können, sind sie doch von grundlegenderer Bedeutung, als man allgemein annimmt. Im Gegensatz zur allgemeinen Vorstellung besteht Wissenschaft nicht nur in der Suche nach neuen Gegenständen und Abläufen, die sie beobachten und beschreiben will. Während es einerseits Beobachtung und Beschreibung gibt, gibt es ebenso auch Erklärung und Deutung. Eine vereinfachende Katalogisierung der Dinge, die wir beobachten können, würde ein verwirrendes Bild von Objekten und Ereignissen liefern, das nur wenig Verbindendes aufzeigen würde. Die Suche nach Bedeutungen ist ein wesentliches Element jeder wissenschaftlichen Unternehmung, selbst dann, wenn diese Unternehmung durch bestimmte Kriterien und strenge Methodik begrenzt wird. Die Analysen einer Wissenschaft werden durch ihre Synthesen ergänzt, die Vielfalt der beobachteten Welt wird zunehmend in das Spektrum einer größeren und kohärenteren Einheit eingebracht.

In verschiedenen Wissenschaftsbereichen scheint die Suche nach einem einheitlichen Verständnis eine neue Phase zu erreichen. Das zeigt sich in der Erforschung vereinheitlichender Theorien in der neuen Physik und neuen Kosmologie, in der Ausarbeitung einer Wissenschaft dynamischer Systeme in der Mathematik, Chaostheorie und der sich entwickelnden Wissenschaft komplexer Systeme, ebenso wie in der Anwendung allgemeiner Evolutions- und Veränderungstheorien in einer Vielzahl von biologischen, sozialen und humanistischen Gebieten. Hier öffnen sich atemberaubende neue Horizonte für die Erforschung des Kosmos und des Bewußtseins.

Die Wissenschaft steht an der Schwelle einer weiteren ›Revolution‹. Diese Revolution verspricht wesentlich umfassender zu sein – und sich bestimmt schneller zu entwickeln – als die kopernikanische Revolution, die das geozentrische Weltbild durch ein heliozentrisches ersetzte. Die Revolution, die uns jetzt erwartet, verspricht das immer noch vorherrschende materialistisch-reduktionistische Konzept von Materie und Geist durch ein neues ganzheitliches Feldkonzept zu ersetzen.

Diese bevorstehende Revolution, die uns gesichertes Wissen bringen wird, das ein einheitliches Verständnis der grundlegenden Natur der Realität ermöglicht, ist eine Antwort auf den uralten Traum, die Natur der Materie, des Lebens und des Geistes verstehen zu können. Diese Revolution kann nicht im Rahmen der althergebrachten Grenzen der einzelnen Wissenschaften ablaufen; sie kann sich nur über die Grenzen der Einzeldisziplinen hinweg entfalten. Der nächste Paradigmenwechsel in der Wissenschaft wird von Natur aus transdisziplinär verlaufen müssen – er wird eine kosmische Revolution im eigentlichen Sinne sein, weil Kosmologie schon immer die Wissenschaft von der Realität des Ganzen war.

Das Konzept einer fundamentalen Revolution der Wissenschaften mag den Nichtwissenschaftler vielleicht überraschen. Das öffentliche Bild von Wissenschaft ist das eines soliden Bauwerks, das in sorgfältigen kleinen Schritten Stück für Stück gebaut wurde. Dieses Bild ist falsch. Die Wissenschaft fügt neues Wissen nicht stückchenweise an für alle Zeiten ›gesicherte Tatsachen‹ an. Jedes Wissen muß auch für Widerlegungen offen bleiben, es muß, nach Karl Poppers Worten, falsifiziert werden können. So öffnen sich auch seit langem etablierte Theorien für Gegenbeweise, wenn neues Wissen zum alten hinzukommt. Es ist offensichtlich, daß Wissenschaftler bewährte Theorien nicht leichtfertig aufgeben: gewöhnlich vergeht ein längerer Zeitraum, in dem die Wissenschaftler zunächst versuchen, abweichende und anomale Daten in das bestehende Wissensgebäude einzufügen. Wenn aber diese Daten sich einer Anpassung entziehen und zusätzliche Versuche, sie passend zu machen, die Natur in das Prokrustesbett einer veralteten Theorie zwingen würden, vollzieht sich eine Verwandlung des bisherigen Wissens.

Wir haben heute einen Punkt erreicht, wo sich genügend Anomalien und Rätsel in Bezug auf die verschiedenen Grundannahmen des geltenden naturwissenschaftlichen Wissens angesammelt haben. Es geht dabei nicht nur um eine einzelne Theorie, die innerhalb eines begrenzten Forschungsgebietes in Frage gestellt wird, sondern darum, daß einige der grundlegendsten Elemente unseres Wissens in Zweifel gezogen werden: Die Natur der Materie, die Evolution der Arten, die

Beziehung zwischen Bewußtsein und Kosmos sowie der Ursprung und die Bestimmung des Universums selbst.

Die Zeit ist reif, die Rätsel und Anomalien aus einer neuen Perspektive zu betrachten. Ein Überdenken der bestehenden konzeptualen Strukturen könnte zu der Formulierung eines neuen wissenschaftlichen Paradigmas führen, das die Begrenzungen von Reduktionismus und Materialismus zugunsten eines einheitlichen Konzeptes überschreitet – eines Realitätskonzeptes, das auf organische Weise durch interagierende universelle Felder geformt wird.

Die klassischen Ursprünge

Es ist das Ziel der hier vorliegenden Untersuchung, Licht auf die dynamischen Vorgänge zu werfen, mit deren Hilfe die universellen Felder den sich entfaltenden Kosmos interaktiv erschaffen und dabei die unterschiedlichen, aber dennoch beständigen Ordnungen erzeugen, denen wir in der Natur begegnen. Diese ehrgeizige Unternehmung muß in den richtigen historischen Zusammenhang gebracht werden. Daher müssen wir, bevor wir mit unserer Unternehmung beginnen, kurz auf die Natur der fortwährenden Versuche eingehen, die fundamentalen Eigenschaften des uns bekannten Universums zu verstehen. Hierbei verfolgen wir die Entwicklung des systematischen Nachdenkens über die erfahrbare Welt von ihren klassischen Anfängen bis zu der letzten der vielen wissenschaftlichen Umwälzungen.

Die Versuche, die Natur der Welt zu verstehen, reichen bis zu den Zivilisationen des Altertums zurück. Die sumerischen, die babylonischen, die ägyptischen sowie die indischen und chinesischen Kulturen haben uns detaillierte Berichte über ihre Anschauungen zur tieferen Natur von Mensch und Kosmos hinterlassen. Mythische Kosmologien wurden auch von den Majas, Inkas und Azteken ebenso wie von afrikanischen Stammeskulturen entwickelt. Jedoch sind die Grundlagen des rationalen Nachdenkens über die Natur der Welt und damit auch die ideenhaften Fundamente der modernen Wissenschaft von den Philosophen des klassischen Griechenlands gelegt worden.

Im sechsten Jahrhundert v. Chr. lösten sich die ionischen Naturphilosophen von der mythologischen Weltsicht, die bis dahin den Strom der menschlichen Zivilisation bestimmt hatte, und versuchten, die Natur der Welt im wesentlichen in Bezug auf unsere Erfahrungen zu verstehen. Die ersten Versuche konzentrierten sich auf den möglichen Ursprung des Universums. Die von den Griechen gestellte Frage war die gleiche, die in diesem Buch gestellt wird: Wie konnten die Vielfalt und Ordnung, die wir heute beobachten können, ursprünglich entstanden sein? Die klassischen Denker standen am Anfang der langen Kette von Überlegungen, die schließlich zu den modernen Naturwissenschaften und dem darin enthaltenen Gedanken führte, daß Ordnung aus der Unordnung entstanden sein muß, oder wenigstens aus einer potentiellen Ordnung: *Kosmos* muß aus dem *Chaos* entstanden sein.

Die hellenischen Philosophen waren der Ansicht, daß unterhalb der Vielfalt der Bilder und Töne, die Auge und Ohr erreichen, eine tiefere Realität liegt, die die Grundlage der wahrnehmbaren Ordnung darstellt, eine Realität, die kohärent und einheitlich ist. Das erinnerte an uralte Einsichten östlicher Philosophien, daß alles, was in der Welt existiert, sich schrittweise aus einer ursprünglichen Quelle entwikkelte, die ihrem primordialen Wesen entsprechend unteilbar, raum- und zeitlos war. Im Gegensatz jedoch zu den Weisen des Ostens bestanden die hellenischen Philosophen darauf, daß diese ursprüngliche Quelle und ihre allmähliche Umwandlung zu der von uns heute wahrgenommenen Welt mit Mitteln der Vernunft erfaßt werden kann, ohne sich dabei auf Mystizismus, Erleuchtung und Intuition beziehen zu müssen.

Die rationalen Denkbemühungen der griechischen Naturphilosophen kreisten um das Verständnis der vielfältigen Welt der Sinneserfahrungen im Sinn einer zugrundeliegenden Einheit, die als ›das Eine‹ bezeichnet wurde. Das Eine fand sich in einem Sandkorn ebenso wie in der Gesamtheit des Universums. Der Mikrokosmos reflektiert nach diesem Gedanken den Makrokosmos; der Makrokosmos zeigt sich im Mikrokosmos. Die Griechen waren sich auch des Begriffes ›das Viele‹ bewußt: sie sahen die Vielfalt der Dinge, die in der Welt existierten, die Pflanzen, die Tiere, die Menschen, ebenso wie die See und die Wolken. Sie erklärten, daß diese Vielfalt aus einem ›Urstoff‹ entstanden sei. Nach ihren Worten konnte man die Einheit immer im Schoß der Vielfalt finden.

Nach Thales war das Wasser dieser ursprüngliche Einheitsstoff, während sein Schüler Anaximander der Ansicht war, daß Feuer, Erde und Luft eine ebenso bedeutende Rolle spielten: die Ursubstanz war undefiniert, grenzenlos und allumfassend. Anaximenes wiederum meinte, daß die Ursubstanz eine Mischung von Wasser und Erde sei, die durch die Erwärmung der Sonne Pflanzen, Tiere und Menschen spontan hervorbringen würde.

Der rationale Geist der Griechen entwickelte die von Thales vorgestellte Naturphilosophie zu besonderer Vervollkommnung. Ein leuchtendes Beispiel hierfür war die Atomtheorie Leukipps und Demokrits. Nach dieser Theorie sind Atome das Einzige, was existiert: alle Dinge sind aus ihnen zusammengesetzt. Atome sind unteilbar und unzerstörbar. Atome und alle aus Atomen zusammengesetzten Dinge stellen den Bereich des Seienden dar. Das Seiende ist aber nicht alles, was in der Welt existiert, weil es auch das Nicht-Seiende gibt – die Leere. Wechsel kann nur dann entstehen, wenn Atome ihr Leben in der Leere realisieren und dort verschiedene Positionen einnehmen und unterschiedliche Gegenstände formen.

Mit der atomistischen Theorie glaubten die Anhänger Demokrits die letztgültige Natur der Welt zu erfassen. Diese Welt bestand aus Vorgängen, die sich allmählich aber beständig vom Einfachsten zum Vollkommensten entwickelten. Diese Entwicklung verläuft nicht zufällig – alle Dinge haben ihre Ursache. Die Ursachen jedoch existieren nicht unabhängig von ihren Wirkungen. Die tiefste Quelle der Realität, die für Plato noch auf einer höheren Ebene lag, wurde von Aristoteles in die natürliche und der Beobachtung und Vernunft zugängliche Welt zurückverlegt.

Die Aristotelische Philosophie wurde später zum integralen Bestandteil der großartigen mittelalterlichen Wissenssynthese, die im dreizehnten Jahrhundert mit der *Summa Theologica* Thomas von Aquins ihren Höhepunkt fand. Für das Jahrhundert danach schienen diese Erkenntnisse ein befriedigendes Verständnis der für den Menschen erfahrbaren Welt zu beinhalten. Was darüber hinaus noch an Geheimnissen verblieb, konnte dem unerforschlichen Willen Gottes zugeschrieben werden.

Das vierzehnte Jahrhundert brachte jedoch Veränderungen, die den unbedingten Glauben an die von Aquin erreichte Synthese des christlichen Wissens erschütterten. Es war ein Jahrhundert der Kriege und Konflikte, darunter auch der hundertjährige Krieg zwischen England und Frankreich. Vor allem war es die Zeit, in der die Pest, als der ›Schwarze Tod‹ bekannt, Europa erreichte. Sie trat erstmals 1349 auf und vernichtete innerhalb von zwölf Jahren etwa ein Drittel der Bevölkerung dieses Erdteils. Bald zeigte sich auch die Wirkung auf die öffentliche Meinung. Die frühere Glaubenseinheit spaltete sich: die eine Richtung suchte Vergebung durch verstärkte moralische Disziplin und Hinwendung zu göttlichen Mächten; die andere bemühte sich, eine größere Kontrolle über die natürliche Welt zu erlangen, um so dem vermeidbaren Leiden zu entkommen und unnötigen Schmerz zu lindern. Die erste Richtung bestärkte die traditionelle

Glaubenslehre und Spiritualität der katholischen Kirche, während die zweite die Grundlage einer Entwicklung bildete, die später zur modernen Wissenschaft mit ihren technischen Folgen werden sollte.

Später, im fünfzehnten und sechzehnten Jahrhundert, schwächte die Renaissance die Wirkung des erlösungsorientierten Glaubenssystems auf den Geist Europas ab. Außerhalb der Klostermauern begann eine von der Kirche unabhängige Suche; Humanismus und religiöse Reformen wurden zum Thema einer intensiven Auseinandersetzung. Es gab Versuche, das ursprüngliche Christentum wieder einzuführen, ebenso wie Bewegungen, die den bürgerlichen Humanismus der klassischen Art wiederbeleben wollten. Die katholische Kirche wurde durch die Reformation herausgefordert und ihr Wissensmonopol in Frage gestellt. Unabhängige Geister, an ihrer Spitze Genies wie Galilei, Bruno, Kopernikus, Kepler und Newton, entwickelten die ersten wissenschaftlichen Ansätze weiter und schufen eine kulturelle Transformation, die in den folgenden Jahrhunderten zum Kern der herrschenden Weltsicht der Neuzeit wurde.

Aufstieg und Fall des mechanistischen Paradigmas

Galilei kann vielleicht mehr als irgendein anderer als Begründer einer neuen Weltsicht angesehen werden. Durch Instrumente beobachtet und mathematisch beschrieben war diese Sicht die einer Welt eines großen Mechanismus, der jenseits menschlicher Kontrolle lag. Das war es auch, was Galilei gewollt hatte: seine Absicht war es, Wissensregeln zu finden, die so beständig und unveränderlich waren, daß man sie nicht angreifen konnte. Durch seine mit dem damals eben erfundenen Teleskop erfolgte Bestätigung der heliozentrischen Weltsicht des Kopernikus angeregt, behauptete Galilei, daß die mittels Instrumenten beobachtete Natur zu quantitativen

Beschreibungen führen würde, die von den Leidenschaften befreit wären, welche die Menschen auseinanderbringen.

Die mechanistische Vision Galileis kulminierte in den mathematischen Prinzipien der Newtonschen Physik – Prinzipien, die über drei Jahrhunderte hinweg ihre Gültigkeit behielten. Ihre Stärke leitete sich aus dem Nachweis ab, daß einfache mathematische Berechnungen zu richtigen Voraussagen auf verschiedenen Gebieten führten, einschließlich der Beschreibung der Planetenpositionen, der Geschoßbahnen und der Bewegung einzelner Massenpunkte, die als letzte Bestandteile der physikalischen Realität angesehen wurden.

In Newtons klassischer Mechanik wurde das Universum als Maschine angesehen, welche die am Anfang aller Zeiten eingegebenen Instruktionen ausführt. Wenn sie einmal in Gang gesetzt worden ist, übernehmen die Instruktionen – hier die Bewegungsgesetze – das Kommando: jede Bewegung ist damit vorbestimmt, nichts dem Zufall überlassen. Es ist daher kaum erstaunlich, daß der Mathematiker Laplace, als er von Napoleon nach dem Platz Gottes in diesem System gefragt wurde, antwortete, daß er ›keine Notwendigkeit für diese Hypothese sehen würde‹.

Die Physiker – und auch die Mathematiker, die ihre Hinweise auf die Natur der Realität aus der Physik entnahmen – hatten in der Tat keinen Bedarf an ›Gottes-Hypothesen‹, während die Biologen schon in einer schwierigeren Lage waren. Es schien hier in der Tat keinen einfachen Weg zu geben, um die Beziehungen zwischen der Welt des Lebendigen und dem physikalischen Universum zu verstehen. Die Newtonsche Physik kannte keine irreversiblen Prozesse (so ist etwa der Zeitfluß in den klassischen Bewegungsgesetzen reversibel), aber dennoch entwickelte sich die biologische Welt in einer Weise, die insgesamt irreversibel erschien. Darüber hinaus war diese Evolution durch einen ›Zeitpfeil‹ gekennzeichnet, der in seiner Richtung demjenigen genau entgegengesetzt war, den die Physik des neunzehnten Jahrhunderts im Universum insgesamt vorfand. Das von Clausius und Thompson begründete und von Boltzmann ausgearbeitete zweite thermodynamische Gesetz besagt, daß in jedem von äußeren Energieflüssen abgeschirmten System die Entropie notwendigerweise wachsen muß. Das bedeutet, daß geschlossene Systeme, die Arbeit verrichten, unvermeidlich zu einem Stillstand kommen müssen. Sie verbrauchen alle innerhalb ihrer Struktur verfügbare freie Energie und bewegen sich auf einen Zustand maximaler Unordnung zu, also in Richtung maximaler Entropie. Daraus folgt, daß das Universum, wenn ihm keine neue Energie von außerhalb zugeführt würde, ebenfalls letztlich zum Stillstand kommen muß.

Viele Anhänger der klassischen Thermodynamik ließen sich vom schließlichen Wärmetod des Kosmos überzeugen. Andere hingegen waren gemeinsam mit einigen Evolutionsphilosophen, wie etwa Henri Bergson, durch diese Deutung verwirrt. Wie kann es denn sein, daß ein Bereich innerhalb des Universums – der Bereich des Lebendigen – gegen den Strom schwimmen kann und sich immer weiter aufbaut, anstatt auseinanderzufallen? Boltzmann glaubte diese Frage mit den Wahrscheinlichkeitsgesetzen erklären zu können, während Bergson den Standpunkt vertrat, daß das Leben von einer besonderen Kraft vorangetrieben wird, die er ›elan vital‹ nannte. Dennoch konnte keine dieser Erklärungen völlig befriedigen.

Innerhalb der Physik wurde das Newtonsche Paradigma zu Beginn des neunzehnten Jahrhunderts mit der Erneuerung der Demokritschen Atomtheorie durch den englischen Chemiker John Dalton bestätigt. Daltons Theorie, nach der alle Gase aus kleinen unteilbaren Einheiten, Atome genannt, bestehen, überführte die Chemie in den Geltungsbereich der klassischen Mechanik. Jedoch wurde Daltons Interpretation bald in Frage gestellt. Innerhalb von fünfzig Jahren nach Veröffentlichung seiner Theorie stellten Wissenschaftler bei ihren Versuchen fest, daß Atome nicht unteilbar sind, sondern sich aus noch kleineren Teilchen zusammensetzen. Und selbst diese Teilchen könnten nicht die endgültigen ›Atome‹ der physischen Welt sein, weil es – sofern sie eine meßbare Ausdehnung haben – immer noch möglich sein müßte, sie weiter aufzuteilen. Und tatsächlich zeigte es sich, daß sogar der Atomkern spaltbar war, als ausreichend starke Versuchsanlagen verfügbar wurden.

Mit der Spaltung des Atoms im späten neunzehnten Jahrhundert und des Atomkerns im frühen zwanzigsten war mehr als nur eine physikalische Struktur auseinandergebrochen. Das gesamte Gebäude der atomistischen Naturphilosophie geriet ins Wanken. Die Experimentalphysik hatte die Theorie zerstört, nach der alle Objekte der Realität aus unteilbaren Atomen aufgebaut sind, sie konnte aber kein neues kohärentes und sinnvolles Konzept an deren Stelle setzen. Gegen Mitte des zwanzigsten Jahrhunderts wurde die Idee, daß es ein kleinstes unteilbares Teilchen gäbe, völlig aufgegeben. Materie ließ sich immer weiter teilen, ohne daß dabei ein letztes kleinstes Teilchen entstand: aus den geteilten Strukturen entstanden vielmehr Paare noch kleinerer Teilchen und Antiteilchen, eine ›Paarschöpfung‹, die auf ewig weiterzugehen schien.

Das physikalische Universum wurde fremdartiger, als man je erwartet hatte: für die Quanten- und Teilchenphysiker schien sich die Materie selbst verflüchtigt zu haben. Die physikalische Basis der Realität wurde, nach Poppers Worten, einer Wolke ähnlicher als einem Felsen.

Bereits Ende der zwanziger Jahre waren die Quantenphysiker, allen voran Niels Bohr, gezwungen, ihre spekulativen Vorstellungen über die unabhängige Natur ihrer Beobachtungen aufzugeben: sie sahen die von ihnen untersuchten subatomaren Strukturen einfach als ›Phänomene‹ an. Wenn aber das einzige, was man erkennen kann, ›Phänomene‹ sind, verflüchtigt sich die objektive Realität. Phänomene sind, nach den Worten Werner Heisenbergs, keine ›Naturereignisse‹, sondern nur eine ›Ausdrucksweise der Wissenschaft‹.

›Der Atomphysiker‹, so Heisenberg, ›muß sich damit abfinden, daß seine Wissenschaft nur ein Glied in der unendlichen Kette der Auseinandersetzung des Menschen mit der Natur ist, und daß sie nicht einfach von der Natur *an sich* sprechen kann.[1] Bohr unterstützte diese Ansicht: ›Wir sind in der Sprache gefangen – die Physik befaßt sich nur mit dem, was wir über die Natur aussagen können‹.[2] Die natürliche Umwelt – Objekt der klassischen Physik – schien dem Zugriff der Quantenphysiker entzogen zu sein. Die externe Welt der Physik wurde, nach den Worten Eddingtons, zu einer Schattenwelt. ›Nichts ist wirklich‹, schrieb er, ›nicht einmal die eigene Frau. Die Quantenphysik führt den Physiker zu dem Glauben, daß seine Frau nur eine ziemlich komplizierte Differentialgleichung ist.‹ (Eddington fügte allerdings hinzu, daß der Wissenschaftler vermutlich taktvoll genug sei, diese Ansicht nicht zu Hause vorzutragen.)[3]

Obwohl es ihnen eigentlich verboten war, über die Natur der Realität jenseits des Beobachtbaren nachzudenken, haben sich einige Physiker dennoch über diese Grenze hinausgewagt. Sie mutmaßten, daß die Welt, zu der die Sprache und die Ausdrucksform der Wissenschaft gehören, eher geistiger als materieller Natur sei. ›Um es ganz einfach auszudrücken‹, sagte Eddington, ›der Stoff dieser Welt ist Geist-Stoff.‹[4] Sir James Jeans stimmte ihm zu: ›Nimmt man die verschiedenen möglichen Beweisführungen zusammen, wird es immer wahrscheinlicher, daß man der Realität eher eine *geistige* als eine *materielle* Qualität zuschreiben muß ... das Universum scheint einem großen Gedanken ähnlicher zu sein als einer großen Maschine.‹[5] Heisenberg, der im Vergleich zu den anderen großen Quantenphysikern vielleicht am stärksten zu philosophischen Betrachtungen neigte, zog sich auf den platonischen Idealismus zurück. Ebenso wie Plato den Materialismus der vorsokratischen Philosophen in die abstrakte Welt idealer Formen und Ideen aufgelöst hatte, so löst sich heute die deterministische Welt der klassischen Mechanik in mathematischen Formeln auf. Wenn Atome keine gegenständlichen Strukturen sind, dann zeigen sie nach Heisenberg ›eine deutliche formale Ähnlichkeit zu den imaginären Zahlen der Mathematik.‹[6] Er sprach mit Überzeugung über den Irrtum der philosophischen Doktrin Demokrits. ›Letztendlich‹, sagte er, ›besteht jedes Teilchen aus jedem anderen Teilchen, sodaß die Annahme eines letzten Teilchens durch die Annahme einer grundlegenden Symmetrie ersetzt werden muß.‹ Das ist auch der Grundgedanke der sogenannten ›Bootstrap‹-Theorien – Theorien, die bestreiten, daß die Welt aus identifizierbaren Bausteinen zusammengesetzt ist. Es gibt danach keine kleinsten Teilchen – alles ist aus allen anderen aufgebaut. Teilchen werden aus anderen Teilchen durch Bindekräfte geschaffen, die ihrerseits selbst durch den Austausch von Teilchen untereinander geschaffen werden – die beobachtbare Realität hebt sich an ihren eigenen Stiefelschnüren (engl.: bootstraps) zur Existenz hoch. Nach Heisenbergs Ansicht ist die hier beschriebene Welt als mathematische Struktur aufgebaut; es ist daher sinnlos zu fragen, worauf – außer auf sich selbst – die physikalischen Formeln bezogen sind.

Als die zweite Jahrhunderthälfte erreicht war, hatte die ontologische Grundlage der Wissenschaft einen höchst nebelhaften Charakter. Den Wissenschaftlern war es nicht nur unmöglich, die elementaren Strukturen zu benennen, die der Vielfalt der sichtbaren Phänomene zugrunde liegen sollten; sie bezweifelten sogar, daß solche Strukturen in der Natur existierten. Es war offensichtlich, daß weder das Atom Demokrits noch der Massenpunkt Newtons als letzter Grund der Realität angesehen werden konnten.

Der Beginn der kosmologischen Revolution

Mit der Annahme der revolutionären Ideen Einsteins zu Beginn des Jahrhunderts hatten die Physiker das mechanistische Paradigma unwiderruflich verlassen. Mit dem Durchbruch der Quantentheorie, zwei Jahrzehnte später, ließen sie auch die letzten Spuren der klassischen mechanistischen Denkweise hinter sich. Dennoch blieben viele Wissenschaftler, vor allem aus den Gebieten der Geistes- und Sozialwissenschaften, ebenso wie aus dem Ingenieurwesen, weiterhin von der Einfachheit und Kraft der Newtonschen Formeln fasziniert. Wenn es darauf ankam, präzise und konkret zu sein, schien es keinen Ersatz für die klassische Mechanik zu geben. Die Systeme, die von unmittelbarem Interesse für den Menschen waren, stellte man sich als in ihre Teile zerlegbar vor – bis hin zu ihren atomaren und molekularen Bausteinen, von denen man annahm, daß sie durch einfache Kausalketten miteinander verbunden wären, so daß Wechselbeziehungen, wie komplex sie auch sein mögen, sich immer für Berechnungszwecke vereinfachen ließen.

Das Instrument zur Berechnung komplexer Beziehungen war bereits vorhanden: die gleichzeitig von Newton und Leibniz erfundene Integralrechnung. Sie funktionierte dann am besten, wenn die Kausalbeziehungen der beobachteten Phänomene auf einfache Ursache-Wirkungs-Ketten zurückgeführt werden konnten und sich das gesamte Beziehungsgefüge nur allmählich und kontinuierlich änderte. Die Integralrechnung schien überall anwendbar zu sein: man nahm an, daß die Phänomene der realen Welt grundsätzlich berechenbar (›integrierbar‹) seien, vorausgesetzt, daß sie sich nur allmählich und kontinuierlich veränderten und auf einfache Kausalketten zurückgeführt werden konnten. Komplexe, ›nicht-integrable‹ Systeme wurden als Ausnahme von der Regel angesehen.

Die Annahme einer mechanistischen Reduzierbarkeit ließ

sich aber nicht mehr länger aufrecht erhalten, als der moderne Computer auf der Szene erschien. Komplexe Systeme konnten jetzt mit unkonventionellen Methoden untersucht werden; als das im Detail versucht wurde, zeigte es sich, daß auch Systeme, die man früher für vollständig integrierbar hielt, in ihrer Komplexität über den Bereich der klassischen mathematischen Werkzeuge hinausreichten.

Der Computer erlaubte es den Wissenschaftlern, mit *simultanen* Wechselwirkungen zwischen *nichtlinearen* Prozessen fertig zu werden. Wenn verschiedene nichtlineare Prozesse interagieren, entstehen komplexe Wirkungsschleifen und Rückkopplungen, die Eigenschaften wie Rekursion und Selbst-Referentialität aufweisen.

Während an einem extremen Ende das daraus resultierende Verhalten so einfach sein kann, daß es fast linear erscheint, ist es am anderen Ende so komplex, daß man es als chaotisch bezeichnen muß. Die klassischen Berechnungswerkzeuge befaßten sich nur mit der ersten Möglichkeit, was zu dem Glauben führte, daß die Phänomene selbst in der Regel einfach und linear seien. Die modernen Untersuchungsmethoden haben diese Annahme korrigiert und dazu geführt, daß Ordnungen höherer Komplexität entdeckt wurden, bis hin zu Ordnungsdimensionen, von denen man früher annahm, daß sie chaotisch seien. Die letzteren, die durch sogenannte chaotische oder fremdartige Attraktoren definiert sind, zeigten schließlich besondere irreduzible Charakteristika. Dazu gehörten eine starke Abhängigkeit von den Anfangsbedingungen, fraktale Dimensionen und grundsätzlich unbestimmte – und daher auch prinzipiell nicht vorhersagbare – Evolutionsbahnen.

Seit der revolutionären Einführung des Computers hat sich die Entwicklung verschiedener Wissenschaften, wie z. B. Kybernetik, allgemeine Systemtheorie, Nichtgleichgewichts-Thermodynamik, nichtlineare Dynamik, allgemeine Evolutionstheorie, sowie der Theorien von Selbstorganisation und

Chaos deutlich beschleunigt. Führende Wissenschaftler von Bertalanffy bis Prigogine und von Wiener bis Ashby und Abraham lernten die den komplexen Systemen eigene Dynamik zu entschlüsseln, wobei sie der Versuchung widerstanden, diese Systeme in ihre Grundbausteine zu zerlegen.

Innerhalb der Physik wurden die Eigenschaften einzelner Komponenten in bezug auf Beziehungssysteme analysiert, anstatt die einzelnen, miteinander wechselwirkenden Systeme auf der Basis der Eigenschaften ihrer einzelnen Komponenten rekonstruieren zu wollen. Unter anderem waren es die Heisenbergsche S-Matrix-Theorie und Chews Bootstrap-Theorie, die von dieser Methode Gebrauch machten. In der Quantenfeldtheorie wurden die bestimmenden Systeme in Bezug auf ihre Feld-Wechselwirkungen interpretiert. Diese Wechselwirkungen wurden als eigentliche Definition der einzelnen Teilchen angesehen, während man zuvor davon ausging, daß umgekehrt die Teilchen das Feld definieren.[7]

Auf den ersten Blick könnte der Unterschied zwischen der Ableitung von Teileigenschaften aus den Eigenschaften des Ganzen und der Rekonstruktion der Eigenschaften des Ganzen aus den Teileigenschaften geringfügig erscheinen. Bei näherer Betrachtung jedoch zeigt sich ein entscheidender Unterschied. Ein kontinuierliches Feld läßt sich nicht auf die Teilchen reduzieren, die sein Kontinuum bestimmen, ebenso wie ein dynamisches System, das seiner eigenen Evolutionsbahn folgt, sich nicht auf die Differentialgleichungen reduzieren läßt, die die Wechselwirkungen zwischen seinen individuellen Parametern bestimmen. Wenn man das Ganze stellvertretend für seine Teile nimmt, so ist dies eine markante Alternative dazu, die Teile stellvertretend für das Ganze zu nehmen.

Diese Ausrichtung vom Ganzen auf seine Bestandteile muß nicht unbedingt spekulativ sein. Bereits vor einem Jahrhundert haben die Mathematiker William Hamilton und

Karl Gustav Jacobi aufzeigen können, daß es möglich ist, lokale Ereignisse als Funktion eines Gesamtfeldes zu behandeln, ohne dabei auf mathematische Genauigkeit verzichten zu müssen. Jede spezielle Bewegung kann nämlich als Funktion aller früherer Bewegungen gesehen werden, anstatt sie als Ergebnis der Wirkung einzelner mechanischer Kräfte zu betrachten.

Die Gegenstände in einem Hamilton-Jacobi Universum sind keine voneinander getrennten Entitäten, sondern Produkte eines miteinander verknüpften Ganzen. Alles, was sich überhaupt ereignet, wie schwach und lokal das Ereignis auch sein mag, ist die Folge all dessen, was zuvor geschehen ist, und die Ursache für alles, das danach geschehen wird. Die Realität ist ein System miteinander wechselwirkender Wellen. Anstelle diskreter Dinge und unabhängiger Ereignisse gibt es nur Strömungen über Strömungen und Wellen über Wellen in diesem Universum, die sich in einer grenzenlosen See ausweiten und einander durchdringen.

Obwohl es den Mathematikern seit über einem Jahrhundert bekannt war, ist das Konzept eines Ensembles, das das Verhalten seiner Teile bestimmt, nur selten zur Analyse von Phänomenen der realen Welt benutzt worden. Zum einen blieben viele Wissenschaftsgebiete weiterhin vom Newtonschen Konzept einer mechanischen Welt bestimmt, in der jede Bewegung aus selbständigen Kräften, welche die Bahnen einzelner Teilchen lenken, errechnet werden konnte. Auf der anderen Seite war die Berechnung von Ereignissen und Bewegungen im Rahmen der Hamilton-Jacobi-Annahmen nur möglich, wenn die Zahl von Ereignissen und Wechselwirkungen niedrig war; es zeigte sich, daß die Berechnungsmöglichkeiten bei einer großen Anzahl miteinander verbundener Elemente bald erschöpft waren. Als Folge wurde das grundlegende Konzept mit der gelegentlichen Anwendung der Hamilton-Jacobi-Theorie auf den Kopf gestellt: die Wissenschaftler benutzten die Theorie, um kleine Ereignisgruppen so zu berechnen, als ob sie getrennt und unabhängig von dem umfassenden Ensemble existieren würden, das ›den Rest des Universums‹ darstellt.

Heute jedoch wird die Vorrangigkeit dieses ›Restes des Universums‹ wiederentdeckt. In der Mikrophysik wird der Zustand eines Teilchens als das Produkt des Ensembles angesehen, in das dieses Teilchen eingebettet ist, eines Ensembles, das sich aus allen anderen Teilchen zusammensetzt. Wie Ilya Prigogine bemerkte, ist die Physik auf dem Wege, eine globale Wissenschaft zu werden.[8] Die Vorherrschaft des Ensembles wird auch bei kosmologischen Fragestellungen deutlich, wo der Zustand des Kosmos zu jeder gegebenen Zeit, ebenso wie seine Zustandsveränderungen über die Zeit hinweg unter Bezugnahme auf universell geltende Parameter erklärt werden. Das Primat des Ganzen gegenüber seinen Bestandteilen wird auch in der Makrobiologie und in der Ökologie sichtbar, ebenso wie in der Anthropologie und in einigen Gebieten der Sozialwissenschaften.

In einem Wissenschaftsgebiet nach dem anderen entwickelt sich ein immer stärkerer holistischer und systemischer Ansatz. Obwohl noch ein weiter Weg vor uns liegt, lassen die gegenwärtigen Trends bereits erahnen, daß eine neue wissenschaftliche Revolution bevorsteht. Der Wissenschaftsphilosoph Errol Harris faßte die Kraft dieses Gedankenganges zusammen:[9] Die ›Kosmologie der Ganzheit‹

– trägt der Ganzheit des Universums Rechnung, einer einzigen unteilbaren Ganzheit, die aus unterscheidbaren, aber untrennbar miteinander verbundenen Teilen besteht;

– wird das für das System universal geltende Organisationsprinzip liefern, ein Prinzip, das allen Teilen des Universums immanent ist, und von jedem einzelnen der Teile ausgedrückt und verdeutlicht wird;

– wird eine hierarchische Differenzierungsskala liefern, die alle Teile in Progressionsebenen neu entstehender Komplexität aufteilt, so daß jedes nachfolgende Teil das Prinzip deutlicher und adäquater ausdrückt und verwirklicht als seine Vorgänger;

– stellt ein interdependentes Netzwerk dar, in dem alle Elemente in Struktur und Funktion aufeinander abgestimmt sind.

Die hier vorgelegte Untersuchung beruft sich auf die Ansätze dieser ›kosmologischen Revolution‹. Sie versucht, die grundlegende Ordnung und Struktur des Kosmos zu identifizieren – eine Unternehmung, die nach den Worten Harris' den Weg zu einer großen vereinheitlichten Theorie der Realität eröffnet.

In den folgenden Kapiteln wollen wir dieses Unternehmen im einzelnen vorstellen, wobei wir im Hinblick auf die gegenwärtigen Versuche, ein einheitliches wissenschaftliches Weltbild zu schaffen, zunächst nach den Grundlagen einer neuen Kosmologie suchen, um dann die genannten Konzepte in einen wissenschaftlichen Rahmen einzubauen, der als Antwort auf die in diesem Buch gestellte Herausforderung gelten kann: nämlich in den Begriffen einer integrierten Dynamik zu verstehen, wie die Dinge, die in der Welt *sind*, zu dem *geworden sind*, was sie sind.

2. Die Vereinheitlichungstheorien in der Physik

Zu Beginn unserer Betrachtung, mit der wir die im Universum entstandenen Ordnungen verstehen wollen, wollen wir jetzt die Wirkungen der neuesten Theorien untersuchen, wie sie in den verschiedenen Wissenschaftsgebieten angewandt werden. Es handelt sich um Theorien, die im Zentrum der kosmologischen Revolution stehen: einerseits um theoretische Entwicklungen innerhalb der neuen Physik, andererseits um die in einem erst entstehenden transdisziplinären Bereich, der über viele klassische Grenzen hinwegreicht. Die neue Physik enthält u. a. das Konzept der ›GUTs‹ (Grand Unified

Theories, großer vereinheitlichender Theorien), während die transdisziplinären Theorien entweder die Anwendungsmöglichkeiten der Physik auf Phänomene des Lebens und des Geistes erweitern oder sich auf die Prozesse der kosmischen und biologischen Evolution ausrichten. Wir beginnen mit den großen Vereinheitlichungstheorien der Physiker.

Die Suche nach der großen Vereinheitlichung

Das Ziel einer großen Vereinheitlichung der Naturkräfte ist in der Physik nicht neu. Zu seiner jeweiligen Zeit führte jeder grundlegende wissenschaftliche Durchbruch zu einer Vereinheitlichung der bis zu diesem Zeitpunkt bekannten physikalischen Tatsachen. Das war in der von Galilei entwickelten Mechanik ebenso der Fall wie in der generellen Formulierung der Mechanik durch Newton, genau wie in der Elektrodynamik Maxwells und der Thermodynamik Boltzmanns. Zu Anfang des Jahrhunderts kam mit Einstein der entscheidende Durchbruch, der das zu diesem Zeitpunkt plötzlich entstandene anomale Weltbild der Physik vereinheitlichte. Das war primär kein Verdienst der speziellen Relativitätstheorie, mit der die Rätsel der Physik des 19. Jahrhunderts eine überzeugende und elegante Auflösung gefunden hatten, sondern Folge der allgemeinen Relativitätstheorie, mit der die Geometrie und Mechanik auf unerwartete Weise vereinheitlicht wurden. Die Geometrie von Raum und Materie erreichte eine neue und verknüpfte Einheit. Die früher als mechanisch angesehene Kraft der Gravitation wurde zu einem Element der Geometrie, nämlich zu einer Auswirkung der Raumkrümmung. Die Geometrie der Raumkrümmung wurde wiederum auf die Verteilung der Materie im Weltall zurückgeführt. Auch wenn es sich gelegentlich als sinnvoll erwies, sich Raum und Materie als getrennte Größen vorzustellen, mußte man sich von nun an daran erinnern, daß sie in Wirklichkeit ein integriertes Ganzes darstellen.

Einstein gab sich mit der Vereinheitlichung von Geometrie und Mechanik noch nicht zufrieden, sondern verfolgte den nächsten Schritt, der alle bekannten Materieteilchen mit allen bekannten Kräften der Raumzeit innerhalb einer in sich selbst zeitlosen Matrix einer einheitlichen Feldtheorie integrieren würde. Einsteins Versuch umfaßte jedoch lediglich zwei der vier allgemeinen Wechselwirkungen – Gravitation und Elektromagnetismus – unter Auslassung der schwachen und starken Kernkräfte. Die Tatsache, daß dieser Versuch schließlich scheiterte, war auf fehlerhafte Annahmen über die Grundkräfte der Natur zurückzuführen und nicht etwa auf eine tatsächliche Undurchführbarkeit dieses Unternehmens. Heute versuchen die Physiker alle vier Grundkräfte bei der Suche nach großen Vereinheitlichungstheorien zusammenzufassen, wobei sie die inzwischen neu entdeckten Teilchen mit einbeziehen.

Die Vereinheitlichung der Teilchen

Seit Anfang dieses Jahrhunderts brachte jedes Jahr neue Ergebnisse über immer genauere Details der inneren Atomstruktur und damit eine immer größere Komplexität der atomaren und subatomaren Theorien. Das Atom wurde erstmals Ende des 19. Jahrhunderts gespalten, und man erkannte, daß Elektronen seine Energiehüllen besetzen. Keiner ahnte jedoch, wie viele verschiedene Teilchen später noch entdeckt werden sollten. Die entscheidenden Entdeckungen kamen mit der Entwicklung der Teilchenbeschleuniger. Mit dem Bau jedes neuen Beschleunigers, jeder stärker als sein Vorgänger, wurden immer weitere Kollisionsversuche subatomarer Teilchen ermöglicht, die zu der Schaffung ganzer Gruppen neuer Teilchen führten.

In den zwanziger Jahren waren nur drei subatomare Teilchen bekannt: das Photon, das Elektron und das Proton. Damals schlug Ernest Rutherford vor, daß es im Atomkern ein weiteres Teilchen geben müsse: das Neutron. Als die Existenz dieses Teilchens im Experiment bestätigt wurde, begann die Erweiterung des Repertoires an Elementarpartikeln. Bei seinem Versuch, die rätselhaften experimentellen Ergebnisse beim Zerfall radioaktiver Kerne zu erklären, stieß Wolfgang Pauli auf die Existenz eines weiteren Teilchens, des Neutrinos. 25 Jahre später wurde auch die Realität des Neutrinos experimentell bestätigt.

Zu dieser Zeit hatte die Quantentheorie bereits zu einem guten Verständnis der atomaren Elektronenhüllen geführt, die Stabilität des Atomkerns blieb aber noch rätselhaft. Hideki Yukawa vermutete, daß ein neues Elementarteilchen beteiligt war. Da dessen Masse nach der Vorhersage zwischen der des Protons und der des Elektrons liegen sollte, nannte er es Meson. Nach Yukawas Theorie beruht die Stabilität der Atomkerne auf dem fortwährenden zwischen Protonen und Neutronen stattfindenden Austausch von Mesonen.

Als man Experimente durchführte, um das Meson aufzuspüren, entdeckten die Physiker nicht nur ein Teilchen, sondern eine ganze Teilchenfamilie, zu der auch Myonen und Pionen gehörten. Einige weitere Elementarteilchen wurden entdeckt, als man noch stärkere Beschleuniger einsetzte und Kernkollisionen der kosmischen Strahlung hoch über der Atmosphäre untersucht wurden. Einige dieser neuen Teilchen zeigten sich als experimentelles Ergebnis theoretischer Voraussagen, andere entstanden überraschend während der Versuche.

Die ersten Elementarteilchen, das Elektron, Proton, Neutron und die ersten Mesonen, entsprachen den Erwartungen und paßten zu den damals gültigen Theorien über die Atomstruktur. Als aber die Experimente von den Physikern auf einem höheren Energieniveau durchgeführt wurden, hörten die Übereinstimmungen von Beobachtungen und Theorie auf, so z. B. bei der Überprüfung der Lebensdauer von Austauschteilchen. Nach den theoretischen Aussagen sollten solche Teilchen nur 10^{-23} Sekunden existieren, eine Dauer, in der ein Lichtstrahl kaum genug Zeit hätte, eine Strecke vom Durchmesser eines Elementarteilchens zu durchqueren. Der Versuch ergab aber, daß die Teilchen eine Lebensdauer von 10^{-10} Sekunden hatten; genügend lange, um einen Lichtstrahl ein ganzes Zimmer durchlaufen zu lassen. Da diese Teilchen zehn Billionen mal länger existierten, als man erwartet hatte, und zudem immer paarweise produziert wurden, wurden sie unter der Bezeichnung ›seltsame Teilchen‹ (engl.: strange particles) bekannt.

Um Ordnung unter den vielen Bewohnern des sich entwickelnden ›Teilchenzoos‹ zu schaffen, schlug Murray Gell-Mann vor, die Teilchen in einer besonderen achtfachen Weise zu ordnen (unter Bezug auf den achtfachen Weg des Buddha). Dieser Ordnung lag die Theorie zugrunde, daß die Elementarteilchen aus noch fundamentaleren Elementen, die man als ›Quarks‹ bezeichnet, zusammengesetzt sind.[10] Ursprünglich nahm man an, daß drei Arten von Quarks existieren sollten: das up-quark, das down-quark und das strange quark. Das Proton z. B. besteht aus zwei up und einem down-quark, das Neutron aus zwei down und einem up-quark, während die Austauschteilchen über ein zusätzliches strange quark verfügen. Als später jedoch noch mehr Teilchen ans Tageslicht kamen, reichten drei Quarks nicht mehr aus, so daß sich die Quark-Familie von drei auf sechs Mitglieder vergrößerte.

Gell-Manns Theorie der Quarks löste ein hartnäckiges Problem, das bei der Aufteilung der Elementarteilchen entstanden war: während Leptonen (Teilchen mit niedriger Masse, wie z. B. Elektronen) eine kohärente Symmetriegruppe bilden, ist das bei Hadronen (schweren Teilchen, wie z. B. Protonen und Neutronen) nicht der Fall. Wenn jedoch jedes Hadron aus drei Quarks zusammengesetzt ist, kann auch die Hadronenfamilie bei der Kombination von Quarks in eine Symmetriegruppe integriert werden.

Die Vereinheitlichung der Kräfte

Es war eine große Leistung, die Vielzahl der Partikel in kohärente Symmetriegruppen einzuordnen; für eine echte Vereinheitlichung war es aber zusätzlich notwendig, die von den Teilchen repräsentierten Kräfte ebenfalls zu vereinheitlichen. Einstein versuchte als erster in seiner einheitlichen Feldtheorie dieses Unternehmen zu verwirklichen. Seine Theorie, die sich nur mit den Gravitations- und elektromagnetischen Kräften befaßte – und daher auch zum Scheitern verurteilt war –, diente als Anregung für eine ganze Reihe großer Vereinheitlichungstheorien. Die heutigen GUTs und Super-GUTs beziehen sich sowohl auf die Quanten- als auch auf die Relativitätstheorie und schließen alle vier (anstelle von Einsteins zwei) universellen Wechselwirkungen ein: die starke und die schwache Kernkraft, ebenso wie den Elektromagnetismus und die Gravitation. Man nimmt heute an, daß das Universum sowohl den Gesetzen der Relativität als auch denen der Quantenmechanik folgt. Die großen Vereinheitlichungstheorien betrachten die Elementarteilchen als Elemente innerhalb der vier universellen Felder. Die Feldintensität in einem gegebenen Punkt steht für die statistische Wahrscheinlichkeit, dort ein Teilchen vorzufinden; in gewissem Sinne kann man sagen, daß Teilchen durch Veränderungen der Feldintensität erschaffen werden. Photonen, Elektronen und Nukleonen sowie der gesamte Teilchenzoo sind Folge der Quantendynamik dieser interagierenden Felder.

Das hier beschriebene Konzept hat den Schwerpunkt der Physik deutlich verlagert: weg von den teilchenförmigen Elementen, hin zum Ensemble der dynamischen Ereignisse, in die sie eingebettet sind. Steven Weinberg zögerte nicht zu behaupten, daß Felder das eigentliche Grundelement des Universums sind; den Teilchen wird der Status eines Randphänomens zugewiesen.[11]

Die Grundlagen der Quantenfeldtheorie wurden in den zwanziger und dreißiger Jahren u. a. von Jordan, Wigner, Dirac, Born, Pauli, Fermi und Heisenberg gelegt. Die ausgereifte Form der Theorie, die man als Quantenelektrodynamik bezeichnet, entstand in den vierziger Jahren. Die von ihr gemachten Voraussagen fanden ihre Bestätigung in den Hochenergieexperimenten der Jahrhundertmitte. Als es den Physikern gelungen war, ursprünglich getrennte Prozesse mittels Feldkonzepten zu erklären, folgten weitere Quantenfeldtheorien, die verschiedene weitere Stufen auf dem Wege zur Vereinheitlichung der Naturkräfte markierten.

Der erste Durchbruch war die Vereinheitlichung der schwachen Kernkraft mit dem Elektromagnetismus. Bis zu diesem Zeitpunkt schien es, daß die schwache Kraft sich völlig anders verhielt als der Elektromagnetismus. Sheldon Glashow, Steven Weinberg und Abdus Salam konnten nachweisen, daß diese unterschiedlichen Kräfte als zwei Aspekte einer einzigen ›elektroschwachen‹ Kraft entstehen. Heute vermutet man, daß in den ersten Augenblicken des Universums keine Unterscheidung zwischen Elektromagnetismus und der schwachen Kernkraft möglich war. Als sich aber allmählich Strukturen im Universum bildeten, wurde diese perfekte Symmetrie gebrochen, so daß sich die früher einheitlichen Kräfte in die elektromagnetische Fernwirkung und die elektroschwache Nahwirkung aufteilten.

Eine weitere Vereinheitlichung der Kräfte setzte ein tieferes Verständnis der starken Kernkraft voraus. Vor der Entdekkung der Quarks nahm man an, daß der Austausch von Mesonen für die Wirkung der starken Kernkraft verantwortlich sei. Mit der Einführung der Quarktheorie der Hadronen wurde es erforderlich, eine zusätzliche Kraft zwischen den Quarks selbst zu postulieren. Es stellte sich heraus, daß sich diese Kraft mathematisch analog zur elektromagnetischen Kraft behandeln ließ. Obwohl die zwischen den Quarks waltenden Kräfte noch mit der elektroschwachen Kraft zu vereinigen waren, war doch der Formalismus sehr ähnlich. In Analogie zur Quantenelektrodynamik (QED) wurde die Theorie, die diese letzte Vereinheitlichung erreichte, Quantenchromodynamik (QCD) genannt.

Die ›super-große‹ Vereinheitlichung der Naturkräfte

Mit der QED und QCD erschien eine weitere Reihe großer Vereinheitlichungstheorien auf der Szene. Der erste Teil im Programm der großen Vereinheitlichung war die Entwicklung einer integrierten Theorie für die starke Kernkraft und die elektroschwache Kraft in Verbindung mit den Leptonen und Hadronen, aus denen die Materie des Universums besteht. Der nächste Schritt bestand in der Erweiterung der Theorie mit dem Ziel, die Gravitationskraft mit einzuschließen (s. Abb. 1). Hierfür mußte das Gravitationsfeld quantisiert werden. Die starke Kernkraft war mit Bezug auf Gluonen quantisiert worden, die elektroschwache Kraft wurde auf die Wirkung von W- und Z-Teilchen zurückgeführt. Die Quantisierung der Gravitationskraft wäre im Prinzip möglich, wenn man sie auf ein Teilchen namens Graviton beziehen würde.

Die Quantisierung des Gravitationsfeldes brachte komplexe Probleme mit sich. Da Einsteins Gravitationstheorie eine geometrische Theorie der Raumzeit war, bedeutete ihre Quantisierung gleichzeitig auch die Quantisierung einer Geometrie. Es gab weitere Schwierigkeiten, die über diese konzeptuellen Probleme hinausgingen: Zum einen existierte kein Beweis dafür, daß Gravitonen in der Natur tatsächlich vorhanden sein könnten, zum anderen führte die zur Beschreibung von Gravitonen notwendige Mathematik zu unendli-

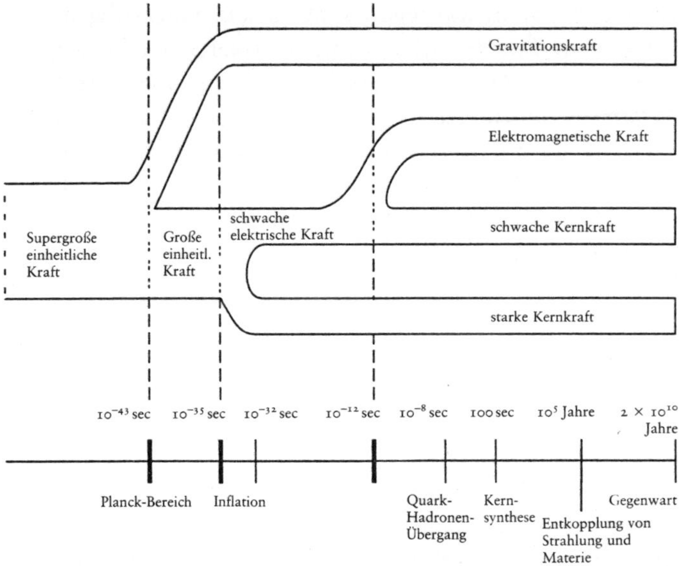

Abb. 1: Spontane Symmetriebrüche in der Geschichte des Universums, die aus der ursprünglichen supergroßen einheitlichen Kraft über eine Folge von Trennungen zu den vier universellen Kräften (der Gegenwart) führen.

chen Größen. Folglich verlangte eine Quantentheorie der Gravitation nach einem neuen Vorgehen, das völlig anders war als die früheren Versuche zur Entwicklung der Quantentheorie. Man mußte zunächst sogenannte Eichsymmetrien einführen, wobei man auf Supersymmetrien und Hyperräume Bezug nehmen mußte. Die Folge war, daß sich eine ganze Generation neuer ›Super‹-Theorien entwickelte.

Der erste Durchbruch bestand in der Entwicklung von ›Susy‹ – der Mathematik der Supersymmetrie. Die Quantenfeldtheorie wurde nach der Einbeziehung von ›Susy‹ zur ›Quanten-Supergravitation‹ und ermöglichte den Physikern die Vereinheitlichung von Fermionen und Bosonen. Es handelte sich hier um einen großen Fortschritt: die Fermionen mit halbzahligen Spin waren als die eigentlichen ›Materie‹-

Partikel bekannt, während die mit einem ganzzahligen Spin versehenen Bosonen die ›Kraft‹-Partikel darstellten. (Fermionen und Bosonen unterscheiden sich durch ihre Spinzahlen: Bosonen haben ganzzahlige Spins [1, 2, 3 etc.], während Fermionen gebrochene Spinwerte haben [½, 3/2 etc.].) Bisher konnte man Fermionen ebenso wie Bosonen zu Familien zusammenfassen, es gab jedoch eine eindeutige Trennung zwischen der miteinander verbundenen Verwandtschaft der Fermionen und den entsprechend miteinander verbundenen Bosonen. Dank der Supersymmetrie konnten jetzt Fermionen und Bosonen – Materie und Kräfte – aufeinander bezogen werden. In den höheren Dimensionen des Hyperraums konnte sich die eine in die andere ›hineinreflektieren‹.

Um Fermionen und Bosonen im höherdimensionalen Raum vereinheitlichen zu können, mußte ein ganzer Satz neuer Teilchen eingeführt werden: für jedes Fermion und Boson war ein Supersymmetrie-Partner erforderlich. So wie die Photonen zu ihren Spiegelteilchen, den Photinos, gelangten und die Quarks zu ihren Squarks, mußte das ›Graviton‹ an das ›Gravitino‹ gekoppelt werden. Damit war das wichtigste Hindernis für die Vereinheitlichung von Gravitation und elektroschwacher Kraft beseitigt. Die Theoretiker konnten jetzt von einer großen vereinheitlichten Kraft, der ›Supergravitation‹, ausgehen.

Dennoch stießen die supergroßen Vereinheitlichungstheorien auf weitere Schwierigkeiten. Zunächst einmal verlangte die Quanten-Supergravitation, daß die Massen der Supersymmetrie-Partner höher sein müssen als die Massen derjenigen Partikel, deren Spiegelteilchen sie sind. Damit wurde ein nicht verifizierbares Element in die Theorie eingeführt: das Energieniveau der Supersymmetrie-Partikel erwies sich als so hoch, daß ihre Erzeugung in Teilchenbeschleunigern unmöglich war. Die neuen Teilchen würden völlig unbeobachtbar bleiben – es sei denn, man würde

Photinos als Ergebnis von Hochenergie-Kollisionen zwischen Elektronen und Positronen oder Protonen und Antiprotonen entdecken.

Die Super-GUTs sagten nicht nur eine Schar von neuen und experimentell nicht beobachtbaren Teilchen voraus, sie hielten noch eine andere Überraschung bereit: der dazugehörige mathematische Formalismus funktionierte nur unter Einbeziehung von elf Dimensionen. Einsteins revolutionäre Neuerung, mit der er die Zeit als vierte Dimension den drei Raumdimensionen hinzufügte, verblaßte im Vergleich zu Theorien, die die Raumzeit um bis zu sieben Dimensionen erweiterten. Die Physiker gingen an die Arbeit, um die sieben zusätzlichen Dimensionen des Überraums mittels komplexer Mathematik zu ›kompaktifizieren‹ und damit Susy in Übereinstimmung mit den vier Dimensionen der Relativitätstheorie zu bringen. Man nahm an, daß die zusätzlichen Dimensionen zwar existierten, aber ›zusammengerollt‹ waren, so daß ihre Wirkungen nicht einmal auf der Ebene der Elementarteilchen sichtbar wurden. Es zeigte sich aber bald, daß dieser Versuch zum Scheitern verurteilt war: es gab keinen Weg, sieben der elf Dimensionen zu reduzieren, ohne gleichzeitig die übrigbleibenden ebenfalls zu kompaktifizieren. Dies würde jedoch die sich daraus ergebenden empirischen Folgerungen der Theorie auf null Dimensionen reduzieren.

Eine Weile lang schien es so, als ob das Unternehmen ›Supergroße Vereinheitlichung‹ aufgegeben werden müßte. Dann entwickelte aber eine jüngere Physikergeneration eine andere, noch waghalsigere Idee: Joel Sherk machte den Vorschlag, daß Teilchen gar nicht teilchenartig sind, sondern als ›Strings‹ (Saiten oder Schnüre) zu betrachten sind, die im Raum vibrieren und rotieren. Alle bekannten physikalischen Phänomene sollten das Ergebnis unterschiedlicher Kombinationen dieser Schwingungen sein, ganz so wie die Musik eines Streichquartetts das Ergebnis der Schwingungen von vier Instrumenten ist.

Der Gedanke, daß rotierende und schwingende Strings grundlegend für unser Verständnis der Natur wären, stammt aus der Zeit der 60er Jahre. Seinerzeit machte Gabriel Veneziano den Vorschlag, daß Elementarteilchen – wenn man sie ihrer Masse nach ordnet – ein Muster bilden, das den Resonanztönen ähnelt. Andere Physiker zeigten sich später von dem Gedanken besonders beeindruckt, daß solche Resonanzen durch allerkleinste Körper – schwingende Strings von der Größe der Elementarteilchen – erzeugt werden konnten.

Sherks String-Theorie erwies sich als kompatibel zu Gell-Manns Quark-Theorie. Die neue Theorie erklärte, warum Quarks in der Natur unbeobachtbar sind: aus dem gleichen Grunde, aus dem ein String niemals ein einziges Ende haben kann. Wenn man die Enden eines Strings trennt, erschafft man neue Enden. Ebenso bei Hadronen; wenn man sie aufbricht, erscheinen keine einzelnen Quarks, sondern neu entstandene Quark-Pärchen.

1976 zeigten Sherk, Ferdinando Gliozzi und David Olive, daß man die Supergravitationstheorie in die String-Theorie einbauen konnte, so daß eine ›Superstring-Theorie‹ daraus wurde. Hierbei schwingen Teilchen-Strings in einem höherdimensionalen Hyperraum. Ihren wahren Triumph erlebte die Theorie jedoch Mitte der achtziger Jahre, zu einem Zeitpunkt, als die Supersymmetrie-Theorien bereits wegen des Problems der Kompaktifizierung als überholt galten. John Schwartz und Michael Green konnten zeigen, daß eine zehndimensionale Superstring-Theorie völlig kompatibel mit einer vierdimensionalen Raumzeit war; das Problem der Kompaktifizierung trat hier nicht auf. Die neuen Superstrings waren kleiner als die Strings der ursprünglichen Theorie: sie waren nicht größer als die Plancksche Länge von 10^{-35} m und damit viel kleiner als irgendein bekanntes Elementarteilchen. Die Superstring-Theorie ist nicht frei von Problemen, und nicht einmal ihre Grundlagen werden von der physikalischen Wissenschaft allgemein akzeptiert. Dennoch ist das

Vertrauen in die mögliche Verwirklichung einer großen, einheitlichen Feldtheorie gewachsen; nur wenige Teilchenphysiker würden heute noch bezweifeln, daß im Laufe der Zeit alle Teilchen und Kräfte des Universums im Rahmen einer einzigen Theorie vereinigt werden könnten.[12]

Der Unvollständigkeitsfaktor

GUTs und Super-GUTs sind hervorragende Errungenschaften der neuen Physik, aber sie sind noch nicht das letzte Wort. Nach dem gegenwärtigen Stand der Dinge sind die Vereinheitlichungstheorien unvollständig; sie können die fortschreitende transphysikalische Strukturierung der Materie im Universum nicht erklären. Die menschliche Erfahrung zeigt, daß sich die Materie nicht nur zu Teilchen, Atomen und Molekülen, sondern auch zu Zellen, Organismen und Ökosystemen zusammenfügt. Obgleich die heute geltenden GUTs die Eigenschaften und Wechselwirkungen von Partikeln, Atomen und Molekülen beschreiben, vermögen sie nicht aufzuzeigen, wie Partikel, Atome und Moleküle die vielfältigen Phänomene der von uns erfahrbaren Welt erzeugen. In einer wahrhaft vereinheitlichten Theorie des Universums muß der fortschreitende Aufbau von immer komplexeren und höher integrierten Strukturen der Materie mit einer immer differenzierteren Charakteristik ein immanenter Bestandteil sein.

Es ist eine Lücke in der Theorie der GUTs, daß sie nicht die Entwicklung höherer komplexer Ebenen in Raum und Zeit erklären. Die Hoffnungen auf eine vollständige Bootstrap-Theorie, die die progressive Selbstorganisation der Natur nicht nur im physikalischen, sondern auch im biologischen und menschlichen Bereich erklären würde, mußten aufgegeben werden; die gegenwärtigen Annahmen zur Selbstorganisation reichen nicht viel weiter als bis zur Ebene des physischen Universums.[13] Aus gutem Grunde bemerkte Stephen Hawking, daß die Physik – obwohl sie ein komplettes Verständnis aller Dinge, einschließlich unserer eigenen Existenz, zum Ziel hat – die Probleme der Chemie und Biologie nicht lösen konnte, und daß sie von der Möglichkeit weit entfernt ist, einen Satz von Gleichungen zu schaffen, mit dem sich das menschliche Verhalten beschreiben ließe.[14]

Komplexität ist ein objektives Element des Universums, keine subjektive Chimäre. Objektiv gesehen, ist eine Bakterie komplexer als ein Atom, ebenso wie eine Maus komplexer ist als eine Bakterie. Es scheint daher vernünftig, von einer wissenschaftlichen Theorie zu fordern, daß sie den Aufbau höherer Komplexität in der Natur in eindeutiger und nachprüfbarer Weise beschreiben soll.

Eine solche Theorie liegt durchaus nicht jenseits der wissenschaftlichen Möglichkeiten. Auch wenn die Gesetze, die die fortschreitende Entwicklung der Materie von Teilchen zu Organismen beschreiben, nicht einfach aufzuspüren sind, kann man aus dieser Schwierigkeit nicht schließen, daß solche Gesetze nicht existieren. Man macht es sich allzu einfach, wenn man das Problem dem Bereich der Metaphysik zuordnet oder es mit der Begründung nicht weiter verfolgt, daß komplexe Phänomene rein zufällig aus ihren einfachen Bestandteilen bestehen. Es ist aber ebenso falsch anzunehmen, daß Moleküle, Zellen und Gewebe, die einen lebenden Organismus ausmachen, das Ergebnis glücklicher Zufälle sind, wie anzunehmen, daß die Komplexität des Lebendigen auf die Wirkung mystischer oder metaphysischer Prinzipien zurückzuführen ist. Wir müssen der Herausforderung ins Gesicht sehen. Sie besteht darin, eine empirisch konsistente und in sich kohärente Theorie zu schaffen, die sich bis zu den höchsten Graden der Komplexität und Ordnung in der Natur aufbauen läßt und deren Logik sinnvoller erscheint als die Verwendung der Begriffe von Zufall oder Metaphysik.

3. Transdisziplinäre Vereinheitlichung

Physiker befassen sich mit den physikalischen Grundlagen der beobachtbaren Welt; gewöhnlich kümmern sie sich nicht um die Phänomene des Lebens und des Geistes. Wenn wir daher die dynamischen Prozesse verstehen wollen, die hinter der inneren Ordnung von Leben und Geist stehen, müssen wir den Rahmen der zeitgenössischen Physik verlassen. Die Vereinheitlichung von Bosonen und Fermionen, Gravitation, starker und schwacher Kernkraft und Elektromagnetismus ist sicher wichtig, genügt aber nicht: wir müssen auch die höheren Ordnungen erklären, die im Schoße des Universums entstanden sind.

Die Entwicklung des Universums könnte uns vielleicht die Verständnismöglichkeiten dafür erleichtern, auf welche Weise die transphysikalischen Bereiche der Realität entstanden sind. Wenn das Verständnis des physikalischen Ursprungs des Universums eines Tages dafür ausreichen sollte, die Natur höher geordneter Phänomene zu verstehen, könnten die Vereinheitlichungstheorien auch in Zukunft auf der Basis eines erweiterten physikalischen Rahmens entwickelt werden. Wenn dieses Wissen aber nicht ausreichen sollte, müßte die kosmologische Evolution einen anderen Weg einschlagen: sie müßte uns die Gesetze liefern können – die integrierte Dynamik –, nach denen höhere Formen und Ordnungsdimensionen in der Natur entstehen.

Wir wollen uns jetzt mit zwei Theorien befassen, die in die erste Kategorie einer ›größeren Physik‹ fallen, und zwei weiteren, die zur zweiten Kategorie gehören, die wir ›allgemeine Evolutionstheorie‹ nennen wollen.

Eine Auswahl führender Theorien

Bohms implizite Ordnung

Während seiner gesamten wissenschaftlichen Laufbahn – und bis kurz vor seinem Tode im Jahre 1993 – kämpfte David Bohm gegen Dogmatismus und Selbstzufriedenheit in der Physik und stellte auch den Phänomenalismus und Idealismus der Quantenphysik in Frage. In den fünfziger Jahren publizierte er die Theorie verborgener Variablen, ein Versuch, die bis dahin geltende Annahme vom Zufallsverhalten subatomarer Teilchen in das von Einstein geforderte deterministische Verhalten zu überführen. In den letzten Jahren entwickelte Bohm ein neues Konzept, nach dem alle Dinge, einschließlich der Entstehung von Ordnung und des Wechselspiels von Zufall und Notwendigkeit, sich aus einer tieferen Ebene entwickeln, die der manifesten Welt der Erfahrung zugrundeliegt.[15]

Bohm geht davon aus, daß die wichtigsten theoretischen Annahmen der Physik der letzten vierzig Jahre von wesentlichen, bisher ungelösten Widersprüchen geprägt waren. Ein grundlegender Wechsel scheint überfällig zu sein. Bohms neue Gedanken sind radikal: es gibt zwei Ebenen der Realität, eine, die sich uns in den manifesten Erscheinungen enthüllt, und eine weitere dahinter liegende Ebene. Eine grundlegende Beschreibung des Universums muß letztlich auf diese tiefer liegende Ebene zurückführen, die Bohm mit dem Wort ›implizit‹ bezeichnete. (Die lateinische Bedeutung von ›implicare‹ ist ›ein-falten‹.) Es ist das wesentliche Merkmal der impliziten Ordnung, daß alles, was in Raum und Zeit geschieht, in ihr eingefaltet vorhanden ist. Ein Beispiel hierfür ist der Wirbel. Er hat eine relativ konstante, stets wiederkehrende und stabile Form, jedoch ist seine Existenz von der Flüssigkeitsbewegung abhängig, aus der er sich gebildet hat. Der Wirbel mag uns als ein unabhängiger Körper erscheinen, dennoch ist seine Ordnung aus der Dynamik fließenden Wassers abgeleitet.

Bohm illustriert die Beziehung zwischen der tieferliegenden, impliziten Ordnung und der sichtbaren, expliziten Ordnung mit einem Apparat, der aus zwei konzentrischen Glaszylindern besteht, zwischen denen sich eine viskose Flüssigkeit – wie z. B. Glyzerin – befindet. Man läßt ein wenig Tinte in diese Flüssigkeit hineintropfen und dreht langsam am äußeren Zylinder. Der Tropfen zieht sich jetzt allmählich zu einem länglichen Faden. Wenn man den Zylinder genügend oft dreht, scheint sich der ursprüngliche Tropfen vollständig im Glycerin aufgelöst zu haben. Dreht man jedoch den Zylinder in Gegenrichtung, zieht sich die ausgebreitete Tintenlinie wieder zur ursprünglichen Tropfenform zurück. Der Tropfen besteht aus einem Aggregat separater Kohlenstoffteilchen, die mit derselben Geschwindigkeit wie das Glyzerin bewegt werden. Wenn diese Teilchen auseinandergezogen werden, wird eine langgestreckte Fadenform sichtbar. Wenn man zwei Tintentropfen in die Flüssigkeit gibt, bildet sich aus jedem eine unabhängige Fadenform; überkreuzen sich diese Formen, kommt es zu einer Mischung der ursprünglich in jedem Tropfen enthaltenen Teilchen. Kehrt man aber die Bewegung des Flüssigkeitsträgers um, ziehen sich die Teilchen der beiden Tintenstriche wieder zu ihren ursprünglich getrennten Tropfen zurück. Mit der Beschreibung dieses Versuches betont Bohm die Vorrangigkeit der gesamten Lösung, in der die Tintentropfen schweben, gegenüber den einzelnen Kohlenstoffpartikeln. Die Partikel sind Teil eines Ensembles, in dem sie eingebettet oder ›eingefaltet‹ sind.

Nach Bohm entsteht die gesamte manifeste Welt aus der impliziten Ordnung als expliziter Teil der Gesamtheit stabiler, wiederkehrender Formen. Da im Rahmen der impliziten Ordnung alle Dinge miteinander verbunden sind, gibt es in der Natur keine Zufallsereignisse mehr. Alles was sich im Bereich der expliziten Ordnung befindet, ist folgerichtiger

Ausdruck der Ordnung des impliziten Bereiches. Auf der Ebene manifester Phänomene kann nichts Neues oder Zufälliges entstehen; die Evolution ist nichts als eine Erscheinung. Quarks sind ebenso wie Galaxien, Organismen und Atome ein für allemal ein Teil der Ordnung, die den beobachtbaren Phänomenen zugrundeliegt.

Die implizite Ordnung wirkt auf die explizite, indem sie die Bewegung der Quanten bestimmt. Der entscheidende Faktor ist das Quantenpotential Q. Das Quantenpotential durchzieht die Raumzeit ähnlich der Gravitationskonstanten G. Jedoch liegt die Quelle des Quantenpotentials in der impliziten Ordnung, einem Subquantenfeld jenseits von Raum und Zeit. Aus dieser eingefalteten holographischen Ordnung entwickelt sich das Quantenpotential als eine ›Pilotwelle‹, welche die Bewegung der Quanten steuert. Diese Wirkung ist allein von der holographischen Wellenform und nicht von deren Energie abhängig. Daher vermindert sich die Wirkung des Quantenpotentials – im Gegensatz zu Gravitation und Elektromagnetismus – nicht mit der Entfernung und bleibt unbeeinflußt von der Zeit.

Bohms Pilotwellen-Modell der Realität stimmt mit althergebrachten physikalischen Ideen darin überein, daß die Entwicklung des Universums durch deterministische Gesetze bestimmt ist, die sich auf Teilchen und Felder beziehen. Bohm vermutete, daß die Realität, zusätzlich zur Wellenfunktion der Quantentheorie, Faktoren enthält, die sich auf die klassischerweise verstandene physische Welt beziehen. Mit dieser Annahme war es ihm möglich, zufallshafte Quantenereignisse mittels deterministischer Gesetze zu erklären. Danach wird jedes Teilchen von einer Welle begleitet, die der Schrödingerschen Wellengleichung genügt. Diese Pilotwelle bestimmt das Quantenpotential ›Q‹, das seinerseits den Zustand des Teilchens bestimmt. Also besitzen die Teilchen nicht gleichzeitig sowohl teilchenartige als auch wellenartige Eigenschaften: die beobachteten wellenartigen

Eigenschaften sind das Ergebnis der allgemeinen Wirkung des Quanten-Wellenfeldes auf ihre Struktur.

Nach Bohms Auffassung ähnelt das Verhalten eines Teilchens dem eines vom Radar geleiteten Schiffes. Die Partikelstruktur – die größenmäßig etwa zwischen 10^{-16} m und der Planck-Länge von 10^{-35} m liegt – ist genügend komplex und subtil, um auf die Information aus einer Pilotwelle reagieren zu können. Bohm räumt jedoch ein, daß es bis heute noch keine Theorie zur Quelle dieser Information gibt.[16]

Das Heisenbergsche Quantenuniversum nach Stapp

Eine andere Theorie, die grenzphysikalische Phänomene mit einem erweiterten physikalischen Konzept zu erklären versucht, ist das von Henry Stapp wiederbelebte und erweiterte Gedankengut Heisenbergs.[17]

Heisenberg selbst hatte keine eindeutige Meinung darüber, ob die Quantentheorie ein Abbild der Realität sei: er neigte zeitweise zu einer mentalistischen, zu anderen Zeiten zu einer physikalistischen Interpretation. So schrieb er z. B., daß ›wir schließlich zu der Annahme kommen müssen, daß die Gesetze der Natur, die wir im Rahmen der Quantentheorie mathematisch formulieren, sich nicht länger mit den Teilchen selbst befassen, sondern nur mit unserem Wissen über diese Teilchen ... Der Gedanke an eine objektive Realität dieser Teilchen hat sich daher verwandelt ... zur transparenten Klarheit einer Mathematik, die nicht länger das Verhalten eines Teilchens beschreibt, sondern vielmehr unsere Kenntnis dieses Verhaltens.‹[18] An anderer Stelle meint er jedoch, ›wenn wir beschreiben wollen, was bei einem atomaren Ereignis geschieht, müssen wir uns darüber klar werden, daß das Wort *geschieht* sich auf den physischen und nicht den psychischen Akt der Beobachtung bezieht, und wir könnten sagen, daß der Übergang vom *Möglichen* zum *Tatsächlichen* stattfindet, sobald die Wechselwirkung zwischen Objekt und Meßgerät – und damit mit dem Rest der Welt – wirksam wird; der Übergang ist nicht mit dem Akt der Registrierung des Ergebnisses im Geiste des Beobachters verbunden.‹[19]

Wenn der eben erwähnte Übergang vom ›Möglichen‹ zum ›Wirklichen‹, oder, in der Sprache der Quantentheorie, der ›Zusammenbruch der Wellenfunktion‹, auf die Wechselwirkungen zwischen Teilchen und Meßgerät zurückzuführen ist, so ist die Welt, auf die sich unsere Beobachtungen beziehen, ontologisch real. Wenn jedoch der Zusammenbruch der Wellenfunktion erst mit der Registrierung des Ergebnisses im Geist des Beobachters stattfindet, bleibt die Welt, soweit sie von uns nicht beobachtet wird, grundsätzlich unwirklich, verschleiert und in Nebel eingehüllt. Die erstgenannte Alternative entspricht einer ontologischen Interpretation der Quantenmechanik, die im Gegensatz zu der mentalistischen Interpretation der Kopenhagener Schule und der meisten Quantenphysiker steht.

Stapp gibt der ontologischen Interpretation den Vorzug. Wenn wir ihm folgen wollen, könnten wir, wie er selbst, nach den Grenzen ihrer Anwendung fragen. Ist die zufallshafte Quantenrealität auf den subatomaren Bereich begrenzt, wo die beobachtbaren Phänomene die Plancksche Masse von 10^{-5} g nicht überschreiten, oder läßt sie sich auch auf makroskopische Phänomene anwenden?

Nach Stapp ist das unter den heutigen Physikern am meisten akzeptierte Realitätsmodell das von Heisenberg beschriebene Quantenuniversum mit seinen makroskopischen nicht-klassischen Wirkungen.[20] Er bemerkt, daß dieses Universum Bohms klassische Variablen überflüssig macht, während er an der Idee festhält, daß die Wahrscheinlichkeitsverteilung der Quantentheorie tatsächlich in der Natur und nicht nur im Geiste des Beobachters existiert. Die Wahrscheinlichkeitsverteilung im Quantenbereich und ihre plötzlichen Veränderungen repräsentierten die Realität vollständig. Diese Repräsentation offenbart, daß die Entwicklung der Welt mittels eines alternierenden Wechsels zwischen zwei Phasen fortschreitet: einer graduellen Entwicklung aufgrund deterministischer Gesetze analog den Gesetzen der klassischen Physik und dem periodischen Auftreten plötzlicher unkontrollierter Quantensprünge. Die letzteren aktualisieren die eine oder andere der zahlreichen makroskopischen Möglichkeiten, die von den deterministischen Bewegungsgesetzen geschaffen werden. Der ›Meßvorgang‹ findet dann statt, wenn die deterministischen Gesetze die Quanten-Wahrscheinlichkeitsverteilung in sauber getrennte Verzweigungen aufgelöst haben. Dieses Ereignis aktualisiert eine der Möglichkeiten und eliminiert die anderen. Die aktualisierte Möglichkeit kann ein makroskopisches Ereignis sein, das sich durch direkte Beobachtung unterscheiden läßt.

Stapps Interpretation des Heisenbergschen Quantenuniversums versucht nicht nur, eine Antwort auf einige der Anomalien zu geben, die wir in Kapitel 4 besprechen wollen, sie bemüht sich auch um eine kohärente quantenmechanische Erklärung biologischer und sogar geistiger Phänomene. Der hier entwickelte Quantenzustand bezieht sich nicht mehr auf irgendwelche greifbaren Dinge der wirklichen Welt, obwohl die hierfür geltenden mathematischen Regeln denen der klassischen Physik analog sind. Der Quantenzustand repräsentiert lediglich die mit den tatsächlichen Ereignissen verbundenen Möglichkeiten und Wahrscheinlichkeiten. Folglich gewinnt jede Art von Stoff oder Substanz, die von dem dazugehörigen Quantenzustand repräsentiert würde, eher einen ideenartigen als einen materieartigen Charakter. Die materieartigen Aspekte der Phänomene erschöpfen sich in bestimmten mathematischen Eigenschaften, die man aber ebenso – und vielleicht noch besser – als Charakteristika einer begleitenden ideenartigen Welt verstehen kann. Wie Stapp betont, gibt es keinen natürlichen Platz für die Materie im Quantenuniversum. Das ist das genaue Gegenteil der von der klassischen Physik geschaffenen Situation, in der es keinen natürlichen Platz für den Geist gab.

Der ideenartige Charakter des Heisenbergschen Quantenuniversums läßt sich nicht auf den Phänomenalismus der Kopenhagener Schule reduzieren: das Universum bleibt ontologisch real, auch wenn es eine ideenartige Struktur hat. Damit eröffnet sich eine Möglichkeit, das menschliche Bewußtsein in die Naturwissenschaften zu integrieren. Das klassische Konzept von Materie war seiner Natur nach lokal-reduktionistisch – die physische Welt ließ sich in elementare lokale Mengen zerteilen, die nur mit ihren unmittelbar angrenzenden Nachbarn wechselwirkten. Auf der anderen Seite muß man davon ausgehen, daß bewußtes Denken – sowohl auf der funktionalen Ebene, als auch der direkten Erfahrung nach – ein komplexes Ganzes darzustellen scheint. Stapp meint, daß es nicht möglich ist, sich einen Gedanken als Teil der physischen Welt vorzustellen, solange diese im klassischen Rahmen betrachtet wird. Um menschliches Bewußtsein in das Realitätskonzept der Physiker einzuführen, ist ein Zusatz notwendig, der die erforderliche Integrität und Komplexität in das Konzept hineinbringt.

Der von Natur aus essentiell reduktionistischen Welt der klassischen Physik ist das irreduzible komplexe Ganze fremd; das gilt jedoch nicht für die umfassendere Physik des Quantenuniversums. Hier kann das einzelne Quantenereignis im Rahmen einer größeren Einheitsreaktion die Aktualisierung eines höher geordneten Musters neuraler Impulse sein. Ein solches Muster kann der Komplexität bewußter Gedanken entsprechen und doch zur gleichen Zeit eine einzelne aktualisierte Struktur darstellen. Die Analyse der grundlegenden Eigenschaften der höher geordneten Hirnfunktionen und bewußter geistiger Prozesse könnte einen Isomorphismus zwischen der inneren Struktur bewußter geistiger Ereignisse und der inneren Struktur bestimmter Arten von Hirnvorgängen aufzeigen, die sich in der Sprache der Quantentheorie beschreiben ließe.

Stapp folgert, daß hier im Falle einer Annahme der von der Quantentheorie vorgegebenen nicht-klassischen mathematischen Regeln als Charakteristika einer im wesentlichen ideenartigen Welt, ›in der Quantentheorie die Grundlage einer Wissenschaft gefunden zu haben scheinen, die erfolgreich in einer mathematisch und logisch kohärenten Weise den vollen Bereich wissenschaftlichen Denkens von der Atomphysik über die Biologie bis zur Kosmologie erfassen könnte, einschließlich des bisher im Rahmen der klassischen Physik so mysteriös erscheinenden Gebietes, wie der Verbindung zwischen Hirnprozessen und dem Strom bewußter menschlicher Erfahrung.‹[21]

Stapp sieht im Heisenbergschen Quantenuniversum den Hauptkandidaten für eine vereinheitlichte transdisziplinäre Theorie. Diese auf einem erweiterten physikalischen Konzept fußende Theorie ist heute noch im wesentlichen unvollständig. Sogar abgesehen von der schwierigen Frage, ob eine ideenartige objektive Realität in Anbetracht des intrinsischen Realismus der Naturwissenschaften Bestand haben kann, gibt es ein Problem, das durch die Frage ›wann erfolgt der Quantensprung?‹ akzentuiert wird. Wie Stapp zugibt, werden diese Quantensprünge durch kein bekanntes Naturgesetz im einzelnen kontrolliert. Die moderne Quantentheorie behandelt Quanten als Zufallsvariable in dem Sinne, daß lediglich die statistische Wichtung der Quantensprünge bestimmt ist; die aktuelle Wahl des einen oder anderen Ereignisses wird in der Theorie nicht erklärt. Das bedeutet, daß der Weg, dem der Quantenzustand folgt, grundsätzlich offen bleibt. Ob sich Quantensprünge ereignen oder nicht sowie die dadurch bewirkten Entscheidungen sind rein zufällig bestimmte Ereignisse in bezug zu den vorbestehenden Möglichkeiten. Diese Zufallshaftigkeit wird jedoch zu einem wesentlichen Problem, wenn die Quantenmechanik auf makroskopische

Phänomene angewandt werden soll: sie ist nicht imstande, eine zusammenhängende Erklärung der progressiven Entstehung transphysikalischer Ordnungs- und Erfahrungsebenen zu geben. Die von uns beobachteten Ordnungen hätten – wie bereits in der Einführung besprochen – nicht in einem Zufallsuniversum entstehen können, nicht einmal dann, wenn die Zufallsereignisse nur ein Zwischenspiel in den sonst deterministisch bestimmten Evolutionsprozessen gewesen wären.

In Heisenbergs Quantenuniversum wird die Evolution höher geordneter Systeme, die dem jenseits der Physik liegenden Erfahrungsbereich entsprechen – Leben und Geist vor allem – nicht erklärt. Um sie erklären zu können, wäre eine einzige kohärente Dynamik für die unterschiedlichen Zustände nötig, die die Phänomene der realen Welt vor dem ›Beobachtungsereignis‹ annehmen; eine ebensolche Dynamik müßte für die Auswahl zwischen den einzelnen Zuständen verantwortlich sein, wobei beide dynamische Aspekte innerhalb der selbstkonsistenten Struktur einer umfassenden Theorie erklärt werden müßten. Stapp ist zuversichtlich, daß eine derartige Theorie eines Tages auf der Basis der Quantenmechanik entwickelt werden wird;[22] ob das jedoch tatsächlich der Fall sein wird, bleibt abzuwarten.

Prigogines Ungleichgewichts-Systeme

Falls sich ein erweitertes physikalisches Konzept als ungenügend erweisen sollte, die Entstehung von Ordnung in der Natur zu erklären, wäre es die Aufgabe einer transdisziplinären Theorie, die Gesetze zu erforschen, nach denen solche Ordnungen entstehen. Allgemeine, ziemlich einfache Gesetze würden im Prinzip genügen; selbst ein hoher Komplexitätsgrad läßt sich durch die regelmäßige Wiederholung sehr einfacher Algorithmen erzeugen, wie die Erfahrung mit der zellulären Automatentheorie und ähnliche mathematische Simulationen zeigen.

In der Natur bauen sich Elementarpartikel zu Atomen auf, und Atome werden zu Molekülen und Kristallen. Moleküle ihrerseits verwandeln sich zu Makromolekülen und schließlich in noch komplexere, mit dem Leben verbundene zelluläre Strukturen; letztlich integrieren sich die Zellen in multizelluläre Organismen und diese ihrerseits in soziale Gruppen und Ökologien. Es ist weder notwendig, noch vernünftig, daß jeder einzelne dieser Aufbauvorgänge streng getrennten Gesetzen gehorchen sollte. Dieselben grundlegenden Gesetze können in ihrer Funktion als Algorithmen der Natur die interaktive Dynamik erschaffen, mit der die Komplexität die Ebenen des Universums von den Elementarteilchen über die Organismen und Ökologien bis zu den Gesellschaftsformen aufbaut. Das wären die allgemeinen Evolutionsgesetze der Natur, und die Theorien, die sie formulieren, könnte man allgemeine Evolutionstheorien nennen.[23]

Bis hin zu den letzten Jahrzehnten waren es die von Philosophen entwickelten allgemeinen Evolutionstheorien, die die Lücken wissenschaftlicher Erkenntnis mit spekulativen Einsichten ausfüllten. Trotz dieses spekulativen Charakters ragen z. B. Werke wie Henri Bergsons ›Creative Evolution‹, Herbert Spencers ›First Principles‹, Samuel Alexanders ›Space, Time and Deity‹, Teilhard de Chardins ›Das Phänomen Mensch‹ sowie Alfred North Whiteheads ›Process and Reality‹ als zeitlose Meilensteine des evolutionären Denkens heraus. In letzter Zeit wurden jedoch Konzepte und Theorien entworfen, die das Thema Evolution als generelles Phänomen aus dem Bereich philosophischer Spekulationen in den Rahmen wissenschaftlicher Forschung überführen wollen. Unter diesen neuen Konzepten verdient Ilya Prigogines Theorie der Ungleichgewichts-Thermodynamik – die Thermodynamik irreversibler Prozesse – unsere besondere Aufmerksamkeit.[24]

Prigogine war einer der ersten, die die fachübergreifende

Bedeutung der Erforschung evolutionärer Prozesse erkannt haben. Nach seinen Worten ist ein lebendes System nicht mit einem Uhrwerk zu vergleichen, das durch einfache kausale Beziehungen zwischen seinen Teilen erklärt werden kann; in einem Organismus ist jedes Organ und jeder Prozeß eine Funktion des Ganzen. Ein ähnlicher Standpunkt ist nach Prigogine auch für die Sozialwissenschaften erforderlich. Die Theorie der irreversiblen Evolution thermodynamisch offener Systeme trifft auf die physikalische Chemie, auf biologische Systeme und auch auf die menschliche Gesellschaft zu.

Die klassische Thermodynamik befaßte sich mit der Umwandlung freier Energie in Überschußwärme geschlossener Systeme, was konsequenterweise den Übergang von Ordnung in Zufälligkeit zur Folge hat. In der Physik des neunzehnten Jahrhunderts führte dieser Gedanke in letzter Schlußfolgerung zum Wärmetod des gesamten Universums. In der ersten Hälfte des zwanzigsten Jahrhunderts sind die Physiker aber neue Wege gegangen. So z. B. Lars Onsager, dessen 1931 publizierte Arbeit ›Reziproke Beziehungen in irreversiblen Prozessen‹ auf irreversible Prozesse hinwies, welche Systeme vom thermodynamischen Gleichgewicht weg – und nicht zu ihm hin führen. Prigogine befaßte sich 1947 in seiner Doktorarbeit mit dem Verhalten von Systemen weit jenseits des Gleichgewichts; in den frühen 60er Jahren wurde die mathematische Grundlage der neuen Wissenschaft der Thermodynamik von Systemen jenseits des Gleichgewichts von Aharon Katchalsky und P. F. Curran ausgearbeitet. Diese Wissenschaftler zeigten, daß die klassische Thermodynamik durch ihre einseitige Hinwendung zu graduellen Veränderungen geschlossener Systeme in der Auseinandersetzung mit Systemen der realen Welt versagt hat. Systeme der wirklichen Welt befinden sich nicht im Gleichgewicht, entwickeln sich nicht-linear und sind für den Energiefluß ihrer Umgebung offen. Solche Systeme sind die Grundlage des Lebendigen, so, wie es Schrödinger um die Jahrhundertmitte formulierte: »Das Leben wird aus negativer Entropie gespeist.«

Ein offenes, fern vom Gleichgewicht befindliches System verliert Entropie, während es arbeitet. Nach Prigogines Worten importiert es freie Energie aus seinem Umfeld und exportiert Entropie in seine Umgebung. Wenn ein offenes System mehr Negentropie aufnimmt, als es Entropie abgibt, wächst es und entwickelt sich. Veränderungen der Entropie offener Systeme werden durch die Gleichung $dS = d_iS + d_eS$ bestimmt, wobei dS der Gesamtveränderung der Entropie des Systems entspricht, d_iS der Veränderung der Entropie durch irreversible Prozesse innerhalb des Systems und d_eS der über die Grenzen des Systems hinweg transportierten Entropie. In einem isolierten System hat dS immer einen positiven Wert, weil der Wert allein durch d_iS bestimmt wird, welches notwendigerweise wächst, wenn das System Arbeit verrichtet. In einem offenen System jedoch kann d_eS die innerhalb des Systems erzeugte Entropie ausgleichen und sie sogar überschreiten. Daher muß dS in einem offenen System nicht unbedingt einen positiven Wert annehmen, der Wert kann auch bei Null liegen oder negativ sein. Ein offenes System kann sich in einem stationären Zustand befinden ($dS = 0$), es kann auch wachsen und komplexer werden ($dS < 0$). Die Entropieänderung ergibt sich dann aus der Gleichung $d_eS = (d_iS < 0)$, die bedeutet, daß die von irreversiblen Prozessen innerhalb des Systems erzeugte Entropie an seine Umgebung weitergeleitet wird.

Evolution – die negentrope Komplexifizierung eines Systems – wird dann in Gang gebracht, wenn eine kritische Fluktuation das System in einen strukturell neuen thermodynamischen Bereich schiebt. Die neue Ordnung entsteht aus dem Wechselspiel kritischer Fluktuationen während des entscheidenden Phasenwechsels einer Instabilität. Wenn das System sich aufwärts statt abwärts entwickeln soll, muß wenigstens eine der vielen möglichen Fluktuationen als auslösendes Element wirken, d. h., sich schnell innerhalb des gesamten Systems ausbreiten. Wenn das passiert, verzweigt sich das gesamte System, es kommt zu einer sogenannten Bifurkation. Die dann erreichte dynamische Ordnung bestimmt den Normzustand, um den die systemtypischen Werte in Zukunft fluktuieren werden.

Der Evolutionsprozess als ganzes hängt entscheidend von den ihm innewohnenden Zufallsfunktionen ab. ›Nur dann, wenn ein System sich genügend zufällig verhält, kann der Unterschied zwischen Vergangenheit und Zukunft und damit auch die Irreversibilität Eingang in seine Beschreibung finden‹, schrieben Prigogine und Isabelle Stengers in *Order out of Chaos.*[25] ›Der *historische* Pfad, auf dem sich das System entwickelt, ist durch eine Aufeinanderfolge stabiler Abschnitte charakterisiert, die von deterministischen Gesetzen bestimmt werden; ebenso wie von unstabilen Abschnitten in der Nähe von Bifurkationsstellen, wo das System zwischen mehr als einer möglichen Zukunft *wählen* kann. Sowohl der deterministische Charakter der kinetischen Gleichungen, mit denen sich der Satz möglicher Systemzustände und ihre jeweilige Stabilität berechnen läßt, als auch die Zufallsfluktuationen, die in der Nähe von Bifurkationsstellen zwischen einzelnen Zuständen *auswählen*, sind untrennbar miteinander verbunden. Die Mischung von Notwendigkeit und Zufall bestimmt die Geschichte des Systems.‹[26]

Störungen, das zufällige Wechselspiel kritischer Fluktuationen und die Verzweigung, die der Auslösung durch einige dieser Fluktuationen folgt, sind die Schlüsselelemente, die die interaktive Dynamik bestimmen, die für die Entwicklung von jenseits des Gleichgewichts liegenden Systemen in der Natur zuständig ist. (s. Abb. 2)

Prigogines interaktive Dynamik verbindet Systeme aller Beobachtungsbereiche der Physik, Chemie, Biologie, Ökologie, sogar der Soziologie und ermöglicht einen Übergang zwischen diesen Gebieten. Die Frage ist aber, ob das System

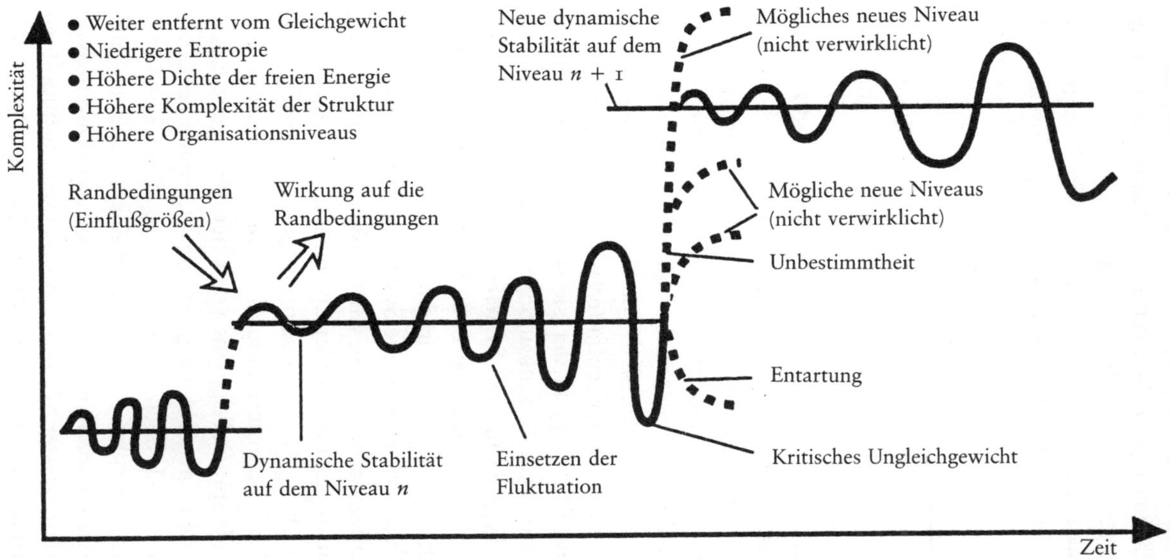

Abb. 2: Bifurkation in einem komplexen System fern vom Gleichgewicht. Fluktuationen, die über die vorgegebenen Randbedingungen hinausgehen, erzeugen eine kritische Instabilität mit nachfolgendem Chaos. Ein nicht determinierter Übergang (eine Bifurkation des Entwicklungsweges des Systems) vollzieht sich, indem sich das dynamische Verhalten des Systems bei Erreichen des kritischen Ungleichgewichts umstrukturiert und auf ein neues Stabilitätsniveau übergeht.

der Prigoginschen Dynamik eine vollständige und befriedigende Erklärung der Ordnungen geben kann, die als Folge der Selbstorganisation der Natur entstehen.

Hier stellen sich ernste Fragen. In der von Prigogine entwickelten Thermodynamik unterliegt die spezifische Richtung des sich entwickelnden Systems der Gnade des Zufalls. Der Verzweigungsprozeß muß mit stochastischen Gleichungen beschrieben werden, die eine gewisse Wahrscheinlichkeitsverteilung als Ergebnis zulassen. Weder die frühere Geschichte des Systems noch die Einflüsse der Umgebung entscheiden, welche der möglicherweise zahlreichen Fluktuationen bestimmend wird. Daraus entsteht jedoch eine Schwierigkeit: wenn weder die Vergangenheit noch die Umgebung die Richtung einer Verzweigung bestimmen, dann ist der dynamische Zustand eines komplexen Systems auf die zufällige Auswahl einer der vielen Fluktuationen angewiesen, die im System entstanden sind. Die Richtung, in der sich die Evolution in *einem* System entfaltet, wird völlig unvorhersagbar, und die Richtung, in der sie sich in *vielen* Systemen entfaltet, wird ebenfalls sehr unterschiedlich sein. Die Ursache hierfür liegt darin, daß Systeme, die der Prigoginschen Evolutionsdynamik unterliegen, zu Divergenz und Diversifizierung, statt zu Konvergenz und Vereinheitlichung, tendieren. Selbst wenn zwei beliebige Systeme zu Beginn den gleichen Ausgangszustand hätten, würden sie dennoch im Laufe ihrer Entwicklung voneinander abweichen, da jedes System unterschiedlichen Umgebungseinflüssen ausgesetzt ist und unterschiedliche interne Fluktuationsmuster enwickelt. Aus gutem Grunde sprach Prigogine von einer ›Divergenz-Eigenschaft‹, die den Entwicklungsprozessen zugrunde liegt.

Das kann jedoch noch nicht alles sein. Wenn Systeme in ihrer Entwicklungsphase im Laufe der Zeit vorwiegend auseinanderdriften würden, müßten wir von einem Durcheinander hochdifferenzierter Systeme umgeben sein, während wir doch in Wirklichkeit in beständigen Ordnungen leben, wie sie sich in den Makrostrukturen der Kosmologie und den Mikrostrukturen der Physik, Chemie und biologischen Wissenschaften ausdrücken. Wenn die Theorie den Tatsachen entsprechen soll, muß sie zusätzlich zur Dynamik der Divergenz auch eine Dynamik der Konvergenz beschreiben.

Sheldrakes Theorie der formativen Verursachung

Der Versuch des Biologen Rupert Sheldrake, die Herausforderung der Suche nach einer transdisziplinären Vereinheitlichung anzunehmen, ist ein mutiger, aber auch kontroverser Schritt. Seine Theorie des morphogenetischen Feldes, auch ›Hypothese der formativen Verursachung‹ genannt, war das Ergebnis eines notwendigen neuen Versuches, die klassische Frage der Biologen nach der Entstehung der Formen aufzugreifen. Die Natur zeigt eine verschwenderische Fülle an Formen und Strukturen, die aber auch große Übereinstimmungen untereinander aufweisen. Um zu verstehen, wie die Ordnungen der lebenden Natur entstanden sein könnten, sollte man mehr über die allgemeine Formbildung des Organischen wissen. Einige theoretische Biologen schlugen vor, daß im organischen Bereich nicht nur genetische Programme wirksam sind, sondern auch ein zusätzlicher Faktor am Werk sein müsse. Dieser Faktor könnte ein morphogenetisches (formverursachendes) Feld sein.

Morphogenetische Felder wurden bereits in den 20er Jahren von Alexander Gurwitsch vorgeschlagen, der dieses Konzept zur Erklärung bestimmter Vorgänge in der Embryologie und Entwicklungsphysiologie benutzte. Verschiedene seiner Zeitgenossen haben dieses Konzept übernommen; es wurde gelegentlich mit dem Feld verglichen, das die Enden eines Stabmagneten umhüllt. Wenn z. B. ein Plattwurm in zwei Teile geschnitten wird, entwickelt sich aus jeder Hälfte wieder ein vollständiger Organismus. Die morphogenetische

Erklärung dieses Phänomens besagt, daß die Regeneration des Wurmes von seinem eigenen biologischen Feld gesteuert wird. Ebenso wie sich bei der Teilung eines Magneten zwei neue Magneten formen, von denen jeder sein eigenes vollständiges Feld besitzt, so teilt sich auch das morphogenetische Feld des Wurms in zwei identische Hälften, wenn er auseinandergeschnitten wird. Jedes dieser vollständigen Felder steuert dann die Entwicklung der Wurmhälften zu einem vollständigen Organismus hin.

In den letzten fünfzig Jahren sind diese Gedankengänge wesentlich weiterentwickelt worden. 1925 benutzte Paul Weiß das grundlegende Feldkonzept, um Regenerationsprozesse bei Tieren zu erklären; auch andere Biologen, ebenso wie Mathematiker, griffen diese Ideen auf und führten sie fort. D'Arcy Thompson veröffentlichte seine wegweisende Arbeit über die biologische Formentwicklung, die er mit dem Formenwandel bei Fischen illustrierte; Hermann Weyl demonstrierte die bemerkenswerten Symmetriewandlungen in den Formen der Lebewesen. Die Beziehungen zwischen geometrischen Formen und dynamischen Prozessen wurden von Conrad Waddington und René Thom untersucht, indem sie das Biofeld in geometrische Zonen struktureller Stabilität aufteilten.

Im fernen Osten bestand ein besonderes Interesse an bioenergetischen Feldern, wo sie mit Konzepten aus der kulturellen Tradition dieser Länder in Verbindung gebracht werden. Chi, Yin und Yang, Kundalini und der mit den Chakren verbundene Energiefluß, der auch bei der Akupunktur benutzt wird, sind ein Teil der vielen Ausdrucksformen kosmischer und organischer Energiefelder. An der Lanzhou Universität und am Atomenergie-Institut in Shanghai durchgeführte Experimente erforschten die vom menschlichen Körper erzeugten Energiefelder und konnten deren Existenz bestätigen; darüber hinaus schienen sich diese Felder zusammen mit den geistigen Kräften der Versuchsperson zu verändern. So haben Qigongmeister z. B. ein deutlich stärkeres Energiefeld als andere Menschen. Auch in der ehemaligen Sowjetunion wurden die Eigenschaften des menschlichen Energiefeldes untersucht. Wissenschaftler am A. S. Popov-Institut für Bioinformationen berichteten, daß dieses Feld aus Frequenzen im Bereich von 150 bis 1000 MHz besteht. Westliche Forscher bemühten sich, eine Verbindung zwischen Bioenergie und der Arbeitsweise von Naturheilern herzustellen (deren eigenes Bioenergiefeld möglicherweise mit dem ihrer Patienten wechselwirkt) ebenso wie zu den Auraerscheinungen, die von manchen Heilern und anderen Sensitiven wahrgenommen werden.

Im Rahmen streng überprüfter experimenteller Untersuchungen konnten Wissenschafter wie Brian Goodwin zeigen, daß Biofelder mit den Wachstumsprozessen bei Pflanzen und Tieren in Beziehung stehen.

Nach Goodwin entwickeln sich die Formen der Lebewesen durch die Wirkung biologischer Felder auf schon vorhandene organische Grundelemente. Das biologische Feld wird zur Grundeinheit organischer Form- und Strukturbildung; Moleküle und Zellen sind bei diesem Vorgang nur Bauteile.[27] Bezüglich der Frage, ob biologische Felder eine in sich unabhängige Realität darstellen, sind die Meinungen geteilt. Für viele Biologen sind solche Felder lediglich heuristische Mittel, die man nur dann verwendet, wenn es keine besseren Erklärungen gibt. Für Brian Goodwin bedeuten sie jedoch mehr: Für ihn sind Felder mindestens ebenso real wie Organismen. Goodwin beruft sich allerdings nicht auf eine vom Organismus unabhängige Existenz der biologischen Felder – im Gegensatz zu Viktor M. Injuschin, der das Biofeld als eine tatsächliche physikalische Struktur ansieht. Nach Injuschin besteht das Feld, das er als fünfte Zustandsform der Materie definiert, aus Ionen, freien Elektronen und Protonen. Beim Menschen ist das Feld an das Gehirn gebunden; es kann jedoch, nach

Injuschin, über den Körper hinausreichen und telepathische Phänomene erzeugen.[28]

Auch Sheldrake geht von der Annahme aus, daß man biologischen Feldern eine eigene Realität zugestehen muß. Obwohl sie von keinerlei Energieform begleitet werden, existieren sie getrennt von den Organismen, auf die sie einwirken. Nach seiner Theorie werden morphogenetische Felder durch früher existierende gleichartige Lebewesen immer wieder geformt und verstärkt. Die heute lebenden Artgenossen sind durch eine Zeit und Raum transzendierende Kausalkette mit den Formen der Artgenossen früherer Jahre verbunden. Die Verbindung entsteht auf dem Wege der morphischen Resonanz, eines Phänomens, das auf Ähnlichkeit der Form oder des Gestaltmusters beruht. Die Wirkung der morphischen Resonanz ist nicht auf Lebewesen beschränkt. Formbildende Prozesse im Bereich der Kristalle, Moleküle und Atome werden von ihr ebenfalls beeinflußt. Demzufolge ist die Theorie der morphischen Resonanz nicht auf die Biologie beschränkt, sie bietet vielmehr ein universelles Prinzip zur Erklärung von Form und Ordnung in der Natur.

Aus der Tatsache, daß morphogenetische Felder durch Resonanz wirken, die durch Wiederholung verstärkt wird, ergibt sich, daß sich eine bestimmte Kristallstruktur um so leichter neu bilden kann, je öfter sie bereits in der Vergangenheit synthetisiert wurde. Je häufiger eine bestimmte Verhaltensroutine bereits von Ratten erlernt wurde, desto schneller werden andere Ratten diese Verhaltensweise ebenfalls annehmen können. Je mehr Lebewesen einer gegebenen Art jemals existierten, um so größer wird die Wahrscheinlichkeit der Zeugung gleichartiger Lebewesen. In bezug zum letzteren erklärt der Vorgang der morphischen Resonanz, warum eine Spezies reinrassig bleibt. Da die Entwicklung jedes einzelnen Lebewesens durch sein eigenes, artspezifisches morphisches Resonanzfeld geleitet wird, paßt sich die Morphologie des Nachwuchses der seiner Vorfahren an.[29]

Morphogenetische Felder erzeugen eine kausale Verknüpfung zwischen der Vergangenheit eines Systems, seinem Milieu und seiner Entwicklung. Solchen Feldern ist es zu verdanken, daß die in der Natur durch Verzweigungen entstehenden Formen und Strukturen nicht länger vom blinden Zufall abhängen. Veränderte Wahrscheinlichkeitsfaktoren begünstigen jetzt diejenigen Fluktuationen, die zu Ergebnissen führen, die mit bereits existierenden Formen und Strukturen übereinstimmen. Als Folge werden die Zufallsprozesse der Evolution in Richtung Beständigkeit und Ordnung gelenkt.

Sheldrakes Konzept der morphischen Resonanz erklärt, wie eine beständige Ordnung in der Natur entstehen kann. Das ist eine große Leistung, die dem von Prigogine in seiner interaktiven Dynamik beschriebenen Zufallsfaktor den Boden entzieht.

Bei näherer Betrachtung führt jedoch auch Sheldrakes Theorie zu einigen Schwierigkeiten. Die Betonung des konservativen Elements ist dabei das Hauptproblem. Das morphogenetische Feld bewirkt die Bewahrung des Vergangenen in der Gegenwart; aus gutem Grunde hat Sheldrake auch einem seiner letzten Bücher den Titel ›The Presence of the Past‹ gegeben. Wenn es aber tatsächlich stimmt, daß eine bestimmte Struktur oder ein bestimmtes Verhalten um so häufiger in der Gegenwart vorkommt, je häufiger dies in der Vergangenheit zutraf, dann kann man nur schwer verstehen, wie sich eine echte Neuerung entwickeln kann. Die Dinge sind, wie sie sind, weil sie so waren, wie sie waren: Das Universum ist ein ›System von Gewohnheiten‹. Es bleibt gewisserweise ein Rätsel, wie neue Gewohnheiten, so z. B. neue Formen und neue Arten, in die Welt gelangen können. Mit dem Zeitablauf würden Formen und Verhaltensweisen nur verstärkt werden, während evolutionäre Neuerungen vom Gewicht der Vergangenheit erdrückt würden, ehe sie noch ein wirksames eigenes morphogenetisches Feld aufbauen könnten.

Sheldrake selbst ist sich dieses Problems durchaus bewußt, wie eine aufgezeichnete Unterhaltung vom September 1989 belegt. Wenn das Universum ein System von Gewohnheiten ist, fragt Sheldrake, wie können dann jemals neue Muster entstehen, und was wäre dann die Grundlage für die Kreativität? Eine Theorie evolutionärer Gewohnheiten verlangt seiner Meinung nach auch eine Theorie evolutionärer Kreativität. Die Unmöglichkeit, im Rahmen seiner Theorie eine Antwort auf diese Fragen zu finden, führte Sheldrake zu eher esoterischen Spekulationen. Könnte die Kreativität auf der Erde ein Produkt der Imaginationskraft des Erdgeistes Gaia sein? Könnte sie vielleicht die evolutionäre Kreativität in der Natur ebenso erklären wie die menschliche Kreativität? Ein anderes Problem der Wirkungsweise von Sheldrakes morphischer Resonanz ist die fehlende Übereinstimmung mit den bekannten physikalischen Gesetzen. Resonanz ist ein akzeptiertes physikalisches Phänomen (man versteht darunter die Verstärkung der Schwingung eines Körpers durch die frequenzgleichen Schwingungen eines anderen Körpers); in der String- und Superstringtheorie spielen Resonanzen eine wesentliche Rolle. Es gibt jedoch in der Physik keinen Hinweis dafür, daß das Resonanzphänomen unabhängig von einer Energieform existieren kann. Dennoch schlägt Sheldrake vor, daß es ein nicht-energetisches formbildendes Feld für jedes Atom, Molekül, Kristall oder jeden Organismus gibt, die je zur Existenz gelangten. Das bedeutet, daß es morphogenetische Felder nicht nur für Ratten und Kaninchen gibt, sondern auch für Quarks und für die aus Quarks bestehenden Fermionen und Bosonen, ebenso wie für die aus Fermionen und Bosonen bestehenden Sterne, Planeten, Galaxien und Galaxiehaufen. Auf eine geheimnisvolle, nicht-energetische Weise schwingt der gesamte Kosmos mit selbstverstärkenden Feldern.

Sheldrakes Theorie wirft ein neues Licht auf das ›Formproblem‹ in der Biologie; ihre Postulate, so kühn sie auch sind, haben eine beträchtliche heuristische Kraft. Dennoch sind diese Postulate unverständlich. Weder erklären sie die kreative Entfaltung in der Natur, noch bieten sie einen glaubhaften Mechanismus für die Übertragung des morphogenetischen Effektes. Obwohl es durchaus möglich ist (wie wir in Teil 3 zeigen wollen), daß es im Kosmos ein universelles Feld gibt, das Organismen, Moleküle und das Gehirn des Menschen formt und informiert und damit die Zufallshaftigkeit des Evolutionsprozesses verringert, ist es eher unwahrscheinlich, daß dieses Feld lediglich bereits bestehende ›Gewohnheiten‹ verstärkt oder daß es über eine, möglicherweise subtile, Energieform wirkt. Ebenso unwahrscheinlich ist es, daß ein solches Feld seine Wirkungen auf dem Wege der Resonanz übertragen würde. Es gibt andere Wege, auf denen ein in der Natur vorkommendes Feld Informationen verschlüsseln, speichern und übertragen könnte; Wege, die breiter gefächert, wirkungsstärker und präziser sind und sich daher auch eher als Erklärung für die kreative Dynamik eignen, die für Entstehung von Ordnung in Raum und Zeit verantwortlich ist.

Der fehlende Faktor

Wo stehen wir heute auf dem ewigen Weg bei der Suche nach der Einheit in der Natur? Wie weit sind die Physiker und transdisziplinären Theoretiker in ihren Versuchen gekommen, das wissenschaftliche Weltbild zu vereinheitlichen? Um diese Fragen zu beantworten, sollten wir hier eine vorläufige Bilanz ziehen.

Auf der Haben-Seite würden die Ergebnisse der Physik stehen, die sowohl wegen ihrer Bedeutung als auch wegen der mathematischen Präzision, mit der sie formuliert sind, bemerkenswert sind. Alles in allem haben es die Physiker aufgegeben, die Welt mit Bewegungsgesetzen zu erklären, die das Verhalten einzelner Teilchen bestimmen. Ein kohärentes und konsistentes System abstrakter und unbeobachtbarer Wesenheiten hat die klassischen Annahmen über passive materielle Atome, die sich unter dem Einfluß äußerer Kräfte bewegen, ersetzt. Diese Tatsache ist deswegen wichtig, weil es unwahrscheinlich ist, daß Phänomene auf dem Komplexitätsniveau des Lebendigen durch Gleichungen beschrieben werden könnten, die einzig auf die Bewegung der kleinsten Bausteine des Universums abgestimmt sind, wie sorgfältig auch immer diese Strukturen und ihre Gesetzlichkeiten erklärt werden. Die Konzentration auf die Grundebenen der Realität hat sich als unnötiger hinterlassener Ballast der klassischen Theorie erwiesen, die versuchte, alle Dinge mit Bezug zu den Eigenschaften der kleinsten Teilchen – über lange Zeit als Atome bezeichnet- zu erklären. Heute nehmen die Physiker nicht länger an, daß die Natur mit einem System fundamentaler Strukturen erklärt werden kann, selbst dann, wenn diese Strukturen nicht mehr Atome, sondern Quarks, Austauschteilchen, Super-Strings, oder noch zu entdeckende und vielleicht noch abstraktere Wesenheiten sind.

Allmählich ist ein neues Bild der Welt entstanden – ein in hohem Maße einheitliches Bild. Bei dieser Betrachtungsweise entstehen die Teilchen und Kräfte des Universums aus einer einzigen ›super-großen vereinheitlichten Kraft‹ und stehen miteinander in fortwährender Wechselwirkung, auch wenn sie sich in getrennte Ereignisbahnen aufteilen. Die Raumzeit ist zu einem dynamischen Kontinuum geworden, in dem Teilchen und Kräfte integrale Elemente darstellen. Jedes Teilchen und jede Kraft wirken aufeinander ein. In der Natur gibt es keine getrennten Kräfte und Objekte, lediglich Sätze miteinander wechselwirkender Ereignisse von unterschiedlicher Charakteristik.

Das Bild eines interagierenden und selbst organisierenden Universums wird vermutlich gültig bleiben, auch wenn die diesbezüglichen Hypothesen sich ziemlich schnell verbrauchen. Man kann sich kaum vorstellen, wie sich die Physiker jemals zurück zu einem Universum getrennter Objekte und Kräfte begeben sollten, zu einem Mosaik voneinander getrennter Ereignisse, die sich im äußeren Gleichgewicht befinden.

Auf der Soll-Seite ist das so entstehende Bild von höchst abstrakter Natur und bisher nur mangelhaft analysiert. Die Wissenschaftler waren zu sehr damit beschäftigt, die zur Vereinheitlichung der beobachteten Phänomene notwendige Mathematik zu entwickeln, als daß es ihnen möglich gewesen wäre, den Bedeutungsgehalt ihrer Formeln in tieferem Maße deuten zu können; während die Philosophen, die traditionell das Wissen ihrer Zeit zusammenfassen, sich meistens ferngehalten haben. Von wenigen Ausnahmen abgesehen, sind sie nicht auf dem letzten Stand der Entwicklung. Das Fehlen tieferen Nachdenkens macht sich bemerkbar. Im ersten Erfolgsrausch behaupteten einige Physiker, daß ihre großen Vereinheitlichungstheorien alles auf der Welt erklären (im Englischen: TOEs = theories of everything). Das ist jedoch eine gewaltige Übertreibung.

Wie bereits bemerkt, besteht das Problem der GUTs darin, daß sie die fortschreitende Strukturierung der Materie in Raum und Zeit nicht befriedigend erklären können. Dennoch sollte eine solche Theorie, die die Gesetze für den fortschreitenden Aufbau von Ordnung im Universum bestimmt, möglich sein. Die Frage ist, ob diese Theorie durch eine Erweiterung der Gesetze der Physik formuliert werden kann, oder ob es notwendig ist, diese auf irgendeine Weise zu überschreiten. Es ist offensichtlich, daß die höheren Ebenen der Selbstorganisation der Natur nicht mehr in den Bereich der physischen Welt gehören; die physikalischen Theorien – die im traditionellen Sinne verstandenen Theorien der Physik – können diese höheren Ebenen nicht umfassen. Wie wir jedoch gesehen haben, gibt es eine Möglichkeit, daß die heute geltenden Physiktheorien so vervollständigt oder verallgemeinert werden könnten, daß sie diesen Anforderungen genügen würden.

Wie bereits beschrieben, versuchte Bohm die Quantentheorie um eine klassische Komponente zu ergänzen. Sein Faktor ›Q‹ hat die Funktion einer Pilotwelle, welche die zufallshafte Unbestimmtheit des Quantenzustandes aufhebt. Er führt diesen Faktor auf einen tieferen Bereich des Universums – die implizite Ordnung – zurück, aus dem sich alles Geordnete im phänomenologischen Bereich der expliziten Ordnung entwickelt. Der Preis, den wir dafür zahlen müssen, ist der Glaube an die ›separate Realität‹ der impliziten Ordnung (ein passender, von Carlos Castaneda stammender, mystischer Ausdruck). Die implizite Ordnung ist die primäre Dimension der Realität, und dennoch haben wir kein direktes Wissen von ihr; alle unsere Beobachtungen und Experimente beziehen sich auf die sekundäre Realität, welche die explizite Ordnung darstellt. In der expliziten Ordnung werden jedoch die Ursprünge und die Funktion der Pilotwelle nicht erklärt, sie bleibt eine ad hoc-Annahme. Bohm braucht die implizite Ordnung, um diese ad hoc-Einführung der Pilotwelle zu erklären, auch wenn diese Ordnung in seiner Theorie ein Glaubenssatz bleibt.

Stapp wiederum, auf den Spuren Heisenbergs, verallgemeinert die Gesetze der Quantenphysik und überträgt sie auf makroskopische Phänomene. Das Heisenbergsche Quantenuniversum stellt eine Welt dar, in der Determinismus und Zufall einander abwechseln. Die deterministischen Gesetze schaffen reale Alternativen, während die Wechselwirkung mit einem System, das nicht determinierte Ereignisse erzeugt, eine bestimmte Alternative auswählt und eine andere auslöscht. Daraus läßt sich eine allgemeine Wirkungstheorie ableiten, die nicht nur das Verhalten von Quanten zu erklären verspricht, sondern auch das solcher komplexer Systeme, wie sie lebende Organismen und bewußte Hirnstrukturen darstellen. Es bleiben jedoch noch einige ärgerliche Probleme im Hinblick auf dieses Quantenuniversum übrig.

Eines dieser Probleme haben wir bereits festgehalten: es besteht darin, daß es weder ein Gesetz noch eine Theorie gibt, die erklären würden, wann und wie die Auswahl eines Quantenereignisses aus den unterschiedlichen vorhandenen Möglichkeiten (sog. Wellenfunktionen) erfolgt. Dieser Auswahlprozess bleibt ungeklärt und dem Zufall überlassen. Es gibt noch ein anderes Problem: im Makrobereich, auf den sich diese Theorie angeblich bezieht, müßte es einen unaufhörlichen Auswahlprozeß geben. Wenn dies der Fall wäre, könnte man die Frage stellen: Auswahl zwischen wem oder was? Während man durchaus annehmen kann, daß ein sich zwischen Emissionsquelle und einem registrierenden Zähler bewegendes Photon frei von Wechselwirkungen bleibt – und sich daher in einem probabilistischen Quantenzustand befindet – ist es nur schwer einzusehen, wie ein Organismus oder ein anderes makroskopisches System genügend von seiner Umgebung isoliert sein könnte, um in einen ähnlich zufallsbedingten Zustand zu gelangen. Wenn aber ein solches System in Wechselwirkung mit seiner Umgebung steht – d. h., mit irgendeinem Teil des ›übrigen Universums‹ –, bricht seine Wellenfunktion zusammen. Im Stapp-Heisenbergschen Quantenuniversum würde sich das praktisch während der ganzen Zeit ereignen. In materiedichten Regionen wie unserer Welt würden die ›Entscheidungsereignisse‹ so dicht liegen, daß sie die dynamischen Wirkgesetze daran hindern würden, diejenigen Alternativen zu erschaffen, zwischen denen sie eigentlich entscheiden müßten.

Wenn die Erweiterung der physikalischen Theorien zur Erklärung der unterschiedlichen, aber konsistenten Ordnungen unserer Erfahrungswelt ungeeignet erscheint, sollten wir uns eher allgemeinen Evolutionstheorien zuwenden, anstatt uns mit der Ausarbeitung großer Vereinheitlichungstheorien zu befassen. Diese Theorien wurden – nach der Entwicklung der Thermodynamik irreversibler Prozesse in den 60er Jahren – aus dem philosophischen Bereich auf die Naturwissenschaften übertragen. Es war Prigogines Verdienst, die irreversible Entwicklungsdynamik von Systemen, die weit jenseits ihres thermodynamischen Gleichgewichts arbeiten, zu entdecken. Systeme in diesem ›dritten Zustand‹, d. h., weder am, noch nahe am Gleichgewicht, erhalten sich auf eine höchst besondere Weise: wenn sie durch Fluktuationen destabilisiert werden, bewegen sie sich nicht auf ihren Gleichgewichtszustand hin, vielmehr können sie ihre intern wirkenden Kräfte derart neu strukturieren, daß sie zusätzliche freie Umweltenergie aufnehmen, verarbeiten und speichern. Da freie Energie einen Zustand negativer Entropie repräsentiert, gleichen im ›dritten Zustand‹ arbeitende Systeme ihre unvermeidliche interne Entropieerzeugung durch ›importierte‹ Negentropie aus. Folglich bewegen sie sich nicht notwendigerweise auf einen dynamischen Gleichgewichtszustand zu, sondern sie können sich vielmehr zu immer höheren Wirkungsbereichen weiterentwickeln.

Wenn jedoch eine Erklärung der fortschreitenden Entstehung immer höherer Ordnungs- und Dimensionsebenen im Universum nötig wird, zeigt sich eine Lücke in der sonst bemerkenswerten interaktiven dynamischen Theorie der im dritten Zustand arbeitenden Systeme. Der Entwicklungsprozeß, der für die infolge kritischer Instabilitäten entstehende Bifurkation der Evolutionsbahnen zuständig ist, bleibt der Gnade des Zufalls überlassen. Die Prigoginsche Dynamik kann die System-›Wahl‹ eines neuen dynamischen Bereiches ebensowenig erklären, wie das Heisenbergsche Quantenuniversum den Entscheidungsmoment erklären kann, der dann entsteht, wenn alternative Möglichkeiten durch ein Instrument oder einen Beobachter auf einen Zustand reduziert werden. Die Folgerung aus dem Prigoginschen ebenso wie aus dem Heisenbergschen Universum ist die Durchdringung der Evolution durch Zufallsereignisse. Das kann, wie wir bereits festgestellt haben, die fortschreitende Divergenz in der Natur erklären, jedoch nicht den parallelen und ebenso wichtigen Vorgang der Konvergenz.

Sheldrakes Theorie der formbildenden Verursachung löst dieses Problem dadurch, daß sie ein Resonanzfeld vorschlägt, welches die Formen lebender Systeme speichert und damit sicherstellt, daß ihre künftige Entwicklung in Übereinstimmung mit ihrer bereits erreichten Form geschieht. Wenn wir unser Wissen vom Universum betrachten, erweist sich das morphogenetische Feld leider als ein ad hoc-Postulat: seine Ursachen werden nicht erklärt, während seine Funktion ans Wunderbare grenzt – sie wirkt aufgrund reiner Resonanz ohne den Einbezug einer Energie. Noch wichtiger erscheint die Tatsache, daß die interaktive Dynamik der formbildenden Verursachung über ihr Ziel hinausschießt. Auch wenn sich aus ihr keine Gesetze (nicht einmal ad hoc-Regeln) für die in der zufallshaften Entwicklung der Lebewesen sichtbare Tendenz zur Beständigkeit ergeben, schränken ihre Regeln die Vielfalt der Möglichkeiten dennoch soweit ein, daß die ständige Wiederholung des Gleichen gegenüber der Kreativität überwiegt. Wenn solche Gesetze tatsächlich das Universum beherrschen würden, sollten wir in der Natur wesentlich mehr Gleichförmigkeit vorfinden, während die Vielfalt eine Ausnahme wäre.[30]

Bei den heutigen Versuchen, einheitliche Theorien des beobachtbaren Universums und des daraus ableitbaren Wissens zu schaffen, stößt man auf einen weiteren fehlenden Faktor. Es gibt keine vernünftige interaktive Dynamik, die imstande wäre, die fortschreitende, wenn auch nichtlineare, Entstehung unterschiedlicher und konsistenter Ordnungen in der Natur zu erklären. Diese dynamischen Vorgänge sind sehr wahrscheinlich keine deterministischen Prozesse, die sich aus kausalen Wechselwirkungen zwischen individuellen Atomen oder Massepunkten ableiten ließen. Es handelt sich vermutlich um einen systemischen Prozess, der durch Gesetze bestimmt wird, die sich auf vollständige Ensembles beziehen; Gesetze, die Systemprozesse erzeugen, die zwar häufig zufallshaft, aber niemals gänzlich zufällig sind.

II. Die Geheimnisse

4. Anomalien in der Physik

Die kosmologische Revolution ist in vollem Gange, und ein Ende dieser Entwicklung ist noch nicht abzusehen. Den heutigen Wissenschaftlern fehlt immer noch eine Theorie, die die zahlreichen Aspekte und Dimensionen der erfahrbaren Realität innerhalb eines einzigen und konsistenten Rahmens vereinigen würde. Physiker sind dabei, die physikalischen Grundkräfte des Universums zu vereinheitlichen, sie haben jedoch Mühe, diese Bereiche in Richtung höherer komplexer Sphären zu überschreiten, die durch die Elemente des Lebens und Bewußtseins definiert werden. Transdisziplinäre Theorien, die sich dieser ehrgeizigen Aufgabe annehmen, zeigen wesentliche Wissenslücken auf, wenn es darum geht, eine konsistente Erklärung der Dynamik zu geben, durch die höhere Ordnungs- und Komplexitätsebenen im Universum erzeugt werden.

Wir müssen die Grenzen der großen Vereinheitlichungstheorien der modernen Physik verlassen und den Versuchen der transdisziplinären Denker der vordersten Front folgen, die physischen Dimensionen des Universums auf der Suche nach einem einheitlichen Konzept der beobachteten Ordnung zu überschreiten. Die Aufgabe besteht darin, die integrierte und in ihrem Wesen einheitliche Dynamik aufzufinden, die es dem physikalischen Universum ermöglicht, diejenigen Ordnungszustände zu erzeugen, welche den Phänomenen der transphysikalischen Bereiche zugrundeliegen: den Domänen des Lebens, des Geistes und des Bewußtseins. Diese gewaltige Aufgabe verlangt einen neuen Ansatz.

Der von uns gewählte Ansatz besteht darin, daß wir die Rätsel und Paradoxien überprüfen wollen, die bei der Untersuchung physikalischer und biologischer Phänomene, ebenso wie bei der Untersuchung der Phänomene von Geist und Bewußtsein entstehen; dies geschieht in der Hoffnung, daß dabei entscheidende Hinweise auf die in den Vereinheitlichungstheorien fehlenden Faktoren gefunden werden. Die Hypothese erscheint vernünftig: wenn unsere Suche nach einem einheitlichen Verständnis nicht zufällig ist, sondern eine tiefere Einheit der Natur spiegelt, dann ist das, was die Rätsel der einzelnen Untersuchungsbereiche erzeugt, vermutlich genau das, was nötig ist, um diese einzelnen Bereiche in einem einheitlichen Konzept zusammenführen zu können.

Die weit verbreitete Annahme, daß fast alle grundlegenden Tatsachen über die Natur und die Funktion des Universums bereits bekannt sind, ignoriert die Tiefe und den Umfang der Rätsel, denen sich die Wissenschaftler bei ihrer Untersuchung der verschiedenen Erfahrungsbereiche gegenübersehen. Rätsel, Paradoxien und Anomalien – wir wollen diese Ausdrücke austauschbar einsetzen – werden in vielen Gebieten der heutigen Forschungslandschaft sichtbar: in den Theorien der Physik, der Biologie, ebenso wie in denen des Geistes und des Bewußtseins. Wir wollen jedes dieser Felder nacheinander überprüfen und beginnen mit den Problemen der Quantenphysik.

Die Quantenparadoxien

Wheelers Drache

Die Physiker betrachten die Elementarteilchen als Pakete von Materie-Energie, die in Kraftfeldern eingebettet sind. Diese Pakete sind Quanten, und die Experimente zeigen, daß es sich hierbei um wirklich seltsame Wesenheiten handelt.

Wie wir sehen werden, schließt dieses seltsame Verhalten der Quanten die Welle-Teilchen Dualität ein, die Heisenbergsche Unschärferelation ebenso wie die Phänomene der nichtlokalen und nicht-dynamischen Wechselwirkungen. Alle diese Dinge bleiben auch heute noch gültige Paradoxien, wobei das paradoxe Verhalten durch die heute geltende Bedingung leicht verdeckt wird, daß Physiker sich damit begnügen sollten, Korrelationen zwischen Beobachtungen zu finden und auf die Interpretation dessen, worauf sich die Beobachtungen tatsächlich beziehen, verzichten sollten – also auf die Beantwortung der Frage, was Quanten ›selbst‹ tatsächlich sind.

Die Rätsel der Quantenwelt waren das Thema der vermutlich berühmtesten und sicherlich längsten grundlegenden Diskussion, die in der Geschichte der modernen Wissenschaft über die wahre Natur der physikalischen Realität geführt wurde. Albert Einstein und Niels Bohr trafen sich in den Jahren von 1927 bis 1933 und diskutierten persönlich und schriftlich die möglichen Interpretationen der Quantenphänomene. Einstein wollte die zum Quantenverhalten gehörende Unbestimmtheit nicht anerkennen. Er schlug ein neues Gedankenexperiment nach dem anderen vor, um zu zeigen, daß die Quantentheorie in sich nicht logisch konsistent war. Bohr wiederum weigerte sich, irgendeine Interpretation anzuerkennen, die über den Bereich tatsächlicher Beobachtungen hinausging. Nach Bohrs Ansicht hat die Natur nicht nur absolute Grenzen für das Beobachtbare und Meßbare gesetzt, sondern auch dafür, worüber man ohne Doppeldeutigkeit reden kann.

Einstein stimmte der Heisenbergschen Unschärferelation zu, nach der Ort und Impuls eines Elementarteilchens nicht gleichzeitig bestimmt werden können, wollte aber nicht zugestehen, daß dies auch bedeutete, daß Elementarteilchen nicht einen von ihrer Beobachtung unabhängigen, jederzeit bestimmbaren Ort und Impuls hätten. Bohr widersprach; seiner Ansicht nach machte es keinen Sinn, von einem Elementarteilchen mit bekannter Bahn zu sprechen, wenn eine Beobachtung in Wirklichkeit unmöglich war, weil solche Bahnen erst *durch* den Akt der Beobachtung definiert werden. Dies wiederum war für Einstein nicht akzeptabel. ›Wenn ein Wesen, wie z. B. eine Maus, sich die Welt anschaut, ändert sich dann etwa der Zustand der Welt?‹, fragte er in einem von Wheeler geleiteten Seminar über Relativität. ›Der Gedanke ... ist mir unerträglich‹, hatte Einstein schon früher an Max Born geschrieben. Wenn sich die geltende Interpretation als richtig erweisen sollte, schrieb er weiter, »dann möchte ich lieber Schuster oder gar Angestellter in einer Spielbank sein als Physiker«.[1]

In bezug auf Quantenereignisse beschränkte sich Bohr in der Schlußphase seines Dialoges mit Einstein auf den Begriff ›Phänomen‹. John Wheeler wies später darauf hin, daß dieser Begriff eine besondere Bedeutung hat. Er deutet darauf hin, daß wir es nicht mehr länger mit einer objektiven beobachterunabhängigen Realität zu tun haben, wenn wir über Quanten sprechen. In der treffenden Formulierung Eugene Wigners bezieht sich die Quantenphysik auf ›Beobachtungen‹ und nicht auf ›Beobachtbares‹, um nicht von den schon für sich unbeobachtbaren physikalischen Realitäten zu sprechen, die John Bell ›beables‹ (dt. etwa: das, was sein könnte) nannte.

Eine Trennung von der substantiellen Realität ist immer etwas Schmerzhaftes, und es fiel den Physikern nicht leicht, sich darauf einzulassen. Sie wurden durch Experimente zu dieser phänomenalistischen Schlußfolgerung gezwungen, die alle Erwartungen darüber, wie sich Materieteilchen in der realen Welt verhalten sollten, auf den Kopf stellte. Das klassische Beispiel ist das berühmte Doppelspalt-Experiment: Strahlen aus einer punktförmigen Lichtquelle treffen auf einen schmalen Spalt in einem Schirm, dahinter befindet sich ein zweiter Schirm, der die durch den Spalt tretenden Strahlen abbildet. Man sieht, daß der Lichtstrahl sich hinter dem Spalt ausbreitet und ein Beugungsmuster bildet. Das Schirmmuster zeigt den Wellenaspekt des Lichts und stellt für sich selbst nichts Ungewöhnliches dar. Wenn jedoch im ersten Schirm zwei Spalte nebeneinander geöffnet werden, bildet sich auf dem Schirm dahinter eine Überlagerung von Mustern, auch wenn nur jeweils ein einziges Lichtquant hindurchgesandt wird. Die Wellen, die sich hinter den Spalten ausbreiten, bilden das charakteristische Interferenzmuster, bei dem sich die Wellenfronten auslöschen, wenn sie gegenphasig sind, und sich verstärken, wenn sie gleichphasig sind. Es scheint, als würde jedes Photon gleichzeitig durch beide Spalten gehen. So verhält sich allerdings kein korpuskuläres Objekt in der realen Welt. (s. Abb. 3)

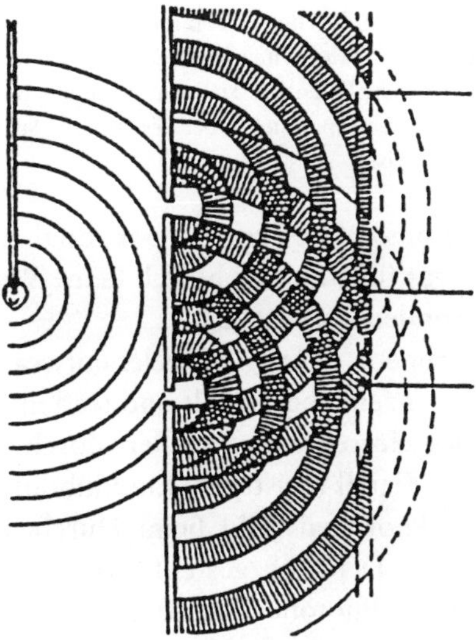

Abb. 3: Interferenz von Wellen beim Doppelspalt-Versuch.

Es gibt verschiedene Varianten dieses grundlegenden Experiments, jede von ihnen rätselhafter als die andere. So z. B. in einem von Yakir Aharonov und David Bohm erdachten Versuch: Statt der Lichtstrahlen wird ein Elektronenstrahl verwendet, hinter den Doppelspalt-Schirm wird ein Solenoid (lange stromdurchflossene Spule) gestellt; die Phasenver-

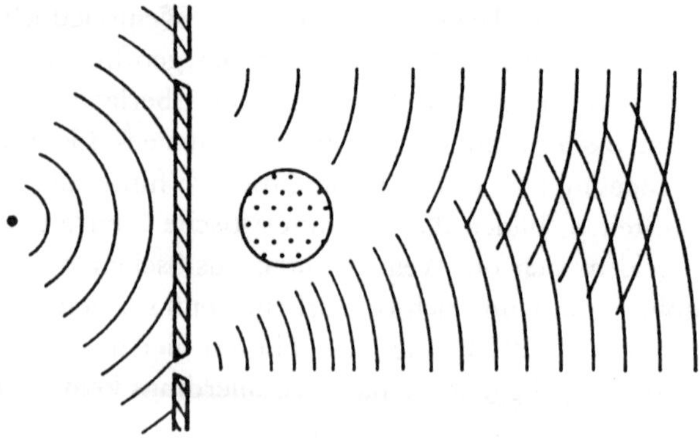

Abb. 4: Der sogenannte Bohm-Aharonov-Effekt. Eine stromdurchflossene, Magnetfeld erzeugende Spule steht zwischen den beiden Elektronenstrahlen, die aus zwei Spalten kommen. Die sich ausbreitenden Wellen erfahren eine Phasendifferenz durch das magnetische Potential, das im allgemeinen parallel zur Richtung des einen Strahls und antiparallel zu der des anderen Strahls ist.

schiebung des Interferenzmusters ist dann proportional zum Fluß der magnetischen Kraftlinien, obwohl sich keine Partikel in diesem Bereich befinden. (s. Abb. 4)

In einem anderen Experiment, das von Wheeler entworfen wurde, werden Photonen einzeln abgestrahlt und treffen auf einen Detektor, der jedes eintreffende Teilchen durch ein optisches oder akustisches Signal registriert. Ein halbdurchlässiger Spiegel, der den Photonenstrahl beim Durchgang aufteilt, wird jetzt vor den Detektor gestellt, so daß der Wahrscheinlichkeit nach die Photonen im Mittel abwechselnd entweder das verspiegelte Glas durchqueren oder von ihm reflektiert werden. Um diese Wahrscheinlichkeitsverteilung nachzuprüfen, werden zwei Photonenzähler in jeweils beiden Strahlrichtungen eingesetzt.

Die Erwartung, daß die Photonen sich gleichmäßig in beide Richtungen aufteilen, wird durch die Messungen der Photonenzähler bestätigt. Jetzt kommt etwas Verwirrendes: Die Photonen, die den ersten Spiegel unreflektiert passiert haben, treffen auf einen zweiten halbdurchlässigen Spiegel, dessen Winkel so eingestellt ist, daß sowohl die reflektierten, als auch die nicht reflektierten Photonen auf denselben Zählern wie zuvor auftreffen. Als Ergebnis würde man wiederum eine gleichmäßige Verteilung zwischen beiden Detektoren erwarten, da die individuell emittierten Photonen lediglich ihre Ziele ausgetauscht haben. Das Ergebnis des Experiments sieht allerdings völlig anders aus: Photonen werden nur von einem der beiden Detektoren registriert und niemals vom anderen, d. h., sie treffen alle am gleichen Zielort ein. (s. Abb. 5)

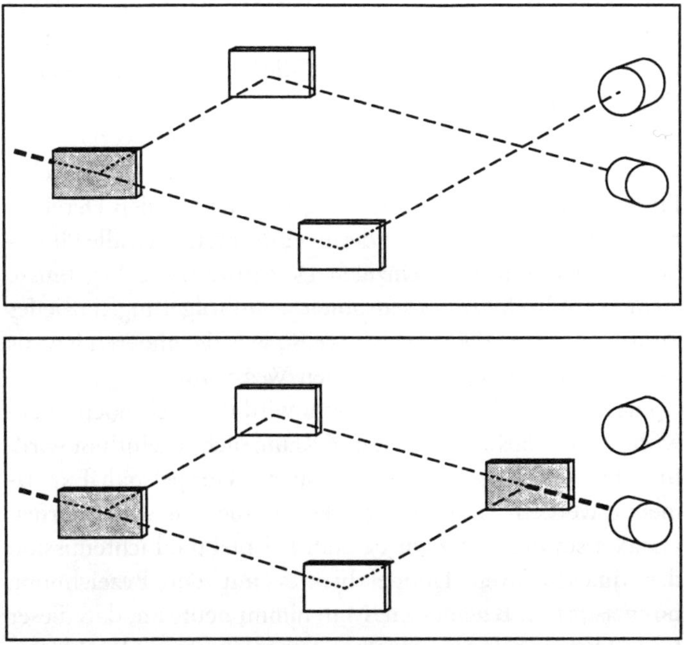

Abb. 5: Das Strahlteilungsexperiment und zwei seiner Ergebnisse.
Oben: Die Bahnen der Photonen, wenn nur ein halbdurchlässiger Spiegel in den Strahlengang eingefügt wird.
Unten: Die Bahnen der Photonen, wenn beide Spiegel in den Strahlengang eingefügt werden.

Auch hier zeigt sich wieder die Anomalie des Doppelspalt-Experiments. Photonen, die als individuelle Teilchen emittiert werden, interferieren miteinander als Wellen. Hinter einem der Spiegel führt die Interferenz zur gegenseitigen Auslöschung, weil der Phasenunterschied zwischen den Photonen 180° beträgt. Jenseits des anderen Spiegels ergibt sich aufgrund der übereinstimmenden Wellenphase der Photonen eine gegenseitige Verstärkung, d. h., eine positive Interferenz.

Es gibt viele Versionen dieses Experiments, die zu noch seltsameren Ergebnissen führen. Wenn man z. B. einen zweiten halbdurchlässigen Spiegel einfügt, nachdem das Photon bereits den ersten Spiegel passiert hat und sich auf dem Weg zu seinem Ziel befindet, interferiert der zweite Photonenstrom immer noch mit dem ersten, so daß alle Photonen vom gleichen Detektor registriert werden. Wenn dann ein Hindernis in einen der beiden Photonenstrahlen gebracht wird, verläuft das Experiment wieder entsprechend der Erwartung: Der einzelne Photonenstrahl wird gleichmäßig zwischen beiden Detektoren aufgeteilt. Wird das Hindernis entfernt, treffen alle Photonen wieder auf einen einzigen Detektor. Diese Ergebnisse zwangen Wheeler zu der seltsamen Schlußfolgerung, daß jedes Photon auf irgendeine Weise ›weiß‹, was die anderen jeweils tun, und dementsprechend seinen Weg wählt.

Dieses ungewöhnliche ›Wissen‹ wird dadurch noch ungewöhnlicher, daß es von Zeit und Raum nicht beeinflußt wird. In einer ›kosmologischen‹ Version des Doppelspalt-Experiments werden Photonen gemessen, die aus einer fernen Galaxie stammen. So wurde zum Beispiel die Lichtemission des quasistellaren Doppelobjektes mit der Bezeichnung 0957 + 516 A, B gemessen. Man nimmt heute an, daß dieser ferne Quasar nur ein einzelnes astronomisches Objekt darstellt, und daß das von uns beobachtete Doppelbild wegen der Ablenkung des Lichts durch eine Galaxie entsteht, die von uns etwa ein Viertel des Gesamtabstandes Quasar-Erde entfernt ist. Diese Ablenkung aufgrund der Wirkung einer ›Gravitationslinse‹ ist groß genug, um zwei Lichtstrahlen zusammenzuführen, die von einem Quasar aus der Entfernung von Milliarden von Lichtjahren abgestrahlt wurden. Infolge der zusätzlichen Strecke, welche die von der Galaxie abgelenkten Photonen zurücklegen müssen, sind sie 50.000 Jahre länger unterwegs als diejenigen Photonen, die uns auf dem direkten Wege erreichen. Obwohl die Lichtstrahlen vor Milliarden von Jahren mit einem Zeitunterschied von 50.000 Jahren ausgesandt wurden, interferieren sie miteinander genauso, als ob sie innerhalb von Sekunden im Labor abgestrahlt worden wären. Schon die Interferenz selbst ist seltsam genug, die Tatsache jedoch, daß sie nicht der Begrenzung von Raum und Zeit unterworfen ist, stellt alle Erwartung darüber auf den Kopf, wie sich einzelne Objekte in der Natur verhalten sollen.

Im Hinblick auf diese und ähnliche Anomalien kann man die Vorstellung in Frage stellen, daß wir die physikalische Realität unabhängig von unseren Beobachtungen erkennen können. Wie Bohr meinte, fehlt uns die Grundlage, um darüber zu sprechen, was Quanten wirklich sind und was sie zwischen der Beobachtung ihrer Abstrahlung und Registrierung eigentlich tun. Was immer dazwischen passiert, gleicht – nach Wheelers bildhafter Formulierung – einem ›großen feuerspeienden Drachen‹. Das Ende des Drachenschwanzes ist genau zu sehen, auch sein Maul, das in den Detektor beißt, ist scharf, der übrige Körper verschwindet jedoch dazwischen im Rauch. ›Das Quantenphänomen ist das seltsamste Ding in dieser seltsamen Welt‹, wie es Wheeler formulierte.[2]

Nach Wheelers Definition repräsentiert die Quantentheorie einen *Zustand* vollständiger Kenntnis eines dynamischen Systems durch eine Wahrscheinlichkeits*amplitude*, die eine *komplexe* Zahl darstellt.[3] Wie Wheeler bemerkte, besteht das Problem allerdings darin, herauszufinden, worauf sich die Wahrscheinlichkeitsamplitude überhaupt bezieht. Kein grundlegendes Quantenphänomen ist wirklich, bevor es beobachtet und unlöschbar aufgezeichnet wird; oder, bevor es

– nach den Worten Bohrs – durch einen irreversiblen Akt der Verstärkung, wie z. B. das Klicken eines Geigerzählers oder die Schwärzung eines Körnchens photographischer Emulsion zu seinem beobachtbaren Abschluß gebracht wird. Verstärkungsvorgänge und Zuordnungen von Wahrscheinlichkeitsamplituden zu komplexen Zahlen lassen sich zwar studieren, es gibt jedoch keine Antwort auf die Frage, was hinter den Amplituden steht. Die Quantenphysiker leben in Alices Wunderland, wo es nur Erscheinungen von Dingen gibt, aber nicht die Substanz der Dinge selbst – das Grinsen der Cheshire Katzen, aber nicht die Katzen selbst.

Einsteins Experiment und Bells Theorem

Einstein wollte nicht anerkennen, daß die Heisenbergsche Unschärferelation ein physikalischer Faktor sein sollte; er war darauf aus, nachzuweisen, daß man ohne sie auskommen konnte. Gemeinsam mit seinen Kollegen Boris Podolski und Nathan Rosen (Einstein-Podolski-Rosen = EPR-Experiment) entwarf er ein Gedankenexperiment, das zeigen sollte, wie man im Prinzip sowohl den Impuls als auch die Position eines Quantenteilchens bestimmt, so daß es demnach durchaus sinnvoll wäre, davon zu sprechen, daß diese Teilchen gleichzeitig beide Eigenschaften besitzen.[4] Das EPR-Experiment geht von einer Reaktion aus, wie sie z. B. durch den Zusammenstoß eines Elektrons mit einem Positron erzeugt wird. Hierbei entstehen zwei Photonen mit korrespondierenden Quantenzuständen, die sich in entgegengesetzter Richtung ausbreiten. Wenn man jetzt die Position eines der beiden Photonen bestimmt, kann man das Resultat dieser Messung dazu verwenden, den korrespondierenden Zustand des anderen Photons vorherzusagen. Beim zweiten Photon mißt man eine komplementäre Eigenschaft wie z. B. den Impuls. Auf diesem Wege könnte man sowohl den Impuls als auch die

Position des zweiten Teilchens erfahren – ein Ergebnis, das nach der Quantentheorie nicht zulässig ist und Einsteins Standpunkt bestätigen würde.

Das EPR-Experiment wurde bereits 1935 vorgeschlagen, aber es dauerte bis zum Jahre 1982, bis schließlich eine Version dieses Experiments mit physikalischen Meßgeräten durchgeführt werden konnte. Der von Alain Aspect und seinen Mitarbeitern durchgeführte Versuch zeigte, daß die Messung eines Teilchens die Wellenfunktion des anderen Teilchens trotz der räumlichen Entfernung voneinander zusammenbrechen ließ. Ebenso wie im Doppelspalt-Experiment zeigte sich hier die unmittelbare Verbundenheit zweier räumlich getrennter Teilchen. Dieses Ergebnis war von John Bell bereits in den 60er Jahren vorausgesagt worden.[5] Nach Bells Theorem muß sich ein Signal augenblicklich zwischen zwei räumlich entfernten Teilchen ausbreiten. Es scheint, daß Signale, die hier nicht mit Information im operationalen Sinne gleichzusetzen sind, eine endliche Strecke im Raum durchqueren können, ohne hierfür eine bestimmte Zeit zu beanspruchen.

Solche Beobachtungen führten dazu, daß andere berühmte Gedankenexperimente aus der Quantenwelt erfunden wurden, wozu auch der weithin bekannte Versuch mit ›Schrödingers Katze‹ gehört. Schrödinger schlug vor, daß wir eine Katze in einen verschlossenen Behälter stecken sollten, der mit einer Einrichtung versehen ist, die nach dem Zufallsprinzip entweder inaktiv ist oder die Einleitung eines giftigen Gases in den Behälter auslöst. Wenn wir also den Behälter öffnen, muß die Katze entweder lebendig oder tot sein. Nach dem gesunden Menschenverstand muß die Katze z. B. bereits gestorben sein, falls das Giftgas ausgelöst wurde; d. h., daß sie prinzipiell bereits tot oder noch lebendig sein muß, bevor der Behälter geöffnet wird. Diese Betrachtungsweise ist jedoch nach der Quantentheorie unzulässig. Solange der Behälter noch verschlossen ist, besteht eine Überlagerung wahrscheinlicher Zustände, d. h., die Katze muß gleichzeitig als lebendig *und* tot angesehen werden. Erst wenn das Behältnis geöffnet wird, kollabieren die zwei Wahrscheinlichkeitszustände in einen einzigen.

Ein ähnliches Gedankenexperiment wurde von Louis de Broglie vorgeschlagen. Anstelle einer Katze nehmen wir jetzt ein Elektron und stecken es in einen verschlossenen Behälter. Wir teilen den Behälter, der sich z. B. in Paris befinden soll, und schicken eine Hälfte nach Tokio und die andere nach New York. Wenn wir den halben Behälter in New York öffnen und dort das Elektron finden, dann muß es sich, wiederum nach dem gesunden Menschenverstand, bereits bei dem Versand aus Paris in dieser Hälfte befunden haben. Auch hier, ähnlich wie bei der Entscheidung über Schrödingers Katze, gibt es nach der Quantentheorie jedoch kein eindeutiges Ergebnis. Jede der beiden Behältnishälften muß mit einer bestimmten, über Null liegenden Wahrscheinlichkeit das Elektron enthalten. Erst in dem Augenblick, in dem eine der Hälften in New York geöffnet wird, bricht das Wellenpaket zusammen, das die Wahrscheinlichkeitsverteilung des Elektrons an beiden Orten steuert. Wie kann aber das bis zu diesem Zeitpunkt nur als Wahrscheinlichkeit existierende ›Tokio-Teilchen‹ herausfinden, wann und mit welchem Ergebnis das ›New York-Teilchen‹ gerade gemessen wird?

Die augenblickliche Übertragung eines Signals verletzt ein grundlegendes Gesetz der Relativitätstheorie, nach der sich nichts schneller als das Licht bewegen kann. Unter bestimmten Bedingungen scheinen jedoch die Quanten dieses Verbot umgehen zu können, ganz so, als verfügten sie über eine unmittelbare Verbundenheit, die unabhängig von der Entfernung wirkt.

Supraleitung und Suprafluidität

In der physikalischen Natur sind unmittelbare Korrelationen weiter verbreitet, als es allgemein bekannt ist. Man findet sie auch bei extrem tiefen Temperaturen in den Phänomenen der Supraleitung und Suprafluidität. Es gibt verschiedene Metalle und Legierungen, die ihren elektrischen Widerstand verlieren, wenn sie nahe an den absoluten Nullpunkt abgekühlt werden. Die Substanzen werden dann zu Supraleitern, die einen elektrischen Strom ohne jeden Widerstand transportieren können. Dieses Phänomen wurde 1911 von Kammerlingh Onnes entdeckt; in den folgenden Jahrzehnten der Forschung auf dem Gebiet der Tieftemperaturphysik wurde diese Entdekkung gemeinsam mit neuen Erkenntnissen über Suprafluidität (d.h., das Verschwinden der Viskosität einer suprageкühlten Flüssigkeit, wie z.B. Helium) weiterentwickelt.

Das Verschwinden des elektrischen Widerstands eines Leiters ist Folge einer ungewöhnlich hohen Kohärenz zwischen den Elektronen. Wenn ein elektrischer Strom unter normalen Umständen durch einen metallischen Leiter fließt, erzeugt er eine Strömung im Elektronengas – die Elektronen werden an vibrierenden Atomen des Metall-Kristallgitters gestreut. Dieser Vorgang verzögert den Elektronenfluß durch das Gitter und führt zu einer Reibung, die das Metall erhitzt. So entsteht der elektrische Widerstandseffekt. Wenn das Metall aber sehr stark gekühlt wird, verringert sich die Vibration der Atome, so daß sein elektrischer Widerstand verringert wird. Weil aber auch beim absoluten Nullpunkt der Temperaturskala nach Kelvin das Kristallgitter von Nullpunktsenergien zum Vibrieren gebracht wird, sollte auch hier immer noch ein elektrischer Widerstand vorhanden sein. In Wirklichkeit verschwindet aber bei diesen Temperaturen der Widerstand völlig – die betreffenden Materialien werden zu Supraleitern. In einem supraleitenden Ring fließt ein einmal induzierter elektrischer Strom unendlich lange weiter.

Es zeigt sich, daß durch die Abkühlung eines Metalls oder einer Legierung auf eine sogenannte kritische Temperatur ein vollkommen kohärenter Elektronenfluß erzeugt wird. Eine ähnliche Erscheinung zeigt sich bei Flüssigkeiten im Zustand der Suprafluidität. Moleküle, die sonst einem zufälligen Kollisionseffekt unterliegen, kohärieren zu einer einzigen Quantenwesenheit, die keinerlei Viskosität mehr aufweist. Eine derartige Flüssigkeit kann ohne Widerstand durch Kapillaren und feinste Spalten fließen. In beiden Fällen, Supraleitung und Suprafluidität, wird ein hochkohäsiver Quantenzustand erzeugt. Die Schrödingersche Wellenfunktion für die Bewegung aller Elektronen eines Stromes und aller Quanten der Flüssigkeitsmoleküle nimmt ein und dieselbe Form an.

Es zeigt sich, daß die Elektronen eines Supraleiters und die Moleküle einer Supraflüssigkeit präzise und dauerhaft miteinander korreliert sind. Woher ›weiß‹ aber ein Teilchen vom Zustand des anderen, obwohl weder eine bekannte Energie noch ein Signal zwischen ihnen ausgetauscht werden? Damit sind Supraleitung und Suprafluidität weitere Phänomene, die eine unmittelbare Korrelation zwischen Elementen zeigen, die durch Raum und Zeit getrennt sind – auch wenn die einzelnen Teilchen in diesen Fällen ein Kontinuum bilden.

Das Pauli Prinzip

Während nicht-dynamische Korrelationen bei extrem niedrigen Temperaturen zu einer hochgradigen Kohärenz führen, kommt es bei extrem hohen Temperaturen zu einer anwachsenden strukturellen Komplexität. Wenn Atome bei Plasmatemperaturen einer hochenergetischen Strahlung ausgesetzt sind, wird die Verteilung der verfügbaren Energien innerhalb der Elektronenhüllen durch nicht-dynamische Korrelationen gesteuert.

Der Atomkern besteht aus verschiedenen Energiefeldern,

die das maximale Energieniveau der Elektronenhüllen bestimmen. Die Kernenergien bestimmen aber nicht, *auf welche Weise* die Energie in den Atomhüllen untergebracht wird, d. h., die spezifische Struktur der Atomhüllen wird nicht von den Kernenergien gesteuert. Die Verteilungsstruktur wird vielmehr durch eine spezielle Korrelation bestimmt, die zwischen den Elektronen innerhalb der Hüllen auftritt. Diese Korrelationen treten unmittelbar auf, fehlen aber bei nichtassoziierten Elektronen und anderen unabhängigen Teilchen. Man findet sie nur bei Elektronen, die um einen Atomkern kreisen.

Tatsache ist aber, daß Elektronen innerhalb der atomaren Hüllen durch keine bekannte Energie verbunden sind. Dennoch beeinflußt das Gesamtmuster der Elektronen jedes einzelne und weist ihnen einen entsprechenden Wahrscheinlichkeitszustand zu. Auch in diesem Fall scheint es so, als ob jedes einzelne Elektron ›wüßte‹, was alle anderen tun.

Wolfgang Pauli führte 1925 die mathematische Formel ein, mit der man die Ausschließung von Elektronen berechnen konnte. Sein Ausschließungsprinzip sagt uns, daß in einem Atom keine zwei Elektronen in einem Zustand sein können, der sich durch den gleichen Satz von vier Quantenzahlen beschreiben läßt. Die Ausschließung folgt einer Antisymmetrie-Regel. Wenn zwei Elektronen ausgetauscht werden, muß ihre Wellenfunktion Ψ (x_1, x_2, x_3 ... x_n) – wobei x die Koordinaten der einzelnen Elektronen – einschließlich ihres Spins repräsentiert – ihr Vorzeichen wechseln. Aus dem Antisymmetrieprinzip folgt, daß Elektronen unterschiedliche Bahnen in einem Atom belegen müssen. Es ist jedoch unklar, wie es einem Atom – oder einem Molekül, Metall oder einem komplexen System – möglich ist, sich diesem Prinzip unterzuordnen. Es gibt nämlich keine gewöhnliche Kraft oder Energie, welche die Elektronen dazu zwingen könnte. Das Ausschließungsprinzip verlangt eine genaue Korrelation zwischen den Elektronen, ohne Einbeziehung irgendeiner dynamischen

Kraft. Ebenso wie zwei Elektronen im EPR-Experiment oder zwei Photonen im Doppelspalt-Experiment ihren gegenseitigen Quantenzustand zu ›kennen‹ scheinen, ohne Energie miteinander auszutauschen, so scheinen auch die Elektronen in einem Atom, Molekül oder Metall in einer direkten nichtdynamischen Weise miteinander in Verbindung zu stehen.

Der Ausschluß von Elektronen von bestimmten Zuständen führt zur Entstehung geordneter atomarer Strukturen mit spezifischen Eigenschaften. Das ist die Grundlage aller komplexen Ordnungen im Universum. Dennoch wird die Funktion des Ausschließungs-Prinzips mit der mathematischen Formel Paulis nur beschrieben, aber nicht erklärt.

Rydbergs Atom

Ein weiteres rätselhaftes Kohärenzphänomen taucht dann auf, wenn ein gewöhnliches Atom einen chaotischen Zustand annimmt. Das Phänomen läßt sich am besten beim Wasserstoffatom beobachten, dem einfachsten aller Elemente. Unter normalen Bedingungen ist das einzige Elektron des Wasserstoffatoms eng an das Proton im Atomkern gekoppelt. Das Verhalten des Gesamtsystems wird durch die Gesetze der Quantenmechanik bestimmt. Das bedeutet, daß das Atom keine beliebigen Energiezustände annehmen kann, sondern auf diskrete, d. h., quantisierte Energieniveaus beschränkt ist. Bei tiefen Temperaturen liegen die erlaubten Niveaus relativ weit auseinander. Wenn man aber die Energie des Atoms erhöht, entfernt sich das Elektron weiter vom Proton, und die erlaubten Energieniveaus nähern sich wieder an. Bei Energien, die gerade eben unter der kritischen Schwelle liegen, bei der das Elektron den Kern verläßt, nähern sich die erlaubten Energieniveaus so eng einander an, daß sie ein mit den Gesetzen der klassischen Mechanik beschreibbares Kontinuum bilden.

Rydbergs Atome zeigen jedoch ein seltsames chaotisches Verhalten.[6] (Atome, die durch den Einfluß eines starken magnetischen Feldes in einen hoch angeregten Zustand geraten, sind als Rydberg-Atome bekannt.) Die Registrierung des relevanten Verhaltens verlangt, daß der Phasenraum des Elektrons, der üblicherweise durch sechs Dimensionen repräsentiert wird (drei Dimensionen für die Lage und drei für den Impuls), verringert wird. Zwei Dimensionen können deshalb eliminiert werden, weil das auf den Kern wirkende magnetische Feld eine Symmetrieachse definiert: das Elektron bewegt sich praktisch in einer zweidimensionalen Ebene, wo lediglich die Entfernungen entlang der Achse und *senkrecht* zur Achse relevant sind; die Bewegung um die Achse herum ist es nicht. Aus diesem vierdimensionalen Phasenraum läßt sich ein dreidimensionaler Schnitt entnehmen, den man Energiehülle nennt: dieser Schritt erlaubt die Konstruktion eines dreidimensionalen Phasenporträts der Elektronenbewegung. Die Komplexitäten des dreidimensionalen Phasenporträts lassen sich dann dadurch weiter vereinfachen, daß man einen sogenannten Poincaré-Schnitt (eine festgelegte zweidimensionale Ebene) durch die Energiehülle vornimmt. So erhält man eine zweidimensionale Repräsentation, die aus den Punkten besteht, die den Schnittpunkt zwischen der Elektronenbahn und der Ebene markieren. Bei diesem Vorgang werden die ungewöhnlichen Eigenschaften des Rydbergschen Atomverhaltens besonders deutlich.

Es zeigt sich nämlich, ähnlich wie bei anderen chaotischen Systemen, daß das Rydberg-Atom sich nicht auf die Bewegung seiner einzelnen Komponenten reduzieren läßt: die Bewegung entlang einer Koordinatenachse ist mit der Bewegung entlang aller anderen Achsen gekoppelt. Darüber hinaus ändert sich die Verteilung der Energieniveaus. Während die Energieniveaus im atomaren Grundzustand zufällig verteilt sind und nicht miteinander korrelieren, sind die Energieniveaus des angeregten Rydberg-Atoms nicht-zufällig verteilt und eng korreliert. Die von den höher werdenden Erregungszuständen stimulierten Energieniveaus verlieren ihre Kontinuität: die Energieebenen werden sowohl stark voneinander getrennt als auch gegenseitig aneinander gekoppelt. Im Atom existieren aber keine dynamischen Kräfte, die entweder die neu gefundene Ordnung der Energieniveaus oder ihre enge Korrelation erklären könnten.

Die kosmischen Paradoxien

Hoyles Hypothese

Im Universum können höhere Ordnungen entstehen, weil sich Materie zu immer komplexeren Strukturen zusammenfügen kann. Die Grundlage hierfür ist der vom Ausschließungs-Prinzip auf die Elektronen ausgeübte Zwang, bestimmte Zustände um den Atomkern anzunehmen. Damit dieser Strukturprozeß eine höhere Komplexität erreichen kann, müßten die physikalischen Bedingungen des Universums erlauben, daß eine genügend große Zahl von Elektronen in das Konfigurationsfeld neutraler Atome eintreten kann. Hierfür ist eine Harmonisierung der Energieniveaus der betreffenden Atomkerne erforderlich – ein Phänomen, das mit dem Vorgang der Resonanz verbunden ist. Es ist aber nicht einfach, das hierfür erforderliche Resonanzniveau zu erreichen, da die erfolgreiche Feinabstimmung der jeweiligen Energiezustände extrem unwahrscheinlich ist. Das ist der Punkt, wo sich die Paradoxien des Quantenbereichs zu Rätselfragen kosmischer Dimensionen verdichten.

Die ersten Atomkerne, die sich in der Geschichte des Universums bildeten, waren Wasserstoffkerne und bestanden aus einem Proton und einem Neutron. Das intensive Strahlungsfeld des frühen Universums führte anschließend zu Reaktionen, bei denen die Wasserstoffkerne zu Heliumkernen verschmolzen wurden. Ein Wasserstoff-Helium-Universum wäre jedoch nicht imstande gewesen, weitere atomare Strukturen hervorzubringen, weil es an der notwendigen Menge von Kernenergie fehlte, um die inerten Elemente Wasserstoff und Helium zu schwereren Elementen zu vereinigen. Die komplexe Ordnung, die wir heute vor Augen haben, hätte nicht entstehen können, wenn sich nicht ein Weg gefunden hätte, über das Wasserstoff-Helium-Gas-Stadium hinauszukommen. Der Weg, den die Natur hierfür fand, war die Erzeugung ausreichender Mengen eines Elements, das die Reaktionen katalysieren konnte, die über Wasserstoff und Helium hinaus zur Synthese schwererer Elemente führten. Dieses neue Element war der Kohlenstoff.

Das Rätsel ist allerdings, wie es überhaupt zur anfänglichen Bildung großer Mengen von Kohlenstoff kommen konnte. Die Kohlenstoffsynthese ist das Ende einer Reihe von Ereignissen, die mit der Reaktion Helium + Helium beginnt und zur Bildung eines Beryllium-Kernes führt. Diese Beryllium-Kerne sind jedoch instabile Isotope, die sofort nach ihrer Entstehung wieder zu Helium zerfallen. Um Kohlenstoff entstehen zu lassen, müßte Beryllium, anstatt zu Helium zu zerfallen, eine Verbindung mit diesem Element eingehen. Auch wenn eine solche Reaktion auf den ersten Blick unwahrscheinlich ist, findet sie tatsächlich statt. Der Grund hierfür ist, daß es sich um eine ›Resonanzreaktion‹ handelt, bei der die kombinierte Energie der Beryllium- und Heliumkerne (7,370 MeV) gerade eben etwas geringer ist als die Energie des Reaktionsproduktes Kohlenstoff (7,656 MeV).

Es ist jedoch fraglich, ob auf diese Weise gebildeter Kohlenstoff im Universum Bestand haben könnte, da ihn eine weitere Reaktion mit Helium zu Sauerstoff reduzieren würde. Es zeigt sich aber, daß die Verbindung von Kohlenstoff und Helium von der Natur nicht begünstigt wird: das Energieniveau des Reaktionsproduktes Sauerstoff (7,1187 MeV) liegt unter dem Energieniveau der Reaktionspartner

Wasserstoff und Helium (7,1616 MeV). Als Folge ist auch der Sauerstoffkern relativ stabil, so daß sowohl Kohlenstoff als auch Sauerstoff im Universum in genügenden Mengen vorhanden sind, um Teile komplexerer molekularer Strukturen zu werden, einschließlich solcher, die das Phänomen des Lebens auf der Erde entstehen lassen.

Die Wahrscheinlichkeit, daß die Energieniveaus von Helium, Beryllium, Kohlenstoff und Sauerstoff auf das notwendige Maß abgestimmt werden könnten, ist außerordentlich niedrig; dennoch hat Fred Hoyle vorgeschlagen, daß es der Fall sein muß. Experimente, die im kernphysikalischen Laboratorium des Caltech-Instituts in USA durchgeführt wurden, haben die These Hoyles bestätigt. Die Natur bringt tatsächlich eine höchst unwahrscheinliche Feinabstimmung der Energieniveaus von vier völlig verschiedenen Elementen hervor. Dank dieses scheinbaren Zufalls können im Universum komplexere und interessantere Ordnungen entstehen als diejenigen, die durch Zufallsreaktionen von Wasserstoff und Helium produziert werden.

Die Abstimmung der Konstanten

Es existiert noch ein anderer Bereich von Koinzidenzen, weit bedeutender als die Feinabstimmung der Energieniveaus einiger Atomkerne. Es handelt sich dabei um die Zahlenwerte, die mit den sogenannten universellen Konstanten verbunden sind.[7] Die Physiker haben entdeckt, daß nicht nur die Lebensprozesse genau auf die physikalischen Prozesse des Universums abgestimmt sind – was ohnehin zu erwarten wäre, da das Leben sich aus dem physikalischen Hintergrund entwikkelt hat –, sondern daß auch die physikalischen Vorgänge im Universum, obwohl sie sich ja vorher abspielen mußten, eng auf die Lebensprozesse abgestimmt sind. Dies sind die Fakten:

– Materieteilchen (Baryonen) bilden nicht mehr als eine dünne Schicht des Universums und sind nur für etwa ein Milliardstel der gesamten Strahlungsenergie verantwortlich. Dennoch ist dieser kleine Anteil genau von der richtigen Größe, um die Entwicklung des Lebens zu ermöglichen. Wenn der Gehalt an Materie im Universum auch nur ein wenig größer wäre, als er tatsächlich ist, würde die dadurch vermehrte Sternendichte eine deutlich höhere Wahrscheinlichkeit interstellarer Begegnungen erzeugen, wodurch belebte Planeten aus ihren sicheren Umlaufbahnen herausgetragen werden würden. Die Folge solcher Ereignisse wäre die Vernichtung aller Lebensformen durch extreme Kälte oder Hitze.

– Wenn die starke Kraft, die die Atomkerne zusammenhält, auch nur einen Bruchteil schwächer wäre, als sie tatsächlich ist, könnte das Deuteron nicht existieren und die Sonne ebensowenig scheinen wie andere Sterne. Wenn die starke Kraft auch nur ein wenig stärker wäre, als sie tatsächlich ist, würden sich die Sonne und andere Sterne ausdehnen und möglicherweise explodieren.

– Wenn das Neutron nicht schwerer wäre als das Proton, würde die aktive Lebenszeit der Sonne und ähnlicher Sterne nicht länger als einige hundert Jahre betragen.

– Wenn die elektrischen Ladungen der Elektronen und Protonen nicht genau ausgeglichen wären, gäbe es nur unstabile materielle Strukturen, so daß das Universum nichts höher Geordnetes aufzuweisen hätte als Strahlung und eine relativ gleichförmige Mischung von Gasen.

– Und wenn es bei der ursprünglichen Explosion, mit der das Universum geboren wurde, keine präzisen kleinräumigen Abweichungen von den großräumigen Regelmäßigkeiten gegeben hätte, wären heute weder Galaxien noch Sterne und demzufolge auch keine Planeten vorhanden, auf denen bewußte Wesen über alle diese Übereinstimmungen staunen könnten.

Die Nullpunkts-Energien

Als letztes ist ein bedeutendes und im tiefsten Kern des Universums verborgenes Rätsel zu besprechen, das mit dem sogenannten Quantenvakuum in Beziehung steht. Die Welt der Materie-Energie scheint als dünnes Kondensat auf dem tiefen Dirac-See von fast unendlicher Energie zu schweben. Diese Grundenergien sind von anderer Art als diejenigen, die in den Fermionen stecken, die die Materie des Universums bilden, und anders als die der Bosonen, die die Krafteinheiten repräsentieren. Bei den hier besprochenen Energien – auch als Nullpunktsenergien bekannt, weil Experimente mit der Schwarzkörperstrahlung zeigen, daß sie mit den Elementarteilchen sogar noch im thermodynamischen Grundenergiezustand verbunden sind – handelt es sich eher um potentielle als aktualisierte Energien. Sie scheinen im Schoß der physikalischen Realität ›eingefaltet‹ zu sein. Obwohl sie eher ›virtuell‹ als ›real‹ sind, ist die Existenz dieser Energien unbestritten, so daß sie, wie wir in Teil 3 sehen werden, bei der Berechnung physikalischer Wechselwirkungen nicht vernachlässigt werden dürfen.

Das Rätsel der quasi unendlich großen Nullpunktsenergien des Quantenvakuums wird deutlich, wenn wir die Energiequellen des elektromagnetischen Feldes betrachten. Man findet bei der Überprüfung der als Vakuumfeldgleichungen bekannten Version des Maxwellschen Gleichungssystems, daß keine Quellen für diese Felder zu finden sind, obwohl dort elektromagnetische Wellen beschrieben werden, die sich im Vakuum ausbreiten: das Elektron selbst ist ein mathematischer Punkt und kann daher nicht als Feldquelle angesehen werden. Dennoch speichert das Feld, in dem sich das Elektron befindet, einen außerordentlich großen, wenn auch nicht unendlichen Energiebetrag. Nach Meinung der theoretischen Physiker ist dieses Paradox im Rahmen der Quantenfeldtheorie nie gelöst worden.[8]

Die Energiedichte des Quantenvakuums stellt eine wesentliche Anomalie im Rahmen der modernen Physik dar. Sie kommt zum Vorschein, wenn wir die Heisenbergsche Unschärferelation auf unendlich kleine Bereiche ausdehnen. Das Prinzip bestimmt, daß es unmöglich ist, Lage und Impuls eines Elementarteilchens gleichzeitig zu messen. In bezug auf die Elektronenhüllen eines Atomkerns bedeutet das, daß sich die Lage eines Elektrons um so genauer bestimmen läßt, je enger die Dimension der Umlaufbahn wird. Daraus folgt, daß mit höherer Genauigkeit der Lagebestimmung die Bestimmung der Impulsgröße immer ungenauer wird; bei einer unendlich kleinen Umlaufbahn wird der Impuls unendlich. In der Quantenelektrodynamik wird dieser Zustand mit einer unendlichen Zahl von Oszillatoren beschrieben, die die Energie des elektromagnetischen Feldes definieren.

Die Energiedichte des Vakuums ist groß, kann tatsächlich aber nicht unendlich sein, weil Elementarteilchen weder kleiner als die Planck-Länge sein können, noch für kürzere Intervalle als die Planck-Zeit existieren dürfen. Dies Begrenzungen verleihen dem Vakuum einen bestimmten und berechenbaren Betrag nichtvektorieller, sogenannter potentieller Energie. Unter der Voraussetzung, daß Masse und Energie durch die Gleichung $E = mc^2$ verbunden sind und falls die Quantengesetze bis hinunter zur Planck-Länge von 10^{-35} m gültig sind, berechnete Wheeler die Energiedichte des Vakuums mit 10^{94} g/cm^3.[9] Diese Größenordnung wirft ungewöhnliche Fragen auf. Nach Einsteins Gleichung entspricht die Energie dem Produkt aus Masse und dem Quadrat der Lichtgeschwindigkeit; die Gravitationskraft wiederum ist sowohl nach der klassischen als auch nach der Relativitätsphysik proportional zur Masse. Folglich muß das Gravitationspotential des Universums proportional zu seinem Energiegehalt sein. Wenn das aber so wäre, dann würde die ungeheure Energiedichte des Vakuums ein Gravitationspotential erzeugen, das alle Materie des Universums gleich nach dem Urknall in eine Singularität hätte zusammenstürzen lassen. Es bleibt ein Geheimnis, wieso das Universum unter diesen Umständen eine Ausdehnung besitzt und sich weiterhin ausdehnt.

Die Anomalie der quasi unendlichen Nullpunktsenergien des Kosmos ist vielleicht das tiefste Rätsel, dem die heutige Physik gegenübersteht. Es bleibt unklar, welche Rolle die scheinbar im Vakuum eingebetteten Energien bei der Entstehung des Universums und seiner Entwicklung in Raum und Zeit spielen könnten. Man darf vermuten, daß dieses Rätsel mit den übrigen verbunden ist. Die virtuellen Energien des Vakuums könnten auf irgendeine Weise mit dem seltsamen Verhalten der Quanten während eines Meßvorgangs verknüpft sein; ebenso wie mit der ähnlich seltsamen wirkungsfreien Ausschließung von Elektronenbahnen um den Atomkern und mit den vielen ›Koinzidenzen‹, die es so aussehen lassen, als ob das Universum für die Entwicklung des Lebens vorbestimmt war.

Es ist durchaus nicht unvorstellbar, daß der bei experimentellen Untersuchungen und theoretischen Rekonstruktionen vermißte Faktor ein und derselbe ist – daß der Faktor, der zur Klärung der anhaltenden Paradoxien des physikalischen Weltbildes benötigt wird, mit demjenigen identisch ist, der es der interaktiven Dynamik der allgemeinen Evolutionstheorien ermöglichen würde, den Weg der Natur zu immer höheren Ordnungs- und Komplexitätsebenen zu erklären. Diese Annahme erscheint durchaus vernünftig: ein einheitliches Universum, das innerhalb eines einheitlichen Denkmodells beschrieben wird, erzeugt keine immanenten Rätsel.

5. Ungelöste Rätsel in der Biologie

Um die These weiterzuentwickeln, nach der der fehlende Faktor in den Vereinheitlichungstheorien mit demjenigen Faktor übereinstimmt, der für die offenen Fragen der experimentellen Physik verantwortlich ist, wollen wir unsere Übersicht auf die Paradoxien, die die moderne Physik plagen, mit einem Blick auf die Probleme der Biologie fortsetzen.

Die Biologie und verwandte Wissenschaften befassen sich mit Phänomenen, die uns vertrauter sind als die der subatomaren Welt. Dennoch finden sich auch hier Paradoxien und Anomalien. Die wesentlichen Rätsel beziehen sich auf das Tempo und den Ablauf evolutionärer Prozesse und auf die Entstehung und Wiederherstellung der Morphologie lebender Organismen.

Die Evolution der Arten

Biologen erklären üblicherweise die beobachteten anatomischen Eigenschaften der Organismen mit der speziellen Entwicklungsgeschichte einer vorgegebenen Spezies. Sie gehen dabei davon aus, daß zufallshafte genetische Mutationen und natürliche Selektion den Organismus formen und diejenigen organischen Strukturen erschaffen, die wir heute beobachten können. Hierbei macht Darwin einen kategorischen Unterschied zwischen der genetischen Information einer Art – dem Genotyp – und den Einflüssen, die das Milieu auf die Individuen einer Art – den Phänotyp – ausübt. Mutationen entstehen im stark abgeschirmten Informationspool einer Spezies und werden als zufällige ›Tippfehler‹ bei der Informationsübertragung zwischen Eltern und Nachkommen betrachtet. Mutationen entstehen bei allen Arten mehr oder weniger gleich häufig. Die meisten der durch Zufallsvariationen entstandenen Mutanten weisen einen Defekt auf und werden daher durch die natürliche

Selektion eliminiert. Gelegentlich jedoch können Zufallsmutationen eine genetische Kombination erzeugen, die zu einem überlebens- und vermehrungsfähigeren Phänotyp führt. Ein solches Individuum wird seine Gene auf nachfolgende Generationen übertragen, und im Laufe der Zeit wird der zahlreichere Nachwuchs der Mutantengeneration die ursprüngliche Erblinie verdrängen.

Einige Forscher, unter ihnen insbesondere Richard Dawkins, scheinen sich mit dieser Beschreibung vollkommen zufrieden zu geben. Nach Dawkins pflanzen sich Gene durch Versuch und Irrtum (trial and error) fort – die lebende Natur ähnelt einem ›blinden Uhrmacher‹, der im Laufe der Zeit das gesamte Panorama von Ordnung und Mannigfaltigkeit der Biosphäre erzeugt.[10] Andere Forscher scheinen davon nicht sehr überzeugt zu sein. Michael Denton stellte die Frage, ob Zufallsprozesse überhaupt zu der beobachteten Entwicklungssequenz hätten führen können, wenn selbst ein grundlegendes Element wie etwa ein Eiweiß oder ein Gen eine Komplexität jenseits des menschlichen Fassungsvermögens aufweist. Kann man überhaupt die zufällige Entstehung von Systemen wahrhaft großer Komplexität, wie zum Beispiel des Säugetiergehirns, statistisch erklären? In besonderer Weise geordnet, wäre bereits ein Prozent der Verbindungen des Gehirns umfangreicher als die Verbindungen der Kommunikationssysteme der ganzen Welt. Denton kam zu der Schlußfolgerung, daß durch natürliche Selektion gesteuerte Zufallsmutationen sehr wohl die Variationen *innerhalb* einer gegebenen Spezies erklären könnten, jedoch kaum die aufeinanderfolgenden Übergänge *zwischen* ihnen.[11]

Eine ähnliche Haltung wurde von Konrad Lorenz eingenommen. Er meinte, daß es zwar formal richtig sei, an der prinzipiellen Rolle der zufälligen Mutation und der natürlichen Selektion bei der Entwicklung der Arten festzuhalten, daß diese Eigenschaften jedoch zur Erklärung der Tatsachen nicht ausreichten. Mutationen und natürliche Selektion mögen für die Unterschiede innerhalb einer Art verantwortlich sein; die rund vier Milliarden Jahre biologischer Entwicklungszeit auf diesem Planeten wären jedoch nicht ausreichend, um die heutigen komplexen und vielfältigen Organismen aus ihren protozoischen Vorfahren zufällig entstehen zu lassen.[12]

Das Problem ist nicht neu. Schon Hermann Weyl bemerkte, daß die Zahl möglicher atomarer Kombinationen astronomisch hoch ist, weil jedes der Moleküle lebendiger Strukturen aus etwa einer Million Atomen besteht. Andererseits ist die Zahl der Kombinationen, die lebensfähige Gene hervorbringen kann, relativ begrenzt. Es ist also außerordentlich unwahrscheinlich, daß solche Kombinationen durch Zufallsprozesse entstehen können. Nach Weyl liegt die wahrscheinlichere Lösung darin, daß eine Art selektiver Entwicklung stattgefunden hat, bei der verschiedene Möglichkeiten erprobt wurden und die allmählich von einfachen zu komplizierten Strukturen führte. Weyl selbst war der Meinung, daß ›immaterielle Faktoren in der Art von Bildern, Ideen, Bauplänen‹ eine Rolle bei der Entwicklung des Lebens spielen könnten.[13]

Weyls Spekulationen wurden von der wissenschaftlichen Welt nicht anerkannt; die Wissenschaftler glaubten, daß die Natur ihre eigenen Entwürfe erzeugt, anstatt sie im bereits fertigen Zustand zu empfangen. Dennoch scheint eine Art Entwurf vorhanden zu sein. Jean Dorst, zum Beispiel, mußte zugeben, daß es alles in allem einen in der Natur enthaltenen Entwurf gibt, obwohl er dies nicht als letzte Ursache gelten lassen wollte. Dieser Entwurf kann sowohl im Gleichgewicht verschiedener Arten als auch in einigen außergewöhnlichen Anpassungsvorgängen, wie etwa zwischen Pflanzen und Insekten, beobachtet werden. Diese Beobachtungen gehen weit über die mit der Darwinschen Theorie erklärbaren Tatsachen hinaus.[14] Etienne Wolff ihrerseits sprach von einer ›Orientierung‹ in der Entwicklungsgeschichte. Es gab mehr als zehn Vorläufer der Säugetierfamilie zwischen dem Ende der primären und dem Anfang der sekundären Ära, aber nur einer von ihnen führte zur Entstehung der heutigen Säugetiere. Es gab auch viele weitere Arten, die einen Lebensversuch machten, einschließlich der Dinosaurier, Pterosaurier und Reptilien, sogar des Archeopteryx, jedoch hat nur eine dieser Arten bis heute überlebt. Auf jedem Niveau der Hierarchie der Tiere schien es eine Entwicklungstendenz zu geben, etwas Neues, besser Adaptiertes, Komplexeres zu erschaffen. Nach Wolff ist es offensichtlich, daß ein Zufallsprozeß nicht imstande gewesen wäre, die Ordnung und Regelmäßigkeit, die wir heute beobachten, entstehen zu lassen. Wenn die Evolution vom Zufall abhängig gewesen wäre, hätte sie völlig anders verlaufen müssen.[15]

Lebewesen zeichnen sich sowohl durch ihre Übereinstimmung untereinander als auch durch ihre Vielfalt aus. So zeigen z. B. die Flügel der Vögel und Fledermäuse eine deutliche Übereinstimmung mit den Flossen der mit ihnen phylogenetisch nicht verwandten Seehunde und mit den vorderen Gliedmaßen der ebensowenig verwandten Amphibien, Reptilien und Wirbeltiere. Während die Form und Größe der Knochen sehr unterschiedlich sind, ist die Anordnung der Knochen untereinander und im Verhältnis zum Körper sehr ähnlich. Man findet auch eine übereinstimmende Anordnung von Körperorganen bei unterschiedlichen Tierarten, so z. B. bezüglich des Herzens und des Nervensystems. Bei Tierarten mit Innenskelett befindet sich das Nervensystem an der Rückseite und das Herz an der Vorderseite, bei Tieren mit Außenskelett ist die Lage der Organsysteme genau umgekehrt. Darüber hinaus werden einige hochspezifische anatomische Eigenschaften von Tierarten geteilt, die eine völlig unterschiedliche Entwicklungsgeschichte haben. Ein treffendes Beispiel ist das Auge: seine Grundstruktur scheint unabhängig voneinander von nicht weniger als vierzig phylogenetisch nicht miteinander verwandten Arten erfunden worden zu sein.

Es gibt noch umfangreichere Übereinstimmungen von ganzen Artenfamilien und Gattungen, die es zu erklären gilt. Trotz der beeindruckenden Vielfalt der Organismen, die im Kambrium entstanden sind, kann man die Arten, die heute die Biosphäre bevölkern, in etwa zwei Dutzend taxonomische Hauptgruppen aufteilen, die sowohl untereinander als auch im Vergleich der verschiedenen Gruppen beeindrukkende Regelmäßigkeiten aufweisen. Es gibt ein weiteres Rätsel, das mit der Zeitskala der Ereignisse während der Entstehung des Lebens verbunden ist. Innerhalb erstaunlich kurzer Zeitabstände haben sich komplexe Strukturen auf der Erde entwickelt. Das älteste Gestein ist etwa vier Milliarden Jahre alt, während die frühesten und bereits sehr komplexen Lebensformen (blau-grüne Algen und Bakterien) über dreieinhalb Milliarden Jahre alt sind. Es gibt keine befriedigende Antwort darauf, wie dieser Grad von Komplexität innerhalb der relativ kurzen Zeit von fünfhundert Millionen Jahren hätte entstehen können. Mit Zufall allein lassen sich die Tatsachen nicht erklären: es hätte nämlich unvergleichlich viel länger gedauert, um solche komplexen Strukturen durch zufälliges Mischen der ›molekularen Suppe‹ zu erzeugen. Könnte es denn vielleicht sein, daß das Leben aus anderen Regionen des Kosmos bereits in fertiger Form zur Erde gebracht wurde? Lord Kelvin äußerte diesen Gedanken im letzten Jahrhundert; Francis Crick und einige andere Wissenschaftler haben die Idee in letzter Zeit wiederbelebt.

Das alles läßt es höchst zweifelhaft erscheinen, ob man den Zufall als einen grundsätzlichen Faktor der Evolution ansehen kann. Die Unwahrscheinlichkeit einer zufallshaften Evolution wird noch durch die Tatsache verstärkt, daß das Umfeld, in der sich eine Spezies entwickelt, alles andere als konstant ist. Was einst ein bewohnbares Habitat war, verliert im Laufe der Zeit seine Eignung und kann sogar zu einer Bedrohung für das Überleben bestimmter Arten werden. Um in unterschiedlichen Milieus bestehen zu können, müssen

Lebewesen ihren Adaptionsplan entsprechend modifizieren. Es ist jedoch völlig unklar, wie eine solche Anpassung erreicht wird. Das Problem besteht darin, daß eine bestimmte Spezies – wenn sie sich mittels zufälliger und schrittweiser Mutationen entwickelte – eine Fehlanpassung und möglicherweise vollständige Auslöschung ihrer Art riskieren würde, bevor sie ein neues Habitat erreichen könnte.

Dieses Problem läßt sich im Rahmen des Begriffes der ›evolutionären Landschaft‹ beschreiben, der von Entwicklungsbiologen benutzt wird (s. Abb. 6). Wir betrachten zu-

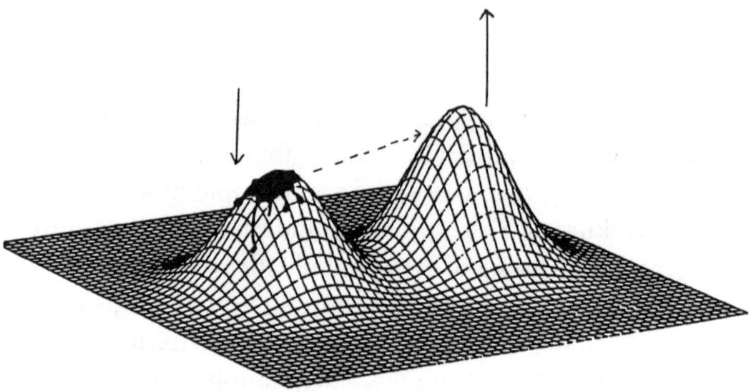

Abb. 6: Teilbereich einer adaptiven Landschaft, die zwei Spitzen optimaler Anpassung enthält. Eine biologische Art besetzt eine der Spitzen.

nächst eine horizontale Ebene, die wie ein Tuch in zwei Dimensionen ausgespannt wird. Die Ebene ist nicht vollkommen flach, gelegentlich finden sich Hügel, die von dort aus in die Vertikale (dritte) Dimension hineinreichen. Jede Abweichung der genetischen Abstammung der Arten bewegt sich in die eine oder andere Richtung der Ebene. Die Hügel repräsentieren den Fitnessfaktor. Eine Art bewegt sich um so höher auf ihren Hügel hinauf, je besser sie an ihre Umwelt adaptiert ist – wobei der Gipfel des Hügels den Punkt maximaler Fitness repräsentiert.

Nach Darwins Theorie müßten die Arten diesen Hügel

ganz allmählich erklimmen. Sie tun dies deshalb, weil in ihrem genetischen Speicher Zufallsvarianten entstehen und damit die daraus resultierenden Mutanten einem Überlebenstest ausgesetzt werden. Weil nur diejenigen Mutanten überleben, die über eine verbesserte Fitness verfügen (die weniger tüchtigen Mutanten werden durch die natürliche Selektion ausgemerzt), bewegt sich die Art auf dem Wege zur maximalen Fitness weiter nach oben. Die von den post-Darwinistischen Theoretikern gestellte Frage lautet aber, ob sich die Arten von ihrem gegenwärtig eingenommenen Hügel zu einem an anderer Stelle der adaptiven Landschaft befindlichen bewegen können.

Diese Frage stellt sich aber in einer stabilen Umgebung nicht. Hier können Arten auf ihrer jeweils eigenen Höhe verbleiben, von wo aus sie sich immer weiter nach oben bewegen. In einer wechselnden Landschaft kann aber das, was unter bestimmten Bedingungen zur erhöhten Tüchtigkeit führte, unter anderen Verhältnissen zum allmählichen Aussterben führen – der Wechsel von der Spitze eines Adaptionshügels zu einem anderen wird früher oder später notwendig. Wie aber läßt sich das anstellen? Es gibt keine Viadukte, die vom verlassenen Hügel zu neu aufstrebenden stabileren Anhöhen führen. Wenn eine Art zu einer anderen Höhe gelangen will, muß sie zunächst in das dazwischen liegende Tal herabsteigen. Das jedoch ist nach der Darwinschen Theorie verboten. Zufällige Mutationen erzeugen die unterschiedlichsten Mutanten, von denen die untüchtigsten durch natürliche Selektion eliminiert werden; während diejenigen Mutationen, die zur verbesserten Tüchtigkeit führen, die Spezies auf ihrem gegenwärtigen Hügel weiter nach oben treiben müssen. Keine Spezies ist imstande, auf diesem ›Fitnesshügel‹ abwärts zu klettern. Die natürliche Selektion kettet sie an den höchsterreichbaren Punkt des jeweils von ihr besetzten Hügels.

Einige Neo-Darwinisten stellten die Theorie auf, daß eine

bedrohte Art eine große Zahl mutanter Nachkommen erzeugt, wenn sich die erreichte Entwicklungshöhe absenkt, und daß einige von ihnen als Kundschafter ihre ›Fühler‹ von der Höhe über das Tal hinweg bis zur nächsten Anhöhe ausstrecken. Es ist aber schwer nachzuvollziehen, wie ein solcher ›Mutationsfühler‹ lange genug überleben könnte, um von einer schrumpfenden Anhöhe zu einer neu entstehenden zu gelangen; das gilt selbst dann, wenn – wie Sewall Wright aufzeigte – Zufallsfaktoren in kleinen Populationen die Bedeutung von Mutationen gegenüber der natürlichen Selektion verstärken. Der genetische Spielraum ist sehr groß. Unter der Voraussetzung, daß Mutationen zufällig erzeugt werden, werden die meisten der Mutanten nicht überlebensfähig sein, weil die Adaptionsfähigkeit einer Art auf eine kleine mutierte Untergruppe beschränkt sein wird. Man wird also auf dem Wege zu einem neuen Adaptionsmaximum auch unangepaßte Mutanten vorfinden. Kleine Populationen (sogenannte Gemeinden), die nach der Meinung von Sewall Wright zufällig über eine positive adaptive Situation stolpern könnten – um sich danach durch natürliche Selektion zu behaupten –, taumeln wahrscheinlich ihrer Auslöschung entgegen.

Offensichtlich sind die Vorfahren der heutigen Lebewesen nicht ausgestorben, nachdem sie den Höhepunkt ihrer Lebensfähigkeit überschritten hatten. Es gelang ihnen entweder durch die ›Entwicklungslandschaft‹ zu wandern, bis sie ein anderes, für sie günstiges Adaptionsplateau erreicht hatten, oder sie erzeugten völlig neuartige ›systemische Mutationen‹, die es ihnen ermöglichten, mit einem Sprung auf ein neues Plateau zu gelangen. Die erste Annahme erscheint wenig glaubwürdig, während die zweite nicht mit Darwinistischen und Neo-Darwinistischen Theorien erklärbar ist.

Darwinismus ist eng mit einem zufallsgesteuerten Prozeß kontinuierlicher kleinstufiger Anpassungen verbunden; ein Prozeß, der kaum die beobachteten Ordnungsdimensionen innerhalb des bekannten Zeitrahmens der Evolution erzeugt haben kann. Zufälligkeit und schrittweise Entfaltung der Evolution erscheinen als ein höchst zweifelhaftes Prinzip. Der ›phylogenetische Inkrementalismus‹ wird sogar von den Neo-Darwinisten angezweifelt. Etwa hundert Jahre nach der Veröffentlichung von Darwins ›Die Entstehung der Arten‹ (worin Darwin behauptete, daß ›natürliche Selektion ... keine großen oder plötzlichen Veränderungen hervorrufen kann; sie kann nur mittels kurzer und langsamer Schritte wirken‹) formulierten Jay Gould und Niles Eldredge die Theorie der Evolutionssprünge, eine Theorie des durchbrochenen Gleichgewichts.[16]

Der Gegensatz zwischen der klassischen Darwinschen Evolutionstheorie und der Theorie des durchbrochenen Gleichgewichts wurde von Gould und von Eldredge im Hinblick auf die Verwandlungen, die bei der Entstehung neuer Arten vorkommen, zusammengefaßt. Nach der Darwinschen Theorie gelten für diese Verwandlungen folgende Aussagen:

– sie betreffen eine ursprüngliche Population, die sich über allmähliche Veränderungen zu neuen Nachkommen entwickelt,

– sie sind gleichmäßig und langsam,

– sie umfassen große Zahlen von Individuen, üblicherweise die gesamte ursprüngliche Population,

– und sie erstrecken sich über den gesamten oder mindestens einen großen Teil des geographischen Lebensbereiches der ursprünglichen Spezies.

Wenn das stimmt, sollte die Geschichte der Fossilien aus einer langen Folge kontinuierlicher, unmerklich gestufter Zwischenstufen bestehen, welche die Vorfahren und Nachkömmlinge miteinander verbinden; wobei morphologische Brüche innerhalb dieser Abfolge nur durch Unregelmäßigkeiten der geologischen Entwicklung verursacht werden.

Das alles scheint nicht der Fall zu sein. Die Geschichte der Fossilien verläuft nicht kontinuierlich und ihre ›missing links‹

sind nicht auf unvollständiges Wissen, sondern auf die Natur selbst zurückzuführen. In Anbetracht dieser Fakten behauptet die Theorie des durchbrochenen Gleichgewichts, daß die neu entstandenen Arten

– im Anschluß an die Aufspaltung früherer Entwicklungslinien auftauchen,

– sich schnell weiterentwickeln,

– innerhalb einer kleinen Sub-Population der ursprünglichen Art entstehen,

– und sich innerhalb eines kleinen Teils des geographischen Lebensraumes der Vorfahren bilden, gewöhnlich in einem isolierten randständigen Gebiet.[17]

Wie Gould und Eldredge feststellten, zeigt der paläontologische Ablauf, daß es sich bei der Artenentwicklung um einen schnellen Prozeß handelte; innerhalb von Zeitperioden in der Größenordnung von 5000 bis 50.000 Jahren tauchten neue Arten auf der Entwicklungsbühne des Planeten auf. Nicht nur individuelle Arten, sondern ganze Gattungen hatten in Epochen plötzlicher Kreativität ihren ersten Auftritt. So z. B. in der explosiv-kreativen Phase des Kambriums, wo in einer Zeitspanne von einigen Millionen Jahren die meisten der heute existierenden Wirbeltiere entstanden.

Die Theorie des durchbrochenen Gleichgewichts behauptet, daß die Evolution auf Tierarten und Populationen insgesamt wirkt und nicht primär oder ausschließlich auf sich individuell vermehrende Lebewesen. Individuelle Abweichungen tragen zu der Entstehung neuer Arten nicht wesentlich bei; der klassische Darwinsche Mechanismus bewirkt vor allem die Anpassung Einzelner an ihre schon vorhandenen Nischen. Wenn sich das Lebensmilieu verändert und die vorhandenen Nischen verschwinden, sterben die betreffenden Arten oft aus. Dann übernehmen die Arten aus den zuvor isolierten peripheren Gebieten die Zentren und werden damit zu der neuen dominanten Spezies.[18]

Die Ablehnung einer graduellen Entwicklung zugunsten

der Vorstellung von plötzlichen Evolutionsstößen entfernt den Zufallsfaktor nicht aus der Entwicklungsgeschichte. Die Theorie von Gould und Eldredge verlagert lediglich den Zufall einzelnen überlebenden Lebewesen zu der ganzen Hierarchie von Tierarten und Populationen. Wie Gould selbst betonte, geht die neue Theorie primär von zwei Vorstellungen aus. Erstens: Nicht-Anpassung und Zufall als Quelle evolutionärer Veränderungen erhalten eine größere Rolle. Zweitens: Es gilt ein hierarchisches Konzept, das auf der Wechselwirkung selektiver (und anderer) Kräfte auf verschiedenen Ebenen von den Genen bis zu Stammeszweigen beruht und nicht allein auf der primären Selektion der Lebewesen.

Der Zufall bleibt aber – auch in seiner heutigen Definition als nicht-adaptive und nicht-selektive Schwankung – ein fragwürdiger Faktor der Entwicklungsgeschichte. Wie konnte aber die Evolution jene Art von Veränderungen innerhalb der DNA erzeugen, die das Überleben einer neuen Spezies sicherten? Wie wir gesehen haben, reicht es nicht aus, wenn Mutationen einige positive Veränderungen im Organismus auslösen; sie müssen einen vollständigen Satz verändern. Die evolutionäre Weiterentwicklung der Vogelfedern erzeugt zum Beispiel kein Reptil, das fliegen kann; hierzu gehören vielmehr radikale Veränderungen der Knochenstruktur und Muskulatur, ebenso wie ein genügend schneller Stoffwechsel, der Kraft für lange Flugstrecken gibt. Jede einzelne Neuerung für sich bringt kaum einen entwicklungsmäßigen Vorteil; im Gegenteil, sie führt eher zu einer nicht lebensfähigen Kreatur, die ausgelöscht wird. Es ist nur schwer zu verstehen, wie die Evolution mittels einer schrittweisen Ausarbeitung des genetischen Codes einer jeweils überlebenden Art hätte vorankommen können. Nach Ansicht von M. Schutzenberger müßte man fast über einen blinden Glauben in die Darwinsche Theorie verfügen, um annehmen zu können, daß der Zufall allein alle Veränderungen bei der Entwicklung der

Vögel hätte hervorbringen können, die notwendig waren, um sie zu höchstbegabten Flugmaschinen zu machen; oder daß zufällige Mutationen nach dem Aussterben der Dinosaurier zur Entstehung der Säugetiere hätten führen können – wenn man bedenkt, wie weit Säugetiere auf der Zeitachse, die mit Fischen und Reptilien beginnt, von den Dinosauriern entfernt sind. Nach der Schlußfolgerung Schutzenbergers widerspricht die Evolution entschieden Goulds These vom Zufall.[19] Guiseppe Sermonti stimmt ihm zu: es ist kaum glaubhaft, meint er, daß eine Reihe zufälliger Mutationen und natürliche Selektion imstande gewesen wären, einen Dinosaurier aus einer Amöbe entstehen zu lassen.[20]

Der Zufall könnte für die Evolution der Arten doch nicht so entscheidend sein, wie es die Darwinisten gerne annehmen. Es scheint nämlich, daß genetische Mutationen unter bestimmten Bedingungen nicht völlig zufällig verlaufen. Die Trennung zwischen Genotyp und der Zufallshaftigkeit des Phänotyps ist nicht wasserdicht; man kann vermuten, daß gezielte Veränderungen der Erbanlagen unter bestimmten Umständen stattfinden können. Sowohl Pflanzen als auch Insekten können mutieren, um bestimmte Chemikalien ihrer Lebenswelt zu entgiften oder einen Schutz gegen Giftstoffe aufzubauen. Besonders rätselhaft erscheint die Fähigkeit bestimmter Bakterien, in einer Art und Weise zu mutieren, die ihr sofortiges Überleben sichert.

Es war bereits seit den vierziger Jahren bekannt, daß Bakterien zufälligen Mutationen unterliegen. Die diesbezüglichen Experimente prüften aber nur Mutationen unter günstigen Bedingungen, d. h., bei sich sehr rasch teilenden Bakterienstämmen. Barry Hall von der Universität Worchester hat sich 1982 mit dem Wildtyp der Escherichia coli Bakterien experimentell beschäftigt, wobei er das ß-Galactosidase-Gen entfernte, welches das Bakterium zur Verstoffwechselung von Lactose benötigt. Als er die Colibakterien in eine reine Lactoselösung brachte, mutierten viele von ihnen auf eine

Weise, die ihnen die Produktion des Ersatzenzyms ermöglichte. Wie die Escherichia coli Bakterien dieses Kunststück bewirken konnten, bleibt unklar. Auch John Cairns und seine Mitarbeiter kamen 1988 bei ihren an der Harvard School of Public Health durchgeführten Experimenten zu ähnlichen Ergebnissen. Sie untersuchten Bakterien, die aufgrund eines genetischen Defektes nicht imstande waren, Lactose zu verarbeiten. Als diesen Bakterien ausschließlich Lactosenahrung zur Verfügung gestellt wurde, zeigte sich, daß eine nennenswerte Anzahl von ihnen zu ihrer normalen genetischen Form zurückmutierte.

Wie ein Bakterium unter Streß derart selektiv mutieren kann, ist nicht bekannt. Ursprünglich vermutete man, daß in Streßsituationen das gesamte Bakterium mit allen oder den meisten seiner Genen mutiert (im Prinzip scheint das möglich, vielleicht haben die Forscher nur jene Mutationen festgehalten, die mit den defekten Genen zusammenhängen). Wenn jedoch viele Gene unter Streß mutiert wären, wären die meisten Bakterien abgestorben; Änderungen der funktionsfähigen Gene hätten sich wahrscheinlich negativ auf das Genom ausgewirkt und einen im ganzen tödlichen Effekt gehabt.

In der Folge erbrachte Hall den Beweis, daß Bakterien fähig sind, ausschließlich ihre defekten Gene zu mutieren. Er untersuchte Exemplare, bei denen zwei der fünf Gene, die zur Tryptophansynthese nötig sind, defekt waren; dennoch überlebten einige Bakterien diesen Test, indem sie ihre Fähigkeit zur Synthese dieser Substanz wiedergewannen. Es stellte sich heraus, daß genau jene zwei Gene mutierten, die für die Verwertung des Tryptophans benötigt wurden. Nach Halls Ansicht handelt es sich hier um ein geradezu unglaubliches Niveau an Spezifität.[21] Zufallsmutationen hätten sicherlich niemals zu einer ausschließlichen Korrektur der beiden Informationsstränge in den beiden Genen führen können, die sich als defekt erwiesen hatten.

Die Darwinsche Evolutionstheorie befindet sich nach den Worten von Michael Denton in einer Krise. Roberto Fondi benutzte die folgenden grundlegenden Postulate der klassischen Theorie als Basis seiner Gegenargumente:

1. Das Leben entstand spontan durch Zusammenschluß unterschiedlicher Moleküle.

2. Das Leben durchlief einen Prozeß allmählicher Verwandlung, der es ihm erlaubte, sich von einfachen Formen zu immer komplexeren Organismen zu entwickeln.

3. Entstehung und Verwandlung des Lebens waren ausschließlich auf die Wirkung natürlicher Kräfte zurückzuführen, wie z. B. Elektromagnetismus, chemische Bindekräfte und Gravitation.

Nach Fondis Ansicht haben neuere Ergebnisse alle diese Glaubenssätze widerlegt. Ein zufälliger, spontaner Zusammenstoß von Molekülen reicht als Erklärung für die Entstehung komplexer Organismen nicht aus – sogar die ältesten Algen und Bakterien sind zu komplex, um das Ergebnis von Zufallsereignissen innerhalb des festgestellten Zeitrahmens sein zu können. Das zweite Postulat wird von der Paläontologie widerlegt. Die Entwicklungsgeschichte der Fossilien ist voller plötzlicher Sprünge, wie Gould und Eldredge bereits feststellten. Neue Arten tauchen ganz plötzlich in völlig unterschiedlichen Formen auf und bleiben dann über Millionen von Jahren unverändert. Dann werden sie ebenso plötzlich ausgelöscht und sofort von anderen, wiederum völlig unterschiedlichen Tierarten abgelöst. Fondi, der selbst Paläontologe ist, war der Meinung, daß die Diskontinuitäten zu drastisch sind, um noch genügend Raum für die darwinistische Interpretation zu lassen; neue Arten hätten nach Meinung Fondis nicht durch die Transformation einer Tierart in eine andere entstehen können. In Konsequenz daraus kann das Darwinsche Konzept des Lebensbaumes – eines Baumes, der in regelmäßigen schrittweisen Stufen von der Wurzel zur Spitze wächst – nicht aufrechterhalten werden: der Lebensbaum hat nur Blätter und Zweige, aber keinen durchgehenden Stamm. Nach Ansicht Fondis können natürliche Kräfte allein den beobachteten Verlauf der biologischen Entwicklung nicht erklären – lebende Materie muß offensichtlich Informationen aus Grundstrukturen, ähnlich den Jungschen Archetypen, aufnehmen.[22]

Der Vorschlag Fondis mag erstaunlich sein, er ist aber nicht neu. Vor über eineinhalb Jahrhunderten entwickelte Wolfgang von Goethe eine ähnliche Hypothese, als er die Formen der heute existierenden Pflanzen auf eine gemeinsame Frühform zurückführte, die er Urpflanze nannte. Bis vor kurzem haben nur wenige Biologen solche Erklärungen akzeptiert. Heute, wo sich immer mehr Lücken in den aktuellen darwinistischen Deutungen finden, konzentriert sich das Interesse erneut auf die Idee wiederkehrender Formen. Immer mehr Wissenschaftler gelangen zu der Einsicht, daß die Deutung der Dynamik der biologischen Evolution über die Begriffe Zufallsmutation und natürliche Selektion hinausgehen muß.

Entwicklung und Regeneration der Organismen

Wie können die zu ein und derselben Art gehörigen Tiere ihre spezifische Form erzeugen, nachdem sich die Art bereits voll entwickelt hat? Mit diesem Rätsel sehen sich die Biologen auf der ontogenetischen Ebene des einzelnen Lebewesens konfrontiert. Einzellige Organismen können sich durch Zellteilung fortpflanzen, wobei sie die DNA ihrer Chromosomen mittels Aufteilung an neue Zellen weitergeben. Komplexere Tierarten pflanzen sich jedoch über ihre Geschlechtszellen fort. Dabei wird angenommen, daß jede dieser Zellen über einen vollständigen Informationssatz verfügt, um daraus den ganzen Organismus entstehen zu lassen. Trifft das aber tatsächlich zu?

Die Tatsache, daß aus einer Tierart wieder die gleiche entsteht – daß also aus einem Hühnerei ein Huhn schlüpft und nicht etwa ein Fasan –, bedarf einer Erklärung. Diese nimmt gewöhnlich Bezug zur DNA, wobei angenommen wird, daß der genetische Code jeder Tierart die Blaupause für den gesamten Organismus darstellt. Es gibt jedoch Probleme mit dieser Annahme. Zunächst ist festzustellen, daß der genetische Code weit voneinander abweichender Arten oft ähnlich ist, während er bei einander ähnlichen Arten oft deutliche Abweichungen aufweist. So stimmt z. B. die DNA der Schimpansenchromosomen zu 98,4% mit der menschlichen DNA überein, dagegen besitzen Amphibien trotz vieler gemeinsamer morphologischer Eigenschaften völlig unterschiedliche genetische Informationen.

Ein ähnliches Rätsel ist die Frage, wie die DNA die komplexen Entwicklungsprozesse der Embryogenese hervorrufen könnte. Im Fall der Säugetiere erfordert die embryonale Entwicklung eine geordnete Entfaltung von Myriaden dynamischer Verbindungen in der Gebärmutter, was die koordinierte Interaktion zwischen Milliarden sich teilender Zellen mit einschließt. Wenn dieser Ablauf im ganzen durch Gene bestimmt wäre, müßte das entsprechende genetische Programm ungewöhnlich vollständig und detailliert sein. Gleichzeitig müßte es flexibel genug sein, um die Differenzierung und Organisation einer Vielzahl dynamischer Verbindungswege unter potentiell sehr unterschiedlichen Bedingungen sicherzustellen. Der genetische Code ist jedoch für alle embryonalen Zellen gleich. Es ist überhaupt nicht klar, wie damit der volle Umfang entwicklungsmäßiger Wechselwirkungen geleitet und koordiniert werden könnte.

Von François Jacob stammt die Ansicht, daß noch sehr wenig über die Regelkreise der embryonalen Entwicklung bekannt ist. Abgesehen von den bisher vagen Konzepten über epigenetische Landschaften und biologische Felder, bleibt die einzige von Biologen wirklich beherrschte Logik linear und eindimensional. Der Grund dafür, daß die Molekularbiologie sich schnell entwickeln konnte, war nach Jacob die Tatsache, daß die Information in der Mikrobiologie durch lineare Sequenzen von Bausteinen bestimmt wird. Als Folge zeigt sich alles eindimensional und linear: die genetische Nachricht, die Beziehungen zwischen den primären Strukturen, die Logik der Vererbung usw. Die Welt verläuft jedoch bei der Entwicklung eines Embryos nicht mehr linear. Die eindimensionale Basensequenz der Gene bestimmt die Erzeugung zweidimensionaler Zellschichten, die sich in präziser Weise zusammenfalten, um dreidimensionales Gewebe und Organe zu erzeugen, die dem Organismus letztlich Form und Eigenschaft verleihen. Wie sich das abspielt, ist Jacob zufolge immer noch ein vollständiges Geheimnis. Die Grundlagen der Regelkreise, die für die Embryonalentwicklung zuständig sind, sind nicht bekannt. Während zum Beispiel die molekulare Anatomie der menschlichen Hand größtenteils genau verstanden wird, wissen wir fast gar nichts darüber, wie der menschliche Organismus es sich beibringt, diese Hand herzustellen.[23]

Ein ähnliches Problem entsteht in bezug auf körperliche Regenerationphänomene. Offensichtlich gewährt die Fähigkeit zur Eigenreparatur einen Überlebensvorsprung; man könnte annehmen, daß der natürliche Selektionsprozeß diejenigen Mutationen bevorzugen würde, die wirksame Reparaturprogramme im Organismus sicherstellen. Rätselhafterweise verfügen Organismen aber über Reparaturprogramme, die nicht als Ergebnis natürlicher Selektion angesehen werden können, weil die Art des von ihnen behobenen Schadens kaum einen ihrer Vorfahren in der gesamten Geschichte der Spezies befallen haben dürfte. Es gibt zum Beispiel Organismen, die gesamte Organe oder Glieder wieder wachsen lassen können; einige, wie z. B. Schwämme und Seeigel, können sich aus ihren einzelnen Zellen wieder vollständig bilden. Allerdings ist es nicht die gewöhnliche Natur, die Organe und

Glieder entfernt und lebende Organismen bis hin zu ihren Zellen seziert – dafür werden Wissenschaftler und Laboratorien benötigt.

Das Beispiel des Seeschwammes ist besonders bemerkenswert. Der Schwamm ist ein echter mehrzelliger Organismus, der aus mehreren verschiedenen Zelltypen besteht, die in ihrer spezialisierten Funktion eng koordiniert sind. Wenn ein Seeschwamm auseinandergeschnitten wird und seine Teile durch ein Sieb gepreßt werden, das fein genug ist, die intrazellulären Verbindungen zu trennen, können sich die getrennten Zellen wieder zu einem vollständigen Organismus zusammenfügen. Es scheint, daß die Zellen von einem Orientierungssystem geleitet werden, das auch dann funktioniert, wenn sie voneinander getrennt sind.

Seeschwämme sind nicht die einzigen, die über solche besonderen Fähigkeiten zur Eigenreparatur verfügen – auch die Seeigel zeigen ein ähnliches Verhalten. Es handelt sich hier um komplexere Organismen mit Verdauungsapparat, Gefäßsystem, Saugfüßchen zur Fortbewegung und radial angeordneten Plattenreihen, die das skeletale Gerüst bilden. Wenn ihnen das Kalzium zur Erhaltung des Skeletts fehlt, trennen sich die Teile des Seeigels voneinander und zerfallen zu einer Masse separater Zellen. Wenn aber das erforderliche Kalzium wieder zugeführt wird, reorganisieren sich die Zellen wieder zu einem vollständigen Seeigel.

Bei noch komplexeren Arten sind derartige Formen der Eigenreparatur nicht möglich, es gibt aber Fälle von Teilreparaturen, die mindestens ebenso bemerkenswert sind. So können z. B. Wissenschaftler das Ei einer Libelle teilen und eine der Hälften zerstören: die andere Hälfte kann sich dennoch zu einer vollständigen Libelle entwickeln. Ein Plattwurm läßt sich in mehrere Teile zerschneiden, wobei sich aus jedem Teil wieder ein kompletter Wurm entwickeln kann. Man kann auch das Bein eines Wassermolchs abschneiden, worauf der Molch, im Unterschied zum sonst sehr ähnlichen Frosch, wieder ein neues Bein wachsen läßt. Er kann sogar die Linse seines Auges wieder wachsen lassen: wenn das Auge chirurgisch entfernt wird, vereinigt sich das Gewebe am Rande der Iris wieder zu einer neuen Augenlinse.

Obwohl es in der Genetik in den letzten Jahren große wissenschaftliche Durchbrüche gegeben hat und weitere erwartet werden können, ist es unwahrscheinlich, daß es eine umfassende genetische Antwort auf das Rätsel geben wird, das uns die Entwicklung und Regeneration der Morphologie lebender Organismen aufgibt. Viele Untersucher sind zu der Ansicht gelangt, daß die morphologische Organisation, zusätzlich zu den bekannten genetischen Faktoren, von noch unbekannten extra-genetischen Faktoren bestimmt wird.

Goethe sprach von der *Urpflanze*, nach der alle Pflanzen geformt sind; Hermann Weyl von ›immateriellen Faktoren‹ in der lebendigen Welt, in der Art von Ideen, Vorstellungen und Bauplänen.[24] In letzter Zeit gibt es Spekulationen von Alister Hardy über eine ›psychische Blaupause‹, die allen Mitgliedern einer Gattung gemeinsam wäre; Jean Dorst vermutete, daß die Evolution auf einem grundlegenden Entwurf basiert; Gordon Rattray Taylor sprach von einer dem biologischen Bereich innewohnenden Tendenz zur Selbstorganisation, und schließlich gibt es in der biologischen Theorie auch eine Renaissance der Idee, nach der intrinsische Formen und Archetypen die Entwicklung der Natur bestimmen. Es existiert jedoch weder ein klares Konzept zur Natur der extragenetischen Faktoren in der biologischen Evolution, noch dazu, wie diese mit dem genetischen Programm in Wechselwirkung treten könnten. Die aus der Jahrhundertmitte stammende Beurteilung des Yale University Biologen Edmund Sinnot bleibt bis heute gültig: Genetische Modelle sind zu stark vereinfacht, um als Erklärung der bekannten Tatsachen dienen zu können. In unserem Wissensschatz fehlt noch etwas Grundsätzliches zur Deutung der formbildenden Prozesse in der Biologie.[25]

Es ist nicht undenkbar, daß dieses ›Etwas‹ sich als die interaktive Dynamik herausstellen wird, die die Entwicklung der Ordnung im Universum aus dem Bereich der Atome und Moleküle in den der lebenden Zellen geführt hat und dann die lebenden Zellen zu den unterschiedlichen und doch miteinander koordinierten Lebewesen weiterentwickelte, die heute die Biosphäre bewohnen.

6. Unerforschte Bereiche des Geistes und Bewußtseins

Die Gehirnwissenschaften gehen von der Annahme aus, daß hinter den Phänomenen von Geist und Bewußtsein komplexe Hirnfunktionen stehen. Demzufolge müssen ›geistige Ereignisse‹ im Hinblick auf – oder wenigstens in Korrelation zu – ›Hirnereignissen‹ erklärt werden. Dennoch stehen wir dem geistigen Aspekt näher als dem Gehirnaspekt, selbst dann, wenn Gehirn und Geist nur unterschiedliche Aspekte ein und derselben Realität sind. Schließlich ist es der Geist, der unsere Erfahrung prägt, und nicht das Gehirn. Das Wissen über das Gehirn muß erst theoretisch rekonstruiert werden, ganz ähnlich dem Wissen über andere Systeme in der Natur. Dementsprechend wird das Verhältnis zwischen Gehirn und Geist – physiologischer grauer Materie und gelebter bewußter Erfahrung – bis heute noch kaum verstanden.

Das Gehirn zu verstehen, ist nicht einfach: die grauen Zellen unter unserer Schädeldecke sind ein hochintegriertes System, an dessen Spitze eine sechsschichtige Hirnrinde aus mehr als 10 Milliarden Neuronen mit bis zu 10^{14} Nervenverbindungen steht.

Die heutige Gehirntheorie ist nicht imstande, die volle Funktion dieses ungeheuer komplexen Systems zu entschlüsseln, und kann demzufolge auch nicht alle Aspekte unserer Erfahrung deuten. Die Neurophysiologen fangen gerade eben an, die Grundfunktionen des Gehirns zu verstehen; ein

Verständnis, das erst jetzt allmählich den neuronalen Mechanismus umfaßt, der solche bewußten Denkvorgänge wie Objekt- und Ereigniskategorisierung, Konzeptbildung und Eigenbewußtsein entstehen läßt.

Nicht nur, daß viele Elemente menschlicher Erfahrung nicht in physiologischen Begriffen faßbar sind, oft fehlen sogar psychologische Erklärungen, oder sie sind vage und widersprüchlich. Dies gilt besonders für menschliche Randerfahrungen, wie z. B. Intuition, Inspiration, außersinnliche Wahrnehmung und Voraussicht, sogar für das Langzeitgedächtnis. Die Hirnvorgänge, die mit diesen geistigen Erfahrungen korrelieren, sind kaum bekannt, wenn auch, wie wir bald sehen werden, in letzter Zeit vielversprechende Erkenntnisse gemacht wurden.

Wir wollen die Probleme und Erkenntnisse der neueren Forschungen im Geist-Gehirnbereich im Hinblick auf die Möglichkeit überprüfen, daß sie uns einen weiteren Schlüssel zum Verständnis der Dynamik liefern, die zur Entstehung von Ordnung in der Natur führt und über das biologische Niveau hinweg zur Ebene von Geist und Gehirn reicht.

Langzeitgedächtnis

Die Beweise für ein Langzeit- und möglicherweise sogar für ein Dauergedächtnis sind beeindruckend, das Verständnis einer solchen Gedächtnisfunktion ist jedoch noch sehr unvollständig. Es scheint, daß das Gehirn seine Eindrücke sowohl vorübergehend als auch langfristig speichern kann. Das Kurzzeitgedächtnis kann relativ gut im Zusammenhang mit der Bildung und Neubildung neuronaler Netzwerke in der Hirnrinde erklärt werden; das Langzeitgedächtnis bleibt jedoch ein Rätsel. Bei seiner Erklärung scheint man auf eine Art von Spuren oder Engrammen zurückgreifen zu müssen, die die Synapsen zwischen den Neuronen beeinflussen. John

Eccles bemerkte, daß »wir annehmen müssen, daß Langzeiterinnerungen auf irgendeine Weise in den neuronalen Verbindungswegen des Gehirns gespeichert sind. Das führt uns wiederum zu der Vermutung, daß die strukturelle Basis für das Gedächtnis in der bleibenden Veränderung der Synapsen liegt«.[26]

Die Suche nach Engrammen oder anderen beständigen synaptischen Umwandlungen, durch die man Erfahrungen auf Dauer speichern könnte, blieb jedoch erfolglos. Die systematische Suche begann in den vierziger Jahren mit der berühmten Tierversuchsreihe des Neurochirurgen Karl Lashley. Lashley versuchte bleibende Gedächtnisspuren in Gehirnen von Ratten zu finden, nachdem er den Tieren bestimmte Verhaltensweisen beigebracht hatte. Hierzu entfernte er chirurgisch verschiedene Teile des Rattenhirns, um herauszufinden, wo die erlernten Verhaltensinstruktionen gespeichert waren. Er schnitt immer größere Hirnsegmente heraus, ohne jedoch eine Korrelation zwischen Hirnareal und Erinnerung an erlernte Verhaltensroutinen zu finden. Die Erinnerungsfähigkeit der Versuchstiere verringerte sich zwar im Verhältnis zum entfernten Hirngewebe, verschwand aber nie vollständig.[27] Das Rätsel ist bis heute ungelöst geblieben. J. Z. Young mußte zugeben, daß es kaum direkte und exakte Beweise für die Beeinflussung der Synapsen gibt, auch wenn die meisten Hirnforscher daran glauben.[28]

Trotz der Unklarheiten der neuronalen Speicherung müssen wir auf das menschliche Langzeitgedächtnis weiter eingehen. Zusätzlich zur introspektiven Erinnerungsfähigkeit sind in den letzten Jahren zwei weitere Beweisspuren ans Licht gekommen: die eine stammt aus dem Bereich der Nah-Todeserfahrungen, die andere aus den Erfahrungen von Regressionsanalysen, die von qualifizierten Psychotherapeuten durchgeführt werden.

Seit Elisabeth Kübler-Ross ihre klassischen Studien veröffentlichte, sind Nah-Todeserfahrungen von klinischen Psychologen und darauf spezialisierten Forschern systematisch untersucht worden. Es scheint, daß Menschen, die dem Tode nah sind, bemerkenswerte Erfahrungen durchmachen. Raymond Moody kam zu der Schlußfolgerung, es sei jetzt »klar nachgewiesen, daß ein bedeutender Anteil von Menschen, die aus einem lebensbedrohlichen Zustand wiederbelebt worden sind, eine spirituelle Erfahrung machen; eine Erfahrung, die sich, im großen und ganzen gesehen, von Fall zu Fall ziemlich ähnelt und von Alter, Geschlecht, Religion oder kulturellem Hintergrund, Bildungsniveau und sozioökonomischen Status unabhängig ist«.[29] Nah-Todeserfahrungen sind weiter verbreitet, als man allgemein annimmt; eine von George Gallup, Jr. in 1982 durchgeführte Umfrage ergab, daß, allein in den USA, etwa 8 Millionen Erwachsene entsprechende Erlebnisse gehabt haben. Die Nah-Todeserfahrung verändert den künftigen Lebenslauf der Betroffenen: sie haben keine Angst mehr vor dem Tode, sondern konzentrieren sich auf die Bedeutung der Gegenwart, auf mehr Liebe und Anteilnahme gegenüber anderen.[30]

Lebenserinnerungen bilden ein wichtiges Element der Nah-Todeserfahrungen: 32% der in Gallups Umfrage erfaßten Menschen berichteten, daß die sogenannte ›Lebensrückschau‹ Bestandteil ihrer Grenzerfahrung war. David Lorimer, der viele derartige Berichte überprüft hat, fand zwei Arten von Rückerinnerungen: panoramisches Gedächtnis und Lebensrückschau. Unter dem Ausdruck ›panoramisches Gedächtnis‹ versteht man die Rückschau auf Bilder und Erinnerungen, ohne daß eine besondere gefühlsmäßige Betroffenheit des Beteiligten gegeben ist. Lebensrückschau hingegen ist – trotz oberflächlicher Ähnlichkeiten – mit Gefühlen und moralischer Beurteilung verbunden.[31] Es ist bemerkenswert, daß beide Erfahrungen mit ausgeprägter Denkklarheit einhergehen. Das Erlebnis des panoramischen Gedächtnisses ist mit besonders lebhaften Rückerinnerungen gekoppelt: die geistigen Bilder sind dabei von bemerkenswerter Klarheit und Genauigkeit und wechseln schnell. Lorimer beobachtete auch, daß der zeitliche Ablauf der Erinnerungen unterschiedlich sein kann; einige beginnen in der frühen Kindheit und bewegen sich zur Gegenwart hin, andere beginnen in der Gegenwart und verlaufen rückwärts in die Zeit der Kindheit. Schließlich gibt es auch noch Erinnerungsbilder, die sich überlappen, vergleichbar einem holographischen Dickicht. Die betroffenen Menschen haben den Eindruck, daß ihnen alles, was sie je erlebt haben, wieder vorgeführt wird; kein Gedanke, kein Ereignis scheint verlorengegangen zu sein.

Nah-Todeserfahrungen zeigen die Möglichkeit einer quasi-totalen Wiedererinnerung an frühere Erlebnisse. Es handelt sich hier um ein bemerkenswertes Phänomen: John von Neumann errechnete, daß ein einzelner Mensch während seines Lebens etwa $2{,}8 \times 10^{20}$ Informations-Bits ansammelt. Es gibt darüber hinaus Hinweise, daß Menschen zu noch wesentlich größeren Informationsspeichern Zugang haben. Glaubwürdige Hinweise stammen z. B. von praktizierenden Psychotherapeuten, die herausfanden, daß sie ihre Patienten bei Regressionstherapien über die Rückführung zur Kindheit hinaus weiter zurückführen konnten, bis zu den Erfahrungen der Geburt und gelegentlich noch weiter, bis zu früheren Leben. Jungsche und transpersonal orientierte Psychotherapeuten befassen sich mit der Regressionstherapie nicht etwa wegen ihres besonderen Interesses für den Gedächtnisfluß, sondern deswegen, weil die von ihren Patienten erinnerten Bilder und Ereignisse geeignet sind, bestehende Neurosen zu bessern und traumatische Gefühle zu lindern. Die heutige Arbeitstechnik macht es nicht mehr erforderlich, Patienten zu hypnotisieren; es genügt bereits ein Zustand tiefer Entspannung und Meditation, um den Bilderfluß in Gang zu bringen.

Wie die Therapeuten feststellen, können sich viele ihrer Patienten an mehrere frühere Leben erinnern, die sich über einen weiten Zeitraum erstreckten. Nach Thorwald Detlefsen, einem berühmten, aber auch kontrovers beurteilten

Therapeuten aus München, reicht die Reihe von ›Inkarnationen‹ über hunderte von Leben und kann eine Zeitspanne von 12.000 Jahren umfassen. Stanislav Grof, ein ähnlich berühmter und kontrovers beurteilter Forscher in den Vereinigten Staaten, behauptet, daß er seine Versuchspersonen im Rahmen von Hypno-Regressionen bis zum Stadium der tierischen Vorfahren zurückgeführt hat.

Auch unabhängig von den sehr weitgehenden Behauptungen einiger Therapeuten bleiben die Befunde sehr eindrucksvoll. Ian Stevenson ließ sich von sehr vielen Kindern über ihre Erfahrungen in früheren Inkarnationen berichten, wobei sich in vielen Fällen Beziehungen zum früheren Leben tatsächlich nachweisbarer verstorbener Personen ergeben haben.[32] Patienten aller Altersstufen berichten über Erfahrungen aus früheren Leben, wobei oft eine Verbindung mit gegenwärtigen Problemen und Neurosen zu finden ist. Unter den Fallgeschichten Detlefsens findet sich die Geschichte eines Patienten, der trotz voller Funktionsfähigkeit beider Augen mit einem davon nicht sehen konnte; er hatte die Erinnerung, im Mittelalter ein Soldat gewesen zu sein, dessen Auge von einem Pfeil durchbohrt wurde. Ein Patient des Forscherpioniers Morris Netherton litt an chronischen Darmgeschwüren; im Rahmen einer Rückführung tauchten die Empfindungen eines achtjährigen Mädchens auf, das von einem Nazi-Soldaten vor einem Massengrab erschossen wurde. Ein Patient des New Yorker Therapeuten Roger Woolger, der über eine Schulter- und Nackenversteifung klagte, erinnerte sich daran, in einem früheren Leben als holländischer Maler Selbstmord durch Erhängen begangen zu haben.

Das Wiedererleben von solchen Erfahrungen und Bildern hat oft einen positiven therapeutischen Effekt. Viele psychische und auch einige körperliche Erkrankungen scheinen mit Träumen in Verbindung zu stehen, die aus Erfahrungen früherer Leben zu stammen scheinen. Sich an solche Erlebnisse zu erinnern und sie wieder zu durchleben, löst die sogenannten ›karmischen Verknüpfungen‹, d. h., Gefühle von Schuld und Belastung, die aus früheren Leben hinübergebracht wurden. Es ist aber nicht klar, ob die Bilder und Erlebnisse nur das Ergebnis eigener Phantasievorstellungen sind oder ob sie aus einer äußeren Quelle auf paranormalem Wege zu den Betroffenen gelangen.

Einige Untersucher haben Hinweise dafür gefunden, daß Versuchspersonen, die über bestimmte frühere Ereignisse und Szenen berichteten, in manchen Fällen über Vorinformationen zu den betreffenden Personen, Orten und Handlungszeiten verfügten. Damit besteht die Möglichkeit, daß die Betreffenden in einem tiefen meditativen oder hypnotischen Zustand in ihrer Vorstellungswelt solche Informationskerne ausschmücken, gelegentlich sogar bis zum Umfang historischer Novellen. Andererseits enthält die Information, die von einigen Versuchspersonen unter Regression übermittelt wurde, auch Elemente, die ihnen aller Wahrscheinlichkeit nach unbekannt waren, wie z. B. obskure (und später bestätigte) historische und geographische Besonderheiten. Am schwierigsten sind die Fälle zu erklären, bei denen eine Person in einer ihr zuvor unbekannten Sprache zu reden beginnt. Das Xenoglossie genannte Phänomen kann nicht mit der zufälligen Kenntnis einiger Teile der betreffenden Sprache erklärt werden. In verschiedenen dokumentierten Fällen führten hypnotisierte Personen während einer Regressionssitzung lange und flüssige Unterhaltungen mit jemandem, der die betreffende Fremdsprache voll beherrschte.[33]

Im Verlauf einer Regressionssitzung scheinen auch paranormale Informationen aufzutauchen. Diese Tatsache ist aber für sich selbst kein Beweis, daß diejenigen, die solche Informationen mitteilen, als Inkarnation ehemals lebender Personen anzusehen sind. Reinkarnation ist eine der möglichen Interpretationen dieses Phänomens, sie ist aber, wie wir gleich sehen werden, nicht die einzig mögliche und nicht einmal die wahrscheinlichste. Sogar unter Forschern, die umfangreiche Erfahrungen mit diesem Phänomen haben, gibt es nur wenig Übereinstimmung über die Reinkarnations-Hypothese. Detlefsen tritt mit Überzeugung für die Reinkarnation ein: Es sollte jedem klar sein, schrieb er, daß jede Erklärung der Befunde, die nicht auf die Reinkarnations-Hypothese hinausläuft, absurd ist.[34] Auch Stevenson glaubt an Reinkarnation, ist aber nicht dogmatisch in seiner Ansicht. Für den Fall, daß genetische Veränderungen und Umwelteinflüsse bestimmte Eigenschaften einer Person nicht befriedigend erklären können, verdient nach Stevenson die Reinkarnation eine ernsthafte Betrachtung als dritter möglicher Faktor.[35] Woolger ist da vorsichtiger; er legt Wert auf die Aussage, daß es auf die therapeutische Wirkung ankommt und nicht darauf, ob man an Reinkarnation glaubt oder nicht. Auch wenn der bewußte Geist skeptisch ist, wird das Unbewußte so gut wie immer die Geschichte eines früheren Lebens hervorbringen, wenn man es in geeigneter Weise dazu einlädt.[36]

Simultane Einsichten

Eine weitere rätselhafte Dimension der Erfahrung ist das gemeinsame Erleben vollständiger kultureller Muster zwischen Menschen, die an unterschiedlichen Orten und vielleicht auch zu unterschiedlichen Zeiten leben. Gleichzeitigkeit von einzelnen weit voneinander entfernten Ereignissen ist ein häufiges Ereignis im Rahmen der Kulturgeschichte. Abgesehen von Fällen angeblicher Synchronizität – Ereignisse, die Carl Gustav Jung von tiefer Bedeutung erschienen – gibt es gut dokumentierte Fälle, die man nicht als einfache Koinzidenz abtun kann.

Überraschend ähnliche kulturelle Leistungen fanden sich auch bei Bevölkerungsgruppen, von denen man kaum annehmen kann, daß sie überhaupt von ihrer gegenseitigen Existenz Kenntnis hatten. Am Anfang dieser seltsamen Reihe von Ereignissen könnte die Entdeckung des Feuers gestanden haben. *Homo erectus*, unser direkter Vorfahre, scheint in vielen verschiedenen Gebieten sein Feuer entzündet zu haben. Offensichtlich haben mehrere miteinander nicht verwandte und voneinander entfernt lebende Völkerstämme die Kunst des Feuermachens etwa gleichzeitig entwickelt und auch gelernt, das Feuer zu hüten und weiterzutragen. Archäologische Funde berichten über von Menschen gelegtes Feuer an so unterschiedlichen Orten wie Zhoukoudein nahe Peking, Aragon in Südfrankreich und Vertesszöllös in Ungarn.

Unterschiedliche Kulturen entwickelten eine große Vielfalt einander ähnlicher Werkzeuge. Die acheuleensche Handaxt war zum Beispiel in der Steinzeit weit verbreitet; typischerweise war eine mandel- oder tränenförmige Zeichnung symmetrisch auf beiden Seiten eingemeißelt. In Europa bestand die Axt aus Feuerstein, im Mittleren Osten aus Kieselschiefer, in Afrika aus Quarzit, Schiefer oder Basalt. Natürlich ist die Grundform einer Axt durch die Funktion bestimmt, die detaillierte Übereinstimmung ihrer Gestaltung bei fast allen bekannten Kulturen kann jedoch nicht mit der zufälligen Entdeckung praktischer Lösungen für gleichartige Bedürfnisse erklärt werden; es ist wenig wahrscheinlich, daß die Methode von ›trial und error‹ solche Ähnlichkeiten bei weit auseinander liegenden Populationen erzeugt haben könnte.

Auch andere Artefakte scheinen im Laufe der Geschichte weite räumliche Entfernungen übersprungen zu haben. Gigantische Pyramiden sind sowohl in Ägypten als auch im präkolumbianischen Amerika mit bemerkenswerten baulichen Übereinstimmungen entstanden. Kunsthandwerk, so zum Beispiel Töpferei, hat in allen Kulturen zu ähnlichen Formen geführt. Auch wenn jede Kultur ihre eigenen Ausschmückungen hinzufügte, haben dennoch Azteken und

Etrusker, Zulus und Malaysier, frühe Inder und Chinesen ihre Handwerkzeuge und Monumente in einer Art gestaltet, als ob sie einem gemeinsamen Muster oder Archetyp folgten.

Außer gegenständlichen Artefakten entstanden auch, mehr oder weniger gleichzeitig, aber unabhängig voneinander, umfassende Denk- und Wahrnehmungssysteme. Die großen Durchbrüche der klassischen, hebräischen, griechischen, chinesischen und indischen Kulturen entwickelten sich praktisch zu derselben Zeit. Die wichtigen hebräischen Propheten fanden sich in Palästina zwischen 750 und 500 v. Chr.; in Indien wurden die frühen Upanischaden zwischen 660 und 550 v. Chr. geschrieben, Siddharta, der Buddha, lebte dort von 563 bis 487 v. Chr.; in China lehrte Konfuzius zwischen 551 und 479 v. Chr., und im hellenischen Griechenland lebte Sokrates von 469 bis 399 v. Chr. Zur selben Zeit, als die hellenischen Philosophen die Grundlagen der westlichen Kultur legten, begründeten die chinesischen Philosophen mit den konfuzianischen, taoistischen und legalistischen Lehren die gedankliche Basis der orientalischen Kultur. Während Plato seine Akademie und Aristoteles sein Lyceum im Griechenland der nachpeloponnesischen Kriege gründete, predigten dort ganze Scharen wandernder Sophisten. Sie berieten Könige, Tyrannen und Bürger, lehrten große Menschenmengen, begründeten ihre Lehren und lavierten zwischen den ränkeschmiedenden Prinzen der späten Zeit der kriegführenden Stadtstaaten.

Simultan auftauchende kulturelle Errungenschaften sind nicht auf klassische Zivilisationen begrenzt, sie finden sich auch bei den Menschen der Neuzeit. Sogar in den hehren Hallen der Wissenschaft gibt es gut dokumentierte Fälle von Erkenntnissen, die zur gleichen Zeit von verschiedenen, einander unbekannten Forschern gewonnen wurden. Der berühmteste Fall dieser Art betrifft die gleichzeitige, von einander unabhängige Entdeckung der Infinitesimalrechnung durch Newton und Leibniz; die ebenso gleichzeitige und unabhängige Ausarbeitung der grundlegenden Mechanismen der biologischen Evolution durch Darwin und Wallace, und die zeitlich übereinstimmende Erfindung des Telephons durch Bell und Gray.

Es gab Fälle, wo Einsichten und Entdeckungen verschiedene Kulturbereiche überspannten. Zu der Zeit, als Newton ein Prisma benutzte, um die Lichtstrahlen zu zerlegen, die durch das Fenster seiner Wohnung in Cambridge fielen, erforschten Vermeer und andere flämische Maler die Natur des Lichts, das durch farbige Fenster und Türeinsätze einfiel. Während Maxwell seine elektromagnetische Theorie formulierte, nach der das Licht als reziproke Schwingung elektrischer und magnetischer Wellen beschrieben werden kann, malte Turner das Licht als einen sich drehenden Wirbel. Physiker haben in den letzten Jahren mehrdimensionale Räume im Rahmen der großen ›Vereinheitlichungstheorien‹ erforscht; gleichzeitig, und anscheinend völlig unabhängig davon, begannen Avantgarde-Künstler auf ihrer Leinwand mit optischen Überlagerungen zu experimentieren, wobei sie bis zu sieben verschiedene Raumdimensionen darstellten.

Raum und Zeit, Licht und Gravitation, Masse und Energie wurden sowohl von Physikern als auch von Künstlern erforscht, gelegentlich zur selben Zeit, gelegentlich auch nacheinander, aber selten – wenn überhaupt – in bewußter Kenntnis der Bemühungen anderer. Leonard Shlain stellte zahlreiche Beispiele für die Fähigkeit der Künstler vor, gedankliche Durchbrüche der Physiker in ihren Werken zu spiegeln und oft sogar auch vorwegzunehmen, ohne daß diese Künstler irgendetwas über Physik oder die betreffenden Physiker wußten.[37]

Synchronizitäts-Forscher sind der Ansicht, daß derartige Koinzidenzen sehr häufig vorkommen.[38] Einige dieser Vorfälle können als Illusion angesehen werden, andere sind vielleicht durch puren Zufall entstanden. Dennoch bleibt ein harter Kern simultaner Erkenntnisse unter verschiedenen Menschen und Kulturen, die auch mit der modernsten Wissenschaft unerklärbar bleiben. Im Hinblick darauf formulierte Hegel sein berühmtes Konzept des *Zeitgeists*, und Jung präsentierte seine ebenso berühmte Idee Über das kollektive Unbewußte, den gemeinsamen Bereich mystischer Symbole und Archetypen.

Außersinnliche Wahrnehmung

Telepathie und verwandte Formen außersinnlicher Wahrnehmung (ASW) bilden weitere rätselhafte Aspekte des menschlichen Geistes. Bis vor kurzem wurde die ASW von der Wissenschaft nicht ernst genommen; man rechnete sie zu den paranormalen Phänomenen und wies sie dementsprechend den Parapsychologen zur Untersuchung zu. Diese Haltung ist nicht länger gerechtfertigt. Während es auch durchaus esoterische Erfahrungen geben mag, die einer Untersuchung nicht wert sind, so läßt sich das von einigen Methoden der außersinnlichen Wahrnehmung nicht behaupten. Zum Beispiel kann die Telepathie experimentell untersucht werden, und es kann wenig Zweifel darüber geben, daß sowas wie eine außersinnliche Übertragung von Gedanken und Bildern tatsächlich vorkommt. Verschiedene Erklärungen sind für diese Phänomene herangezogen worden, wie z. B. verborgene Hinweise, ungenaue Meßgeräte, betrügerische Versuchspersonen, sowie Irrtum oder Unfähigkeit der Untersucher; keine dieser Erklärungen war jedoch imstande, die vorhandene Anzahl statistisch signifikanter Ergebnisse zu deuten.

Vermutlich war Telepathie bei den sogenannten primitiven Völkern ziemlich alltäglich. Bis zum heutigen Tage scheinen australische Aborigines gelegentlich über das Schicksal von Familien und Freunden informiert zu sein, selbst wenn jede direkte sinnliche Wahrnehmung ausgeschlossen werden kann. Der Anthropologe A.P. Elkin stellte fest, daß ein australischer Ureinwohner, weit entfernt von seinem Heimatgebiet, ›eines Tages plötzlich mitteilt, daß sein Vater tot sei, daß seine Frau ein Kind geboren hat, oder daß es Schwierigkeiten in seiner Heimat gibt. Er ist seiner Sache dabei so sicher, daß er sofort zurückkehren würde, wenn er könnte.‹[39] Es scheint, daß in vielen Stammesgesellschaften Schamanen die Fähigkeit haben, telepathisch zu kommunizieren, wobei sie verschiedene Techniken benutzten, um in einen anderen Bewußtseinszustand einzutreten: so z. B. Rückzug in die Einsamkeit, Konzentration, Fasten oder Singen, Tanzen, Trommeln und Gebrauch psychedelischer Drogen.

Von größtenteils anekdotischen und nicht wiederholbaren anthropologischen Berichten abgesehen, stammen aber die eigentlichen wissenschaftlichen Beweise für die verschiedenen Arten von Telepathie aus kontrollierten Experimenten im Forschungslabor. Die wissenschaftliche Erforschung der ASW geht auf J. B. Rhines grundlegende, wenn auch zum Teil kontroverse Experimente an der Duke-University in den dreißiger Jahren zurück. Die experimentellen Kontrollen wurden in letzter Zeit zunehmend strenger; oft arbeiteten Physiker bei der Planung der Experimente mit Psychologen zusammen. So haben z. B. in den siebziger Jahren zwei Physiker, Russel Targ und Harold Puthoff vom Stanford Research Institute, einige der bekanntesten Experimente zur Gedanken- und Bildübertragung durchgeführt.

Targ und Puthoff wollten sich von der Wirklichkeit telepathischer Übertragung zwischen verschiedenen Personen überzeugen, wobei eine Person als ›Sender‹ und die andere als ›Empfänger‹ fungierte. Der Empfänger befand sich in einer abgeschlossenen, undurchsichtigen, elektrisch abgeschirmten Kammer; der Sender saß in einem anderen Raum, wo regelmäßig helle Lichtblitze ausgelöst wurden. Die Gehirnwellen des Senders und Empfängers wurden elektroenzephalographisch aufgezeichnet. Erwartungsgemäß zeigte die Hirnwellenkurve des Senders die typischen Ausschläge, die beim Anblick starker Lichtblitze auftreten. Nach einem kurzen Intervall begann aber der Empfänger die gleichen Ausschläge in seinem EEG-Muster zu produzieren, obwohl er die Lichtblitze nicht sehen konnte und keinerlei verräterische Sinnessignale vom Sender erhielt. Als nächstes entwarfen die Forscher sogenannte Fernwahrnehmungsexperimente (engl.: ›remote viewing‹).

Bei diesen Experimenten sind Sender und Empfänger weit voneinander entfernt, so daß keinerlei direkte Kommunikation möglich ist. An einem bestimmten, zufällig ausgewählten Ort konzentriert sich der Sender auf seine Umgebung und wirkt dabei wie ein geistiger ›Leuchtturm‹; der Empfänger bemüht sich zur gleichen Zeit, das Bild aufzunehmen, das der Sender betrachtet. Zur Dokumentation seiner Eindrücke gibt er eine wörtliche Beschreibung und fertigt nach Möglichkeit eine Skizze an. Unabhängige Beurteiler, die die tatsächliche Charakteristik des vom Sender besuchten Ortes mit den Skizzen des Empfängers verglichen, fanden eine Übereinstimmung von durchschnittlich 66%.[40]

Fernwahrnehmungsexperimente, die von anderen Forschern durchgeführt wurden, betrafen z. T. Entfernungen bis zu einigen tausend Kilometern. Unabhängig davon, wo und von wem solche Versuche durchgeführt wurden, betrug die Erfolgsquote etwa 50% und lag damit beträchtlich über der Zufallswahrscheinlichkeit. Die erfolgreichsten Experimentatoren schienen diejenigen zu sein, die entspannt, aufmerksam und meditativ waren. Nach ihren Berichten empfingen sie zunächst einen vorläufigen Eindruck einer sanften und fließenden Form, die sich allmählich zu einem vollständigen Bild entwickelte. Sie empfanden das so entstandene Bild als eine Überraschung, weil es sowohl sehr klar war als sich auch gleichzeitig deutlich anderswo befand.

Auch wenn der Empfänger schläft, lassen sich Bilder an ihn

übertragen. Stanley Krippner und seine Mitarbeiter führten über mehrere Jahrzehnte Traum-ASW-Experimente im Dream Laboratory des Maimonnides Hospitals in New York durch. Die Experimente folgten einem einfachen, jedoch sehr effektiven Protokoll. Die Versuchsperson, die später eine Nacht im Traumlabor verbringen sollte, machte zunächst die Bekanntschaft der ›Sendeperson‹ und der beteiligten Forscher und wurde in den Versuchsablauf eingeführt. Am Kopf der Versuchsperson wurden Elektroden angebracht, um die Hirnwellen-Muster und die von den Augenbewegungen erzeugten Signale aufzuzeichnen; bis zum nächsten Morgen gab es keinen weiteren Kontakt zwischen Sender und Empfänger. Einer der Untersucher wählte nach einer durch Würfel und Zufallszahlen-Tabelle bestimmten Zahl einen verschlossenen Umschlag, in dem sich ein Kunstdruck befand. Nachdem der Sender seinen privaten Raum in einem entfernten Teil des Krankenhauses erreicht hatte, öffnete er den Umschlag. Während der folgenden Nacht konzentrierte er sich immer wieder auf das darin liegende Bild.

Die Experimentatoren, die einander bei der Überwachung der Meßgeräte-Kurven abwechselten, weckten die Versuchsperson immer dann, wenn eine Phase schneller Augenbewegungen (engl.: rapid eye movement = REM) beendet war, um den Schläfer nach eventuellen unmittelbar zuvor abgelaufenen Träumen zu befragen. Der Traumbericht wurde auf Tonband aufgezeichnet, ebenso wie ein Interview am folgenden Morgen, das sich auf zusätzliche Assoziationen zum erinnerten Trauminhalt bezog. Das Interview wurde nach dem Doppelblind-Prinzip durchgeführt, d. h. es war weder der Versuchsperson noch dem Interviewer bekannt, welcher Kunstdruck am Abend zuvor als Zielobjekt ausgewählt wurde.

Insgesamt ergaben sich aus der experimentellen Serie von 1964-1969 zweiundsechzig Datenblätter, die sich auf die jeweils erste Untersuchungsnacht einer Person bezogen. Als

Ergebnis fand man eine signifikante Korrelation zwischen der für die jeweilige Nacht ausgewählten Abbildung und den Träumen des Empfängers. Wenn man die Ergebnisse in vier Kategorien, die von höchster bis zur niedrigsten Trefferzahl reichen, aufteilte, waren 18 Träume der höchsten Trefferstufe zuzuordnen, 29 der nächsthöchsten, und jeweils 7 und 8 den folgenden zwei Stufen.[41]

Es gab auch noch andere kontrollierte Experimente zur außersinnlichen Informationsübermittlung, die in Krankenhäusern durchgeführt wurden und deren Ergebnisse teilweise noch erstaunlicher waren. In einigen dieser Experimente wurden keine Gedanken oder Bilder, sondern anscheinend Heilwirkungen übertragen. ›Fernheilung‹ ist ein bei Naturheilern und anderen Adepten des Paranormalen bekanntes Phänomen, das jedoch bisher kaum systematisch überprüft wurde. Der Kardiologe Randolph Byrd, ein früherer Professor an der Universität von Kalifornien, wollte diesen Zustand ändern. Er führte eine zehnmonatige computergestützte Studie der medizinischen Fallgeschichten von Patienten durch, die während dieser Zeit wegen Herzerkrankungen im San Francisco General Hospital aufgenommen wurden. Byrd bildete eine Gruppe von Experimentatoren, die nicht aus bekannten Heilern, sondern aus gewöhnlichen Menschen bestand, deren einzige Besonderheit es war, daß sie in einer der umliegenden Kirchengemeinden regelmäßig zu beten pflegten. Die ausgewählten Personen wurden gebeten, für eine Gruppe von 192 Kranken regelmäßig zu beten; weitere 210 Patienten, für die im Rahmen dieses Experimentes niemand betete, bildeten die Kontrollgruppe. Dieses Experiment fand unter strengen Kontrollbedingungen statt: Die Auswahl der Patienten erfolgte nach dem Zufallsprinzip, der Versuch erfolgte nach dem Doppelblind-Prinzip, wobei weder die Patienten, noch Ärzte oder Schwestern wußten, welcher Patient zu welcher Gruppe gehörte.

Die Experimentatoren erhielten den Namen der Patienten

sowie einige Informationen über die Art der Herzerkrankung und wurden aufgefordert, jeden Tag für sie zu beten. Sie erhielten keine weiteren Auskünfte. Da jeder Experimentator für mehrere Patienten beten konnte, hatte jeder Patient fünf bis sieben Menschen, die für ihn beteten. Die Ergebnisse waren statistisch signifikant. Es zeigte sich, daß die Gruppe, für die gebetet wurde, im Vergleich zur Kontrollgruppe nur ein Fünftel der Antibiotika benötigte (drei gegenüber sechzehn Patienten); dreimal seltener an Lungenödem erkrankte (drei gegenüber achtzehn Patienten) und in keinem einzigen Fall künstliche Beatmung erforderlich war (während zwölf Patienten in der Kontrollgruppe beatmet werden mußten). Entsprechend gab es auch in der ›Gebetsgruppe‹ weniger Todesfälle als in der Kontrollgruppe (obwohl dieses Ergebnis statistisch nicht signifikant war). Weder die Entfernung zwischen Patienten und denen, die für sie beteten, noch die Art des Betens machten irgendeinen Unterschied bei den Ergebnissen. Der entscheidende Faktor war konzentriertes und wiederholtes Beten, unabhängig davon, an wen das Gebet gerichtet war und wo die Gebete abgehalten wurden.[42]

Es gibt im Rahmen der heutigen Experimente über Wirkungen auf Entfernung einige ähnliche Versuche, so z.B. auch den sogenannten ›Maharishi-Effekt‹. Das bezieht sich auf den statistisch signifikanten Effekt der Meditation (oder der Meditierenden) auf eine Gemeinde. Maharishi Maheshyogi wollte 1974 eine alte Hindutradition wiederbeleben und ging dabei von der Annahme aus, daß, wenn auch nur 1% der Bevölkerung regelmäßig meditieren würde, die verbleibenden 99% davon spürbar beeinflußt werden.

Damit verbundene statistische Untersuchungen, unter anderem von Garland Lanrith und David Orme-Johnson zeigten, daß die traditionelle Hinduansicht bestätigt werden konnte. Zwischen der Zahl meditierender Personen in einer Gemeinschaft und der Verbrechensrate dieser Gemeinschaft, der Zahl tödlicher Verkehrsunfälle, Tod durch Alkoholismus und sogar dem Grad der Umweltverschmutzung scheinen mehr als zufällige Beziehungen zu bestehen.[43] Die obigen Beispiele deuten in eine bestimmte Richtung. Sie enthalten Beweise, daß der menschliche Geist in größerem Umfang ›informiert‹ ist, als bisher allgemein angenommen wurde. Unsere Informationsquellen sind nicht auf die Sinnesorgane des Körpers beschränkt; es gibt Dinge, die in unser Bewußtsein treten, obwohl sie außerhalb des sinnlichen Wahrnehmungsbereiches liegen: es scheint, daß dabei weite Bereiche von Raum und Zeit übersprungen werden können. Diese Vorgänge lassen sich nicht länger übersehen; sie ereignen sich relativ häufig und können zum Teil auch in kontrollierten und wiederholten Experimenten demonstriert werden. Im Gegensatz zu den optimistischen Annahmen um die Jahrhundertmitte, nach denen alles Wissenswerte über den Geist aus der Beobachtung des Verhaltens geschlossen und auf die entsprechenden Gehirnstrukturen zurückgeführt werden kann, ist die Wissenschaft heute gezwungen, die Realität von Elementen bewußter Erfahrung anzuerkennen, die sich – wenn auch im Prinzip mittels Gehirnkorrelationen analysierbar – nicht auf die von Auge, Ohr und anderen Sinnesorganen empfangenen Signale reduzieren lassen.

Die Einsichten, die wir bezüglich der belebten und unbelebten Welt gewonnen haben, treffen auch für die Welt des Geistes und Bewußtseins zu. Auch hier gilt es, noch etwas Grundlegendes zu entdecken. Die Frage ist, ob der Erklärungsfaktor, der in den Theorien von Geist und Bewußtsein fehlt, derselbe sein könnte, den wir noch in den allgemeinen Entwicklungstheorien suchen. Wenn das nämlich so wäre, würde seine Entdeckung sowohl unser Verständnis von der Funktionsweise des Geistes und des Gehirns verbessern als auch die Natur der Abläufe klären helfen, die die Ordnung des Universums entstehen lassen.

III. Die nächsten Schritte

7. Entwicklung einer einheitlichen Wechselwirkungsdynamik (EWD)

Die Zusammensetzung eines Puzzlespiels wird mit der Zeit immer leichter, das Bild wird deutlicher erkennbar, und die Zahl der noch nicht benutzten Teile nimmt ab. Die restlichen Teile lassen sich immer leichter in die noch offenen Stellen einfügen.

Etwas Ähnliches gilt für den augenblicklichen Stand unserer Suche nach einer einheitlichen Wissenschaft der Erfahrungswelt. Wir wissen, daß im derzeitigen wissenschaftlichen Weltbild das richtige Verständnis der Wechselwirkungsdynamik noch fehlt, durch die sich die vielfältige konsistente Ordnung der Natur aufbaut. Außerdem haben wir einige bisher unverständliche Teile des Puzzles in unseren Händen, nämlich die bereits dargestellten fortdauernden Paradoxien der physikalischen und der lebendigen Welt, sowie der Welt des Geistes und des Bewußtseins. Wir möchten nun die Hypothese prüfen, ob eine vernünftige Deutung der Paradoxien uns ein Puzzlestückchen liefert, das in die evolutionäre Dynamik paßt und uns damit der gesuchten einheitlichen Wissenschaft näher bringt.

Zur Prüfung dieser Möglichkeit fassen wir die wesentlichen Paradoxien zusammen und erläutern ihre Bedeutung.

In der physikalischen Welt:

– die aus der Prüfung des EPR-Experiments resultierende Anomalie besteht darin, daß die Quantenzustände von Teilchen, die nach ihrer gemeinsamen Entstehung räumlich getrennt werden, instantan korreliert sind;

– Photonen, die bei Doppelspalt- oder Strahlteilungs-Versuchen einzeln nacheinander emittiert werden, interferieren miteinander, unabhängig davon, ob sie vor einigen Sekunden im Laboratorium oder vor Jahrtausenden in fernen Galaxien entstanden sind;

– in Übereinstimmung mit Paulis Antisymmetrieprinzip schließen gleiche Zustände der Elektronen in den Hüllen der Atomkerne einander aus, obgleich zwischen ihnen keine dynamischen Kräfte ausgetauscht werden;

– die Resonanzfrequenzen der vier chemischen Elemente (Helium, instabiles Berylliumisotop, Kohlenstoff und Sauerstoff) sind entgegen jeder Wahrscheinlichkeit so präzise aufeinander abgestimmt, daß im Universum genügend Kohlenstoff gebildet werden kann, um schwerere Elemente aufzubauen, die eine Voraussetzung für das Leben sind;

– in ebenso unwahrscheinlichem Maße sind – augenscheinlich im Hinblick auf das Leben – die physikalischen Konstanten des Universums aufeinander abgestimmt. Dies gilt auch für den genauen Betrag und die exakte Verteilung der ›Materie‹ (Baryonen) im Universum, für die Werte der universellen Kräfte und für die Ladungen der Neutronen, Protonen und Elektronen.

In der Lebenswelt:

– ist eine hochgradige Diversität und Konsistenz bezüglich der Morphologie individueller Organismen und ihrer Ordnung innerhalb der betreffenden taxonomischen Gruppen entstanden, obwohl man annimmt, daß die Evolution innerhalb ihres endlichen Zeitrahmens von den Zufallsprozessen der Mutation und natürlichen Selektion beherrscht wurde;

– innerhalb der entstandenen Ordnungsreihen können die Organismen ihre multizellulären Strukturen reproduzieren, obgleich jede ihrer Zellen einen identischen Satz genetischer Anweisungen enthält, die darüber hinaus kaum durch Zufallsmutationen entstanden sein können, die den Zufälligkeiten der natürlichen Selektion ausgesetzt waren;

– einige Organismen können Glieder und Organe regenerieren und in selteneren Fällen sogar einen neuen Organismus bilden, obgleich derartige Programme die naturgegebenen Notwendigkeiten überschreiten und deshalb jenseits der Möglichkeiten natürlicher Selektionsprozesse liegen.

Im Bereich des Geistes und des Bewußtseins:
– gelegentlich scheinen Individuen in der Lage zu sein, sich an nahezu alle eigenen Erfahrungen zu erinnern, oder auch an solche, die möglicherweise einem früheren Leben oder einer anderen Person zuzuordnen sind;

– manchmal scheint Information jenseits des Bereiches direkter Sinneswahrnehmung von Person zu Person übermittelt zu werden. Ein derartiger Informationstransfer findet nicht nur unter einzelnen Individuen, sondern auch unter ganzen Kulturkreisen statt, nicht nur unter primitiven Völkern, sondern auch in modernen Gesellschaften, sogar im wissenschaftlichen Bereich.

Was ist von diesen paradoxen Tatbeständen zu halten? Wir können sie nicht einfach abtun, denn einige von ihnen ereignen sich unter reproduzierbaren Bedingungen und andere in streng kontrollierten Experimenten. Zunächst wollen wir versuchen, ihre Bedeutung zu erläutern:

– *Die Rätsel des physikalischen Universums* betreffen die Informationsübertragung zwischen Teilchen und anderen physikalischen Systemen, sowie die Koordination ihrer Eigenschaften. Unter gewissen Bedingungen erweist sich ein Teilchen als instantan über den Zustand eines anderen informiert, obgleich die beiden sich an zwei verschiedenen Punkten des Raumes und der Zeit befinden und keine bekannten Energieformen austauschen. Außerdem sind die Eigenschaften der vorherrschenden Teilchenarten und die Naturkräfte, die sie einbetten, über Raum und Zeit hinweg exakt koordiniert.

– *Die Rätsel des Lebendigen* betreffen die Einschränkung

des Zufalls im Evolutionsprozeß und die Notwendigkeit eines Faktors, der die Variationswahrscheinlichkeiten zugunsten der Entstehung von Ordnung und Konsistenz beeinflußt. Für die Prozesse der Ontogenese und der Regeneration ist ein Faktor erforderlich, der die Zellen eines vielzelligen Organismus über jene gesamte morphologische Struktur informiert. Auf höheren Organisationsniveaus ist ein analoger Informationsfaktor zur Erklärung der beobachteten Anpassung individueller Organismen innerhalb ihrer ›Adaptionslandschaft‹ notwendig.

– *Die Rätsel des Geistes und des Bewußtseins* umfassen die Übertragung von Information zwischen Individuen und Gruppen über die bekannten Grenzen von Raum und Zeit hinweg.

Augenscheinlich zielen alle diese Beobachtungen in eine gemeinsame Richtung: Sie deuten darauf hin, daß die Dinge und Ereignisse dieser Welt enger miteinander verbunden sind, als die derzeitige Wissenschaft erlauben kann. Ein die Ereignisse über Raum und Zeit hinweg verbindender Faktor scheint in allen Bereichen der Natur, sowohl den physikalischen als auch den biologischen und kognitiven, gegenwärtig zu sein. Ohne solche Verbindungen könnten wir nicht erwarten, im physikalischen Universum etwas Interessanteres als Wasserstoff und Helium zu finden. Das Vorhandensein komplexer Systeme als notwendige Grundlage des Lebens müßte einer unfaßbaren Glückssträhne zugeschrieben werden, wenn nicht sogar dem Willen eines allmächtigen Schöpfers. Gleicherweise bedürfte die Evolution biologischer Systeme, ihre Ontogenese und Regeneration, einer Erklärung durch geheimnisvolle ›Baupläne‹ oder anderer metaphysischer Instanzen anstelle echter wissenschaftlicher Konzepte, die in den beobachtbaren Eigenschaften der Natur verwurzelt sind. Viele bemerkenswerte Phänomene des Geistes und des Bewußtseins, die als Ergebnisse jüngster Forschungen zutage treten, müßten in die außerwissenschaftlichen Bereiche der

Parapsychologie verbannt oder einfach als Aberglaube abgewiesen werden.

Raum- und Zeitverbindungen in der Natur

Welche Möglichkeiten zur Erklärung der vermuteten räumlichen und zeitlichen Verbindungen stehen uns zur Verfügung? Es mag mehrere geben, aber als einfachste und logischste erscheint die Annahme eines Feldes mit den erforderlichen raum- und zeitverbindenden Eigenschaften.

Das Feld ist ein geeignetes Konzept, um zu verstehen, wie ein Ereignis A an einem Punkt der Raumzeit mit einem Ereignis B an einem anderen Punkt verbunden ist. Ein Feld, das die beiden Ereignisse verbindet, muß nicht selbst beobachtbar sein; es genügt, daß seine Wirkungen beobachtet werden können. Es ist so, als ob wir die Knoten eines imaginären Fischernetzes hätten. Die Fäden des Netzes sollen so fein sein, daß wir sie nicht wahrnehmen können, wir sehen nur die Punkte, an denen die Fäden verknotet sind. Dennoch wissen wir, daß sich das ganze Netz bewegt, wenn sich ein Knoten bewegt. Da es sich um ein kontinuierliches Netz handelt, wird die Bewegung eines Punktes allen anderen Punkten mitgeteilt; wenn wir einen Knoten bewegen, werden die Knoten des gesamten Netzes in Bewegung versetzt. Das unsichtbare Netz verbindet die sichtbaren Knoten (vgl. *Feld* im Anhang).

Als geeigneteres Modell können wir uns eine Reihe von Federn denken, von denen jede mit ihren Nachbarn verbunden ist (wie z. B. in einer Sprungfedermatratze). Wenn eine der Federn zusammengedrückt wird, werden alle anderen beeinflußt – sie werden gedehnt, niedergedrückt oder gebogen. Die gesamte Oberfläche bewegt sich kohärent, wenn auch nicht einheitlich. Das gleiche gilt, wenn die Federn durch Schwingungen ersetzt werden, die sich mit bestimmten

Frequenzen in der Raumzeit ereignen. Wenn die lokalen Schwingungen miteinander verbunden sind (zum Beispiel durch Kraftfelder), so wird die Frequenzänderung einer Schwingung entsprechende Änderungen der Frequenzen der anderen bewirken. Dies ist in etwa die Grundlage der String-Theorie für Elementarteilchen, die als lokalisierte Schwingungsmuster in kontinuierlichen Schwingungsfeldern erklärt werden.

Vermutlich werden die räumlichen Verbindungen in der Natur durch ein Feld vermittelt: durch das reale Kontinuum, das nach Ansicht der Physiker allen Phänomenen zugrundeliegt und sie miteinander verbindet. Wie aber steht es mit den zeitlichen Verbindungen? In den gängigen Modellen bilden Raum und Zeit ein Kontinuum, und das Prinzip, das uns das Verständnis der räumlichen Verbindungen erlaubt, sollte uns auch einen Schlüssel zur Erklärung der zeitlichen Verbindungen liefern.

In der klassischen Wissenschaft glaubte man, die zeitlichen Verbindungen der Erscheinungen vollkommen verstanden zu haben. Im deterministischen Konzept der Newtonschen Physik wurde die Verbindung der Vergangenheit mit der Gegenwart durch eine ununterbrochene Kette von Ursachen und Wirkungen vermittelt. Universelle Bewegungsgesetze zusammen mit strengen Kausalverknüpfungen erlaubten den Physikern die mathematisch exakte Zurückführung von Wirkungen auf vorangegangene Ursachen. Rollt z. B. ein Ball eine schiefe Ebene hinab, so werden – unter Vernachlässigung der Reibung zwischen Ball und Ebene – seine Geschwindigkeit und Beschleunigung durch das Gravitationsgesetz sowie durch die Größe und das Gewicht des Balls bestimmt. Die Gravitation ist eine Konstante, die in alles Geschehen auf gleichartige Weise eingreift. Größe und Gewicht des Balles sind variabel: sie definieren die spezifischen Anfangsbedingungen des Vorgangs. Die Kombination der konstanten Gravitation mit den veränderlichen Anfangsbedingungen erlaubt die exakte Beschreibung und die präzise Vorhersage der Bewegung des rollenden Balls.

Die Verknüpfung von Vergangenheit und Gegenwart durch die Abhängigkeit von den Anfangsbedingungen führt logischerweise zum Beginn der Zeit selbst zurück: die Anfangsbedingungen jedes Vorgangs können als Wirkungen vorheriger Ursachen angesehen werden, die ihrerseits die Wirkungen noch früherer Ursachen sind. Konsequenterweise sollte sich eine ununterbrochene Kausalkette bis zu jenem hypothetischen Augenblick zurückerstrecken, in dem das Universum in Bewegung gesetzt wurde. Unter der Voraussetzung der räumlichen und zeitlichen Invarianz der Bewegungsgesetze müßten also die Anfangsbedingungen, die in jenem hypothetischen Augenblick herrschten, bereits alles vorherbestimmt haben, was sich später ereignete.

Inzwischen wird diese Art zeitlicher Verbindungen von den Wissenschaftlern nicht mehr akzeptiert. Während der ersten Dekaden dieses Jahrhunderts wurde der Determinismus der klassischen Mechanik verworfen. Über Kausalketten ablaufende zeitliche Verbindungen, die von Anfangsbedingungen abhingen, verloren ihre wissenschaftliche Gültigkeit. Ein von Wahrscheinlichkeiten und vom Zufall beherrschtes Universum kann nicht von seiner Vergangenheit ›verursacht‹ werden, bestenfalls könnten spezifische Ereignisse ihre Spuren innerhalb eines begrenzten Bereiches späterer Ereignisse hinterlassen.

Die gegenwärtige Wissenschaft kennt aber auch andere Arten zeitlicher Verbindungen als die deterministischen Kausalverknüpfungen. In diesem Zusammenhang ist das Konzept des *Gedächtnisses* bedeutsam. Wenn ein Ereignis mit einem anderen über die Zeit hinweg verknüpft ist, dann wird das frühere in gewisser Weise von dem späteren ›erinnert‹. Obgleich das menschliche Gedächtnis mit dem Geist zusammenhängt, kann die Erinnerung auch unabhängig von Psyche und Bewußtsein existieren. Bereits der einfachste lebende

Organismus bewahrt einige Eindrücke aus seiner Umgebung: er besitzt eine Art Gedächtnis, obgleich er kein bewußtseinsfähiges Nervensystem hat. Selbst ein belichteter Film besitzt ein Gedächtnis: er ›erinnert‹ sich an ein Lichtmuster mit unterschiedlichen Intensitäten, das seine Oberfläche durch das Kameraobjektiv hindurch erreicht hat. Auch der Computer, der den Text verarbeitet, der gerade geschrieben wird, hat ein Gedächtnis; er verfügt sogar über eine Art Logik und Intelligenz, obgleich er kaum Geist und Bewußtsein besitzt. Der am besten geeignete Kandidat zum Verständnis der zeitlichen Verbindungen in der Natur ist aber die spezielle Form des Gedächtnisses, die mit einem Hologramm verknüpft ist.

Das holographische Prinzip ist seit 1946 bekannt, nachdem Dennis Gabor es auf der Suche nach einem besseren Mikroskop entdeckt hatte.[1] In den Händen der Wissenschaftler und Ingenieure ist die Holographie ein für spezielle Zwecke entwickelter künstlicher Prozeß. Er beruht jedoch auf einem Prinzip, das auch in der Natur verwirklicht sein könnte. Holographie in Verbindung mit einem universellen Feld würde dieses mit einem potentiellen Gedächtnis ausstatten.

Das Prinzip selbst ist einfach. Ein Hologramm besteht aus einem Welleninterferenzmuster, das von zwei sich überlagernden Lichtstrahlen erzeugt und auf einer fotografischen Platte oder auf einem Film gespeichert wird. Der eine Strahl trifft die Platte direkt, während der andere von dem abzubildenden Objekt abgelenkt wird und dann die Platte erreicht, auf der er sich mit dem direkten Strahl überlagert. Das dabei entstehende Interferenzmuster kodiert die Eigenschaften des Objektes, von dem der Strahl abgelenkt wurde. Da sich dieses Muster über die gesamte Fotoplatte erstreckt, empfangen alle ihre Teilbereiche Informationen über das Objekt. In einem Hologramm wird also die Information in verteilter Form aufgezeichnet.

Die holographische Informationsspeicherung besitzt Eigenschaften, die für die Möglichkeit zeitlicher Verbindungen in der Natur unmittelbar bedeutsam sind. Zum ersten: Da alle Teile der holographischen Platte die Informationen von allen abgebildeten Teilen des Objektes empfangen haben, können dreidimensionale Bilder des ursprünglichen Objektes durch Rekonstruktion des auf einem beliebigen Teil der Fotoplatte gespeicherten Interferenzmusters zurückgewonnen werden. Dabei wird allerdings das resultierende Bild um so verwaschener, je kleiner der zur Rekonstruktion benutzte Ausschnitt der Platte ist. In der Praxis bedeutet das, daß Beobachter mit verschiedenen Standorten zur gleichen Zeit annähernd gleiche Informationen über das Objekt wahrnehmen können, wenn sie zwei oder mehrere Teile der Platte gleichzeitig betrachten.

Zusätzlich zu ihrer räumlichen Verteilung ist die holographische Informationsspeicherung extrem dicht. Ein kleiner Teil einer holographischen Platte kann eine ungeheure Zahl verschiedener Interferenzmuster speichern. Der gesamte Bestand der amerikanischen Kongreßbibliothek könnte schätzungsweise in einem holographischen Medium von der Größe eines Zuckerwürfels untergebracht werden.

Die Eigenschaften der holographischen Informationsspeicherung lassen vermuten, daß die zeitlichen Verbindungen in der Natur wahrscheinlich nach Art holographischer Prozesse ablaufen. Räumliche Verbindungen fordern die gleichzeitige Verfügbarkeit von Information an verschiedenen Orten, und die räumliche Verteilung der holographisch gespeicherten Information genügt dieser Forderung. Zeitliche Verbindungen hingegen erfordern die dauerhafte Speicherung einer erstaunlich großen Informationsmenge, eine Bedingung, die der holographische Prozeß ebenfalls erfüllt.

Die Entstehung von Ordnung

Ein universelles Feld mit holographischen Eigenschaften erscheint als Medium mit räumlich verteilten Auslesemöglichkeiten und nahezu unbegrenzter Informationsspeicherkapazität. Wäre es aber auch geeignet, die Wechselwirkungsdynamik zu erklären, die die in der Natur vorgefundene Ordnung innerhalb der beobachteten Zeiträume entstehen läßt?

Wir können diese Frage im Kontext zweier eindrucksvoller Metaphern beantworten. Die eine ist von Fred Hoyle, die andere – in anderem Zusammenhang – von John Wheeler skizziert worden.

Man stelle sich, so sagte Hoyle, einen Blinden vor, der versucht, die verschobenen Seiten eines Rubik-Würfels zu ordnen. Erfahrungsgemäß ist das Anordnen jeweils gleicher Farben auf den sechs Würfelflächen ein langwieriger Vorgang; selbst ein intelligenter, körperlich nicht-behinderter Mensch kann Stunden damit zubringen, eine Lösung zu finden. Ein Blinder würde erheblich mehr Zeit benötigen, da er wegen seiner Behinderung nicht wüßte, ob die Drehung eines Würfelteils ihn seinem Ziel näher bringt oder nicht. Nach Hoyle liegen die Chancen eines Blinden, gleichzeitig jeweils gleiche Farben aller sechs Würfelflächen zu erreichen, bei 1: 1 bis 5×10^{18}. Er würde seinen Erfolg nicht erleben, denn selbst wenn er für eine Drehung nur eine Sekunde benötigte, wären 10^{18} Sekunden erforderlich, um alle Möglichkeiten auszuführen. Diese Zeit ist nicht nur größer als seine Lebenserwartung, sie übertrifft sogar das Alter des Universums.[2]

Die Situation ändert sich radikal, wenn der Blinde nach jeder Drehung Hilfe in Form eines korrekten ›ja‹ oder ›nein‹ erhält. Er ist dann imstande, die Aufgabe mit 120 Drehungen zu lösen und benötigt bei einer Drehung pro Sekunde ganze 2 Minuten anstelle von 126 Milliarden Jahren.

Die Hoylesche Metapher beleuchtet die Bedeutung der Rückkopplung relevanter Information für einen sonst zufälligen Prozeß. Wenn die Rückkopplung fehlerfrei und zwingend ist, kann die Reduktion der zum Ziel führenden Einzelentscheidungen dramatische Werte annehmen. Wenn die Rückkopplung weder fehlerfrei noch zwingend ist, kann die Zeitersparnis immer noch beträchtliche Werte annehmen. Selbst ein gelegentlicher, nicht zwingender Hinweis würde einen zufälligen Entwicklungsprozeß beschleunigen. Er könnte z. B. die Evolution der organischen Arten innerhalb entwicklungsgeschichtlich annehmbarer Zeitspannen ermöglichen.

Die Eingabe von Information in Zufallsprozesse kann nicht nur ihre Entwicklung beschleunigen, sondern ihnen auch eine Richtung geben. Ein überzeugendes Beispiel, dieses Mal von Wheeler, verdeutlicht die Schlüsselrolle dieses Vorgangs.

Die Wheelersche Metapher wurde ursprünglich vorgeschlagen, um zu zeigen, daß ein laufender Prozeß seine eigenen Anfangsbedingungen bestimmen kann – eine Annahme, die erforderlich ist, um zu verstehen, wie ein Teilchen zur Zeit seiner Messung entscheiden kann, in welchem Zustand es früher emittiert wurde.

Wheeler beschreibt das bekannte Gesellschaftsspiel ›Zwanzig Fragen‹. Die Aufgabe besteht darin, einen von einer Gruppe von Mitspielern zuvor bestimmten Gegenstand oder eine bestimmte Person mittels einer Folge von zwanzig Fragen zu erraten, die nur mit ›ja‹ oder ›nein‹ beantwortet werden dürfen. Ein Spieler verläßt den Raum, während sich die anderen das ausdenken, was von ihm erraten werden soll. Die Folge beginnt mit allgemeinen Fragen, etwa: ›Ist es eine Pflanze?‹. Sie setzt sich mit spezifischeren Fragen fort, z. B.: ›Ist es größer als ein Elefant?‹, bis am Ende eine präzise Frage gestellt werden kann, wie: ›Ist es die Lampe an der Straßenecke?‹.

In der üblichen Form ist das Spiel zielorientiert: die Spieler legen den zu erratenden Gegenstand oder die Person fest. Das Spiel kann aber auch in einer nicht-teleologischen Weise durchgeführt werden. In dieser ›Wheelerschen Variante‹ verabreden sich die im Zimmer befindlichen Spieler, überhaupt nicht an einen definierten Gegenstand oder an eine bestimmte Person zu denken, dies aber ihrem ratenden Mitspieler zu verschweigen, der seine Fragen nach wie vor so stellen muß, als ob etwas Bestimmtes herauszufinden wäre. Das Spiel würde in völliger Verwirrung enden, wenn sich die Spieler nicht an die einfache Regel zu halten hätten, daß jede von ihnen gegebene Antwort mit den vorherigen sinnvoll zusammenpassen muß. Wenn zum Beispiel die Frage: ›Ist es eine Pflanze?‹ einmal mit ›ja‹ beantwortet wurde, müssen alle folgenden Antworten so gegeben werden, als sei das zu erratende Objekt eine Pflanze. Je weiter sich die Fragen vom Allgemeinen zum Besonderen entwickeln, um so stärker wird der Bereich zulässiger Antworten durch die Regel eingeschränkt. Ein geschickter Rater kann schließlich eine Frage formulieren, die seine, an die Widerspruchsfreiheit gebundenen Mitspieler mit ›ja‹ beantworten müssen. Das Spiel entwickelt sich also auf ein spezifisches Ziel hin, obwohl ein solches anfangs nicht festgelegt worden war.

Dieses spezielle Beispiel zeigt, daß Spiele, die sich an ihre früheren Zustände erinnern und relevante Information rückkoppeln, eine anscheinend zielorientierte Folgerichtigkeit entwickeln. Vorgänge mit verläßlicher Rückkopplung verlaufen also nicht nur unvergleichlich schneller als reine Zufallsprozesse, sie sind auch in sich wesentlich konsistenter.

Uneingeschränkte Zufälligkeit kann, wie wir gezeigt haben, keine Konvergenz, sondern nur Divergenz erzeugen: die Konvergenz erfordert die Verringerung der Wahrscheinlichkeiten auf miteinander vereinbare Ausmaße. Ein ›Hinweis‹, der das Wahrscheinlichkeitsspiel zugunsten zukünftiger Ergebnisse derart einengt, daß diese mit früheren Zuständen übereinstimmen, bringt Ordnung in den Prozeß ein. Wenn derartige Hinweise in der Natur vorkämen, würden sie das Zufallsspiel auf eben jene Bifurkationen oder Verzweigungen einschränken, die die Evolution komplexer Systeme kennzeichnen. Sie würden dabei die Entwicklungsprozesse beschleunigen und in sich folgerichtiger gestalten. Die von Prigogine erkannte ›Divergenzeigenschaft‹ würde durch eine ›Konvergenzeigenschaft‹ ergänzt.

Allerdings ist eine Warnung auszusprechen: Die geschilderten Beispiele erfassen nicht alle wesentlichen Elemente der Selbstordnungsprozesse in der Natur. Hinweise, die die spätere Entwicklung eines Prozesses mit seiner Vergangenheit zur Übereinstimmung bringen, können nur auf ein definiertes Ziel hin orientiert sein, wie etwa auf die jeweilige Farbgleichheit der sechs Flächen des Rubik-Würfels oder auf das Erraten eines bestimmten Objektes durch zwanzig Fragen. Dagegen ist die Evolution ein offener Prozeß, in dem jeder Schritt mehr Alternativen eröffnet als er verschließt. Es muß also mehr als eine einfache Rückkopplung der eigenen früheren Zustände im Spiel sein. Eine ›kreative Rückkopplung‹ ist innnerhalb eines holographischen Prozesses möglich, wobei multidimensionale Signale nicht nur jedes System an seine eigene Vergangenheit anpassen, sondern auch eine vollständige Hierarchie evolvierender Systeme aneinander. Auf diese Weise können sich die Teile in Übereinstimmung mit Gesamtheiten entwickeln und die Gesamtheiten übereinstimmend mit ihren Teilen. Die gesamte Hierarchie kann sich innerhalb vielfacher Niveaus aufeinander abgestimmter Organisation in Richtung zunehmender Ordnung bewegen.

Es scheint daher, daß ein holographisches, Muster-bewahrendes und übertragendes Feld in der Natur die Evolutionsprozesse beschleunigen und ihre Produkte konsistent und innovativ gestalten kann. Der Verlauf der Evolution des Kosmos und der Biosphäre würde sich von unakzeptabel langen zu empirisch annehmbaren Zeiträumen verändern und jene charakteristischen Eigenschaften sinnvoll geordneter Mannigfaltigkeit annehmen, die wir in unserer Erfahrungswelt tatsächlich beobachten. Wir befinden uns vielleicht im Besitz des Schlüssels der einheitlichen Wechselwirkungsdynamik, mit dem wir die Entstehung von Ordnung in der Natur erklären können.

Das fünfte Feld

Existiert in der Natur tatsächlich ein holographisches Feld? Zweifellos ist das Feldkonzept wichtig: Einsteins Aussage über die Veränderung der wissenschaftlichen Realitätsvorstellung durch den Feldbegriff trifft den Nagel auf den Kopf. Felder an sich sind keine Observablen, aber sie sind genauso real wie irgendeine andere physikalische Größe. So ist z. B. in Einsteins eigener Theorie die vierdimensionale Raumzeit als strukturiertes Kontinuum mehr als eine mathematische Abstraktion: sie ist ein Fundamentalfeld, dessen Realität außer Frage steht.

Das derzeitige physikalische Konzept der Welt stützt sich auf vier spezielle Feldarten: das gravitative, das elektromagnetische, das starke und das schwache Kernfeld. Nach Aussage der gegenwärtigen ›supervereinheitlichten Theorien‹ (super-GUTs) entstanden diese Wechselwirkungsfelder im sehr frühen Universum aus einer ›supergroßen vereinheitlichten Kraft‹ und trennten sich in dem expandierenden, kälter werdenden Universum durch spontane Symmetriebrechung. Die Antwort auf die Frage, ob diese Felder zur Erklärung der von uns aufgezeigten raumzeitlichen Verbindungen ausreichen, muß aber offen bleiben. Die Kernfelder als lokale Wechselwirkungsfelder sind nicht geeignet, Ereignisse über größere raumzeitliche Abstände zu verbinden. Gravitation und Elektromagnetismus sind zwar makrokosmische Felder, jedoch erweisen sich die von uns aufgezeigten Verbindungen als Anomalien innerhalb der Theorien der bekannten gravitativen und elektromagnetischen Felder. Existiert eventuell ein bisher nicht identifiziertes ›fünftes Feld‹ in der Natur?

Wir wollen dieses Problem unter Berücksichtigung unserer bisherigen Kenntnisse des physikalischen Universums behandeln. Das an sich bekannte, aber wenig verstandene Quantenvakuum erscheint hierbei als geeigneter Ausgangspunkt.

Das Quantenvakuum ist nach wie vor eines der rätselhaftesten Phänomene der physikalischen Welt geblieben, obwohl es wegen seines nahezu unbegrenzten Energieinhalts bei den Teilchenphysikern und Kosmologen starkes Interesse hervorgerufen hat. Während der letzten Dekaden sind Hunderte von Veröffentlichungen über das Vakuum erschienen, den niedrigsten Energiezustand von Materie-Energie-Systemen, die den Gesetzen der Wellenmechanik und der speziellen Relativität unterworfen sind. Das Vakuum ist als Quelle und Ursprung aller Materie-Energien des Universums bekannt. Wenn den von Diracs Theorie vorausgesagten Teilchen in negativen Energiezuständen genügend Energie zugeführt wird, gehen sie vom virtuellen Vakuumzustand in die reale raumzeitliche Existenz über. Letztlich gründen alle physikalischen Beobachtungen von Materie-Energie-Systemen in Energie- und Ladungsfluktuationen dieser ›Dirac-See‹. Die Wechselwirkung mit ihr bestimmt die Grundzustände der Atome und damit aller beobachtbaren Materie-Energie-Systeme. Da diese See ebenso komplex sein kann wie ein beliebiges Bosonenfeld (mit dem Spin Null), kann sie Quantenzahlen, wie Isospin, Parität, Seltsamkeit, usf., tragen. Es ist denkbar, daß sie durch ihre Wechselwirkung mit den manifestierten Materie-Energien die Symmetrie des Universums wiederherstellen könnte. Die Summe der Symmetriezahlen aller Materie-Energien in der Raumzeit verändert sich ständig, wenn man jedoch die virtuellen Teilchen der Dirac-See mit einbeziehen würde, könnte die Gesamtsumme konstant sein. Auf diese Weise würde, nach einem Vorschlag von Lee, die Symmetrie wiederhergestellt.[3]

Trotz all dieser offenen Fragen und verheißungsvollen Perspektiven neigen die Physiker dazu, die dem Vakuum innewohnenden Energien zu ignorieren und sie zu ›renormalisieren‹, da ihre aus dem kosmischen Quantenvakuum abgeleiteten Größenordnungen gegen unendlich gehen. Die dazu notwendige Mathematik erfüllt ihren Zweck: die durch Renormalisierung berechneten Werte stimmen signifikant mit den Meßwerten überein. Daher wird das mathematische Verfahren der Renormalisierung akzeptiert, obgleich es die Wissenschaftler zwingt, die Werte für Massen und Kräfte, anstatt sie aus der Theorie abzuleiten, so zu wählen, daß sie mit den Messungen übereinstimmen. Die Renormalisierung löst aber keineswegs das Rätsel der quasi-unendlichen Nullpunktsenergie, sie kehrt es allenfalls unter den Teppich.

Einer der Gründe für die bereitwillige Vernachlässigung der quasi-unendlichen Vakuumenergie seitens der wissenschaftlichen Gemeinschaft liegt im Auftreten mathematischer Singularitäten. Aber dieser ärgerliche Tatbestand ist nicht der ganze Grund: wenn die Physiker nämlich davon überzeugt wären, daß die Energien des Quantenvakuums ein wichtiger Faktor der physikalischen Wechselwirkungen sind, würden sie einen Weg zu ihrer Berücksichtigung finden. Ihre mangelnde Überzeugung aber hängt mit der Geschichte der Äthervorstellung zusammen.

Der Lichtäther gilt als Vorläufer des heutigen Quantenvakuums, und die Äthertheorie erschien zu ihrer Zeit außerordentlich sinnvoll: sie erklärte, wie sich die Objekte ohne unmittelbare Berührung beeinflussen. Die Vorstellung eines unsichtbaren, den Raum erfüllenden Mediums als Träger der Fernwirkungen war bereits von Descartes vorgeschlagen worden, der sie benutzte, um die Ausbreitung von Licht und Wärme zu erklären. In der Folge wurde dem Äther nicht nur die Fähigkeit der Übertragung des Lichtes und der Wärme zugeschrieben, sondern auch der gravitativen, elektrischen und magnetischen Kräfte. Festkörper sollten bei ihrer Bewegung durch den Äther eine gewisse Reibung erfahren. A. F. Fresnel führte detaillierte, experimentell nachprüfbare Berechnungen der ›Ätherdrift‹ durch, und Albert Michelson versuchte ab 1881 in einer Reihe von Experimenten den Fresnelschen Widerstandskoeffizienten nachzuweisen. Die Serie der 1887 von E. W. Morley abgeschlossenen geistreichen Versuche ergab keinerlei Ätherdrift.

Anfangs weigerten sich die Physiker, die Äthervorstellung aufzugeben, und suchten nach alternativen Erklärungen: einige Forscher sprachen von einer ›Verschwörung der Naturgesetze‹, die die Beobachtung von Bewegungen relativ zum Äther verhindern würde. Später ermöglichte Einsteins Relativitätstheorie die Berechnung physikalischer Wirkungen unter Ausschluß einer Ätherdrift: anstelle der Absolutbewegungen einzelner Punkte im Raum ging es nur noch um die relativen Lageänderungen von Punkten innerhalb der Raumzeit. Die Stellung eines mechanistisch verstandenen absoluten Bezugssystems wurde jetzt von der relativistischen, geometrisch beschriebenen Raumzeit übernommen.

In der Folge ersetzten die Physiker die Vorstellung eines äthererfüllten Kontinuums durch die eines kosmischen Vakuums. Sie argumentierten, daß der Grundzustand des Universums weder Materie noch Gravitation aufwiese und deshalb als Vakuum angesehen werden müsse. Diese Schlußfolgerung ging jedoch erheblich über die Konsequenzen der negativen Interpretation der Ergebnisse der Michelson-Morley-Experimente hinaus. Morley hatte bereits 1881 geschrieben, die Experimente würden ›die Existenz eines Äther genannten Mediums, dessen Vibrationen die Erscheinung der Wärme und des Lichtes erzeugen, und der vermutlich den gesamten Raum erfülle‹ nicht in Frage stellen.[4] Die Tatsache der Widerlegung der Fresnelschen Äthervorstellung sollte also nach Michelson nicht als Beweis dafür angesehen werden, daß es kein Medium gibt, das den

Raum und die Zeit erfüllt und die unterschiedlichsten Wirkungen – gravitative, elektromagnetische und vielleicht noch andere – vermittelt.

Michelson könnte recht gehabt haben. Es zeigte sich, daß die Raumzeit keineswegs leer ist: sie ist ein Plenum, eine Fülle, die es verdient, als physikalisch reales universelles Bezugssystem anerkannt zu werden. Die Ablehnung dieses Bezugssystems allein aufgrund der Ergebnisse der Michelson-Morley-Experimente bedeutet, die zunehmend verfügbar gewordenen positiven Hinweise unbeachtet zu lassen. Bereits 1913 hatte der französische Physiker Georges Sagnac der herrschenden Meinung widersprechende Ergebnisse vorgelegt. Er hatte gezeigt, daß die Lichtgeschwindigkeit in einem rotierenden Bezugssystem nicht invariant ist, sondern von der Drehrichtung abhängt. Seiner Ansicht nach stützt dieses Ergebnis die klassischen Lichttheorien von Huygens und Fresnel und beweist die Existenz eines Äthers.[5] Sagnacs Deutung wurde in der Folge unter anderem von Paul Langevin angefochten, dessen Interpretation aber bereits 1938 von Herbert Ives wieder in Frage gestellt wurde, der später das Relativitätsprinzip von Poincaré auf die Michelson-Morley-Experimente anwandte. Ives' ›Äther-Theorie der Stab-Kontraktion und der Uhren-Verlangsamung‹ erklärt die gewöhnlich als Stütze der Relativitätstheorie zitierten experimentellen Ergebnisse dadurch, daß die Lorentz-Gleichungen auf Bewegungen in einem universellen Bezugssystem anwendet werden.[6]

Noch deutlichere Hinweise auf ein physikalisch reales, universelles Bezugssystem wurden von Ernest Silvertooth entdeckt. Anläßlich der Hundertjahrfeier des Abschlusses der Michelson-Morley-Experimente veröffentlichte er 1987 experimentelle Ergebnisse, die demonstrieren, daß die Wellenlänge des Lichtes von der Ausbreitungsrichtung abhängt. In Ergänzung zu Sagnac, der nachwies, daß die von der speziellen Relativitätstheorie geforderte Konstanz der Lichtgeschwindigkeit in rotierenden Bezugssystemen nicht gilt, zeigte Silvertooth, daß sie auch für die geradlinige Ausbreitung des Lichtes nicht zutrifft.

Die Erde bewegt sich anscheinend mit einer absoluten Geschwindigkeit durch den Raum. Silvertooth' Wert für diese Geschwindigkeit (378 ± 19 km/sec) stimmt mit dem Ergebnis unabhängiger astronomischer Messungen der Geschwindigkeit der Erde relativ zur kosmischen Hintergrundstrahlung (365 ± 18 km/sec) und Monsteins Anisotropie der Verteilung der kosmischen Strahlung überein.[7]

Eine unvoreingenommene Bewertung dieser Hinweise regt dazu an, die Möglichkeit der Existenz eines physikalisch realen Mediums als eines universellen Bezugssystems neu zu überdenken. Michelson und Morley haben lediglich gezeigt, daß der Mittelwert der Vorwärts-Rückwärts-Geschwindigkeit des Lichtes in einem vorgegebenen Bezugssystem konstant ist, wie es von der speziellen Relativitätstheorie gefordert wird. Sie haben jedoch nicht bewiesen, daß auch die Einweg-Geschwindigkeit des Lichtes unabhängig von der Bewegung des Beobachters konstant ist. Im Gegensatz dazu deuten die jüngsten Ergebnisse darauf hin, daß diese Geschwindigkeit mit der Bewegung des Beobachters relativ zu einem universellen ruhenden Bezugssystem variiert. Bei gewöhnlichen Geschwindigkeiten ist diese Änderung vernachlässigbar klein, bei großen Geschwindigkeiten wird sie wichtig. In einem Raumschiff, das mit 95% der Lichtgeschwindigkeit durch das Weltall reist, würde sich ein Photon in der Bewegungsrichtung des Schiffes 40 mal langsamer bewegen als ein Photon in Gegenrichtung.

In der speziellen Relativitätstheorie ist dieser Effekt nicht erlaubt, aber die allgemeine Relativitätstheorie und die einheitliche Feldtheorie, die Einstein in höherem Alter zu entwickeln suchte, belebte den Gedanken des universellen Bezugssystems, allerdings ohne ihn realistisch zu interpretieren. Es ist bemerkenswert, daß Einstein selbst im Jahre 1924 äußerte: ›In einer konsequenten, kohärenten Feldtheorie konstituieren die Elementarteilchen spezielle Zustandsräume … Auf diese Art werden alle Objekte wieder in das Ätherkonzept eingeschlossen‹.[8]

Derzeit erforscht eine neue Generation von Physikern dieses Konzept. Wie Manfred Requardt von der Göttinger Universität und Ignazio Licata von der Universität Sizilien, betrachten die jungen Physiker die Quantenmechanik als ›grobkörnige‹ Theorie eines fundamentaleren Niveaus der physikalischen Wirklichkeit. Sie bemühen sich um die Aufklärung der rätselhaften Aspekte des Quantenzustandes, indem sie die Quanten in ein dynamisches Subquantenfeld eingebettet sehen. Nach Licatas Theorie wirkt dieses Feld – das ›Raumzeitnetz‹ – als in sich ›ultrareferentielle Struktur‹, in der die absoluten Deformationen durch einen stochastisch-metrischen Tensor beschrieben werden und als Abweichungen von der Isotropie und Homogenität im Lorentz-invarianten Hintergrund erscheinen. Für Licata sind Lorentz-Transformationen echte physikalische Wirkungen, die durch die Bewegung der Materie in der Raumzeit erzeugt werden.[9]

Thomas Bearden, ein amerikanischer Kernwissenschaftler und Militärstratege, hat, teilweise aufgrund von Geheimdienstberichten über die sowjetische Erforschung der militärischen Anwendungen der Skalarwellen, eine ›skalare Elektromagnetik‹ entwickelt. Er definiert das skalare elektrostatische Potential als n-dimensionalen Streß im Quantenvakuum, mit n gleich oder größer vier. In Beardens Theorie ist das Vakuum identisch mit der Energie-erfüllten Raumzeit: ein stark geladenes kosmisches Medium. Der virtuelle Zustand dieses Mediums bestimmt alles, was in die physikalische Realität als vektorielle Materie-gebundene Energie eintritt.

Unabhängig von spekulativen Theorien an den Grenzen der offiziellen Physik gibt es auch innerhalb der physikalischen Kosmologie selbst signifikante Aspekte, die darauf hinweisen, daß das Quantenvakuum ein aktives Energiefeld ist. Es ist inzwischen gut begründet, daß dieses Energiefeld das beobachtbare Universum erzeugte, als das ›Minkowski-Vakuum‹ instabil wurde und sich in Materie und Gravitation aufspaltete. Es war dieses Feld, das im nachfolgenden Robertson-Walker-Universum alle gegenwärtig in der Raumzeit existierende Materie synthetisierte. Das Quantenvakuum fährt fort, Teilchen-Antiteilchen-Paare zu bilden, wann immer die Fluktuationen innerhalb seines Gases aus virtuellen Teilchen eine kritische Schwelle überschreiten.

Das Vakuum ist aber nicht nur die Quelle der Materie des Universums, es dient auch ihrer Absorption. Hawkings Theorie fordert unaufhörliche Vakuumfluktuationen: am Ereignishorizont der als schwarze Löcher bekannten superdichten Sternobjekte entweicht ein Teilchen eines im Vakuum synthetisierten Teilchenpaares in den umgebenden Raum, während sein Antiteilchen in das schwarze Loch zurückgesaugt wird, wo es zerfällt und schließlich ins Vakuum zurückkehrt.

Das Quantenvakuum ist aber mehr als Quelle und Abfluß der Materie im Universum: die jüngsten Ergebnisse zeigen, daß es auch die raumzeitliche Bewegung der Materie beeinflussen kann. Mitte der 70er Jahre vertraten Paul Davies und William Unruh den Standpunkt, daß eine Bewegung mit konstanter Geschwindigkeit im Quantenvakuum ein isotropes (richtungsunabhängiges) Spektrum erzeugt, während eine beschleunigte Bewegung eine thermische Strahlung produziert, die die Richtungssymmetrie bricht. Der an sich unmeßbar kleine, sogenannte Davies-Unruh-Effekt veranlaßte ein Team von Wissenschaftlern dazu nachzuweisen, daß beschleunigte Bewegungen im Vakuum noch einen weiteren Effekt haben, nämlich die Erzeugung von Trägheitskraft. Wenn das der Fall wäre, könnte ein seit langer Zeit bestehendes Rätsel gelöst werden. Trägheit, ursprünglich von Galilei als Eigenschaft eines materiellen Objektes definiert, bei Abwesenheit äußerer Kräfte in Ruhe zu bleiben oder seine gleichförmige Bewegung beizubehalten, wurde von Newton in seinem zweiten Gesetz (F=ma) zu einer fundamentalen quantitativen Eigenschaft der Materie erweitert. Es gelang jedoch den Physikern nicht, zu zeigen, wie die Trägheit mit den materiellen Objekten verbunden ist. Mach hatte schon zu Beginn unseres Jahrhunderts vorgeschlagen, die Trägheit auf die gesamte Materie des Universums zurückzuführen, und Einstein hoffte, das Machsche Prinzip in die allgemeine Relativitätstheorie zu integrieren. Es gelang aber nicht, überzeugende Beweise vorzulegen. Soeben haben nun Bernhard Haisch, Alfonso Rueda und Harold Puthoff eine mathematische Theorie entwickelt, nach der die Trägheit eine Lorentzkraft im subelementaren Bereich ist, die der Beschleunigung makroskopischer Objekte entgegenwirkt. Sie behaupten, daß die beschleunigte Bewegung von Objekten im Vakuum ein magnetisches Feld erzeugt und daß die Teilchen der Objekte in Übereinstimmung mit den Lorentz-Gleichungen von diesem Feld abgelenkt werden. Je mehr Masse das Objekt besitzt, um so mehr Teilchen enthält es, und um so stärker ist die Ablenkung und damit die Trägheit. In diesem Modell ist die Trägheitskraft eine Form elektromagnetischen Widerstandes, der in beschleunigten Bezugssystemen aus der spektralen Verzerrung des Nullpunktsenergiefeldes des Vakuums resultiert.

Bereits seit einigen Jahren sind weitere Arten der Materie-Vakuum-Wechselwirkung bekannt. Die Nullpunktsenergien, zum Beispiel, üben auf die Elektronen der Atomhüllen Wirkungen aus, die beim Übergang von einem Energiezustand zu einen anderen beobachtbar werden, da die emittierten Photonen eine geringfügig vom normalen Wert abweichende Frequenz haben. Die Abweichung wird als Lamb-Shift bezeichnet. Sie ist ein Gegenstück zum sogenannten Casimir-Effekt, der von den Nullpunktsenergien erzeugt wird und als Strahlungsdruck auf zwei eng benachbarte Metallplatten wirkt. Einige Wellenformen des Vakuumfeldes sind vom Raum zwischen den Platten ausgeschlossen, dadurch wird dort die Energiedichte im Vergleich zur Umgebung verringert. Die resultierende Differenzkraft drückt die Platten gegeneinander.

Die Vakuumenergien erscheinen in allen universellen Kraftfeldern und zeigen sich in den Gleichungen, die das quantisierte, aus der Vereinigung des elektromagnetischen Feldes mit der Quantentheorie resultierende Feld beschreiben. Der Ursprung dieser Energien ist alles andere als klar. Von Harold Puthoff stammt die deutlichste Formulierung des Problems. Er sagte, daß die Vakuumenergien entweder bei der Geburt des Universums als Teil seiner Anfangsbedingungen willkürlich festgelegt worden sein müssen, oder daß sie im Laufe der Zeit durch die Bewegung der geladenen Teilchen erzeugt werden. Puthoff versuchte, die zweite Alternative zu beweisen. Seine mathematischen Ergebnisse zeigen, daß die Energien des Nullpunktsfeldes (NPF) durch die Quantenbewegung entstehen und ihrerseits die Bewegung der Quanten ›antreiben‹. Durch diesen Prozeß entsteht der von Puthoff so benannte ›sich-selbst-regenerierende kosmologische Rückkopplungszyklus‹.*

* Um dieses beachtliche Ergebnis zu erzielen, berechnete Puthoff die Eigenschaften der Strahlung der von den Quantenfluktuationen in Raum und Zeit erzeugten geladenen Teilchen. (Es ist bekannt, daß beschleunigte geladene Teilchen elektromagnetische Strahlung aussenden, die umgekehrt proportional zum Quadrat der Abstandes von der Quelle abnimmt.) Die mittlere räumliche Verteilung solcher Teilchen in kugelförmigen Schalen um eine beliebige punktförmige Quelle herum ist proportional der mit dem Quadrat des Abstandes wachsenden Schalenfläche; die Strahlung aller Schalen summiert sich zu einem Strahlungsfeld hoher Energiedichte, das Puthoff mit dem Nullpunktsfeld des Vakuums gleichsetzt. Seine Rechnungen ergeben, daß die Absorption und Wiederemission der NPF-Strahlung eines vom NPF aktivierten Dipoloszillators zu einem lokalen Gleichgewichtsprozeß führt. Das Strahlungsfeld des vom NPF aktivierten Dipols ersetzt exakt die aus dem NPF-Hintergrund absorbierte Strahlung hinsichtlich der Frequenz- und Winkelverteilung.

Puthoffs Theorie vermittelt einige bemerkenswerte Einsichten. Sie umfaßt eine quantitative Beziehung zwischen der Dichte des NPF und der Materiedichte des Universums sowie seines Durchmessers; sie liefert eine Erklärung für die zuerst von Dirac beobachtete Koinzidenz im Verhältnis der elektromagnetischen zur gravitativen Kraft zwischen Elektron und Proton, sowie im Verhältnis des Durchmessers des Universums (der Hubble-Konstante) zur Größe der Elektrons.[10]

Wenn sich zeigt, daß Puthoff und die wachsende Zahl von Physikern, die sich derzeit der Erforschung der Materie-Vakuum-Wechselwirkung zuwenden, recht haben, dann ist die Bewegung dessen, was wir traditionell als ›Materie‹ bezeichnen, ununterbrochen mit dem verbunden, was heute noch als ›Vakuum‹ gilt und was man besser ein ›Plenum‹ nennen sollte. Das würde bedeutsame Folgerungen haben. Zum einen wären die Quantenbewegungen in der Raumzeit nicht-Markovsch. (In einer Markov-Kette sind die Elemente x_1, x_2, ... x_n durch voneinander abhängige stochastische Variable so definiert, daß Voraussagen über das jeweils folgende Glied (x_{n+1}) der Kette nur bei Kenntnis des vorhergehenden Gliedes (x_n) möglich sind. In einer nicht-Markovschen Kette ist zu einer derartigen Vorhersage die Kenntnis aller Glieder x_1, ... x_n erforderlich.) Wenn außerdem die Bewegungen der Quanten zusammenhängen, werden die Physiker eine dynamische Analyse der inneren Struktur der Raumzeit durchführen müssen, etwa in Begriffen der ›infinitesimalen Umgebungen‹ der mathematischen Nicht-Standard-Analyse. Damit erhielte Wheelers Bemerkung eine neue Bedeutung: ›Die Vakuumphysik‹ wird tatsächlich ›der Kern aller Dinge sein‹.[11]

Wenn das Quantenvakuum ein Energie-erfülltes Plenum ist, dessen potentielle Energien mit den vektoriellen Energien des materiellen Universums wechselwirken, dann haben wir guten Grund, das fünfte Feld mit der interaktiven Seite des

Vakuums zu identifizieren. Das fünfte Feld würde einen wichtigen Platz in unserer Erkenntnis der physikalischen Realität einnehmen, indem es die Gravitation, den Elektromagnetismus und die schwache und starke Kernkraft vereinigt. Dies wäre die grundlegende Voraussetzung einer neuen Physik der Ko-Evolution, einer Physik, die die Wechselwirkungsdynamik beschreibt, die einen universellen Prozeß erschafft, in dem vom Urknall bis zur Gegenwart die Ordnung in der Natur vom Quantenniveau bis zum Bewußtseinsniveau entsteht.[12]

8. EWD: Die gedanklichen Grundlagen

Wir suchen das einfachst-mögliche Gedankenschema, das die beobachteten Tatsachen miteinander verbindet.

Albert Einstein,
Die Welt, wie ich sie sehe (1934)

Die Verbindung beobachteter Tatsachen in einem einfachst möglichen Modell ist das ewig wiederkehrende Ziel systematischen wissenschaftlichen und philosophischen Denkens. Sie ist auch das Ziel dieses Buches, in dem wir versuchen, eine einheitliche Wechselwirkungsdynamik (EWD) zu entwickeln, die die Tatsachen, welche in der Physik, in der Biologie und in den Geisteswissenschaften erforscht werden, in einfacher und kohärenter Weise zusammenfaßt.

Bevor wir die gesuchten Grundkonzepte der EWD aufstellen, halten wir angesichts der vorhergegangenen Überlegungen fest, daß diese Dynamik im Quantenvakuum als einem Bereich physikalischer Wirklichkeit gründet, der der unmittelbaren experimentellen Beobachtung unzugänglich ist. Die Frage ist, ob unsere Bemühungen deshalb von vorn herein als reine Spekulationen abzulehnen sind.

Eine derartig skeptische Bewertung erscheint beim gegebenen Stand der Untersuchung verfrüht. Die Wissenschaft ist aus verschiedenen Gründen imstande, an sich unbeobachtbare Realitätsbereiche ohne Verlust an Strenge zu behandeln. Zum einen, weil die Annahme unbegründet ist, die beobachtbaren Bereiche des Universums seien bereits das Ganze, zum andern, weil es wissenschaftlich zulässige Methoden zur Erforschung nicht direkt beobachtbarer Wirklichkeitsbereiche gibt.

Durch Anwendung üblicher Schlußfolgerungen können unbeobachtbare Erscheinungen mit beträchtlicher Strenge untersucht werden. Die Astronomen, zum Beispiel, leiten aus der anomalen Bewegung beobachteter Fixsterne und Planeten die Existenz unsichtbarer Himmelskörper ab. In ähnlicher Weise werden auch in anderen Zweigen der Naturwissenschaften unerklärbare Phänomene auf Annahmen zurückgeführt, die ihnen auf der Basis grundsätzlich (und nicht etwa zufällig) unbeobachtbarer Kräfte und Prozesse Rechnung tragen.

Solche Kräfte und Prozesse sollten natürlich nur dann eingeführt werden, wenn sie wirklich notwendig sind. Wären nämlich alle Phänomene in Begriffen direkt oder instrumentell beobachtbarer Bereiche erklärbar, so würde ›Ockham's Rasiermesser‹ die Einführung nicht beobachtbarer Größen verbieten, da ›theoretische Begriffe nicht über das unbedingt erforderliche Maß hinaus vermehrt werden dürfen‹. Wenn jedoch die Anomalien in den direkt oder instrumentell beobachtbaren Bereichen bestehen bleiben, ist es erlaubt und berechtigt, diese Grenzen durch indirekte Schlußfolgerungen zu überschreiten. Auf diese Weise können wir von unseren Beobachtungen nicht nur zu den beobachtbaren *Observablen,* sondern auch zu ›*beables*‹ übergehen.

Folgende Anomalien verlangen den Bezug zur Subquantenebene:

– In der Quantenphysik erfordert die Entwicklung, die

von den labormäßig beobachteten ›Phänomenen‹ zu den ›beables‹ des physikalischen Universums führt, u. a. eine vernünftige Erklärung der nichtlokalen Wechselwirkungen, der nichtdynamischen Korrelationen und der gleichzeitigen Wellen- und Teilcheneigenschaften. Eine solche Erklärung kann durch ein holographisches, musterbewahrendes Subquantenfeld geliefert werden, das die Quanten jenseits der Grenzen der relativistischen Raumzeit verbindet und ihre Bahnen bestimmt.

– In der Biologie erfordert das Hinausgehen über das von einigen Forschern so benannte ›Problem der Form‹ eine Theorie, die eine akzeptable Beschreibung der Entstehung der Arten, der Ontogenese und der Regeneration komplexer organischer Strukturen liefert. Diese Theorie benötigt die Annahme zufallseinschränkender Verbindungen zwischen den Organismen und einem formerhaltenden und formvermittelnden Umfeld.

– In der Gehirn- und Bewußtseinsforschung fordert die einheitliche Erklärung einer großen Zahl esoterischer, wiederholt bestätigter und teilweise auch experimentell geprüfter Phänomene die Annahme, daß zwischen dem Gehirn und den vielfältigen Informationsdimensionen, die den Organismus aus seiner Umgebung erreichen, engere Verbindungen bestehen, als gemeinhin vorausgesetzt wird.

Die aufgeführten Anomalien deuten auf die Existenz eines Feldes in der Natur, das räumlich und zeitlich getrennt erscheinende Ereignisse verbindet. Dieses Feld wird, wie bereits ausgeführt, am besten mit dem Quantenvakuum identifiziert. Demnach muß die Wechselwirkungsdynamik, die die verschiedenartige, aber dennoch konsistente Ordnung der Natur erschafft, im Subquantenbereich verwurzelt sein. Wir werden nun versuchen, die konzeptionellen Grundlagen der hier benötigten ›Vakuumphysik‹ darzustellen.

Die Subquanten-Postulate

Quanten als Solitonen

Wir können die dynamischen Eigenschaften des subquantalen ›fünften Feldes‹ an Hand dessen erarbeiten, was wir über die einschlägigen Phänomene des beobachtbaren Universums wissen. Wir beginnen mit der Feststellung, daß die Quantenwechselwirkungen einen erstaunlichen Komplexitätsgrad aufweisen. Entweder sind die Quanten selbst zusammengesetzte Gebilde, deren innere Struktur die spezifische Komplexität ihrer Wechselwirkungen bedingt, oder die Struktur des Feldes, in das sie eingebettet sind, besitzt das erforderliche Maß an Komplexität. Beide Ansätze werden derzeit von den theoretischen Physikern untersucht. Da es keine unabhängigen Hinweise für die Annahme gibt, daß die Quanten selbst komplexe Strukturen sind, wählen wir im folgenden den zweiten Ansatz. Nach allem könnte das Feld, in das die Quanten eingebettet sind, sehr wohl eine Substruktur besitzen; es ist angefüllt mit einem aus virtuellen Teilchen bestehenden Gas nahezu unendlich großer Energie. Die Quanten könnten Singularitäten – Knoten oder Kondensationen – innerhalb dieses Gases sein.

Die Quanten-Grundeinheiten des beobachtbaren Teils des Universums erscheinen daher nur als unabhängige Strukturen; tatsächlich sind sie Teile oder ›Pakete‹ des informationsreichen Subquantenfeldes, in dem sie auftreten. Sie nähern sich dem, was wir im beobachtbaren Bereich als solitäre Wellen, sogenannte Solitonen, kennen.

Solitonen sind nichtlineare Wellen, die gelegentlich in turbulenten Medien auftreten. Sie zeigen Eigenschaften diskreter Strukturen, sind aber zugleich Teile des Mediums, in dem sie existieren. Eine Reihe von Physikern betrachtet sie als eine nützliche dynamische Metapher für die Quanten.[13]

Der erste bekannt gewordene Bericht über Solitonen

wurde 1845 von J. Scott Russell für die Britische Association for the Advancement of Science verfaßt. Der Autor schilderte, wie er an einem schmalen wasserführenden Kanal entlangritt und darin eine mit großer Geschwindigkeit fortschreitende Welle beobachtete, ›die in Form einer einzelnen großen Erhebung, eines wohldefinierten, gerundeten, glatten Wasserberges, augenscheinlich ohne Formänderung und Verringerung ihrer Geschwindigkeit ihre Bewegung längs des Kanals fortsetzte‹.[14] Ähnliche Erscheinungen sind seitdem vielfach in turbulenten nichtlinearen Medien beobachtet worden. Solitonen erscheinen in den Impulsen des Nervensystems und in komplexen elektronischen Schaltungen. Sie wurden in den durch die Gezeitenströmungen ausgewaschenen Felstunneln an Meeresufern, in atmosphärischen Druckwellen, bei der Wärmeleitung in Festkörpern, bei der Superfluidität und der Supraleitung beobachtet. Der große Rote Fleck des Planeten Jupiter ist, obwohl er als abgegrenztes Objekt erscheint, tatsächlich ein von der turbulenten Jupiteroberfläche erzeugtes Soliton. Solitonen bewegen sich auf definierten Bahnen und lenken einander ab, wenn sie sich begegnen.

Obwohl die Eigenschaften der Solitonen bisher nur unvollständig verstanden werden, eignen sie sich aufgrund ihres beobachteten Verhaltens als nützliche dynamische Metapher zum besseren Verständnis der Natur der Quanten, die bisher noch unverständlicher ist. Die Metapher erklärt, daß einige beobachtete Strukturen, trotz ihrer deutlich korpuskulären Erscheinungsformen, tatsächlich Wellen innerhalb des Mediums sein können, das sie trägt. Sie sind also eher Teile des Mediums, aus dem sie entstehen, als von ihm getrennte eigenständige Wesenheiten. Auch die Quanten sind derartige Phänomene. Ihre Einbettung in das tragende Vakuum wird besonders durch die derzeit mit den Teilchenbeschleunigern gewonnenen Erfahrungen verdeutlicht.

Wenn ein Proton bei einem Hochenergieexperiment fast

bis zur Lichtgeschwindigkeit beschleunigt und gegen ein Antiproton ›geschmettert‹ wird, vernichten die beiden Teilchen einander, und eine Anzahl verschiedenartiger seltsamer Teilchen erscheint an ihrer Stelle. Diese Teilchen sind, entgegen der ursprünglichen Annahme der Physiker, keineswegs in den vernichteten Teilchen ›enthalten‹ – es gibt keinen unabhängigen Beweis dafür, daß Protonen und andere Quanten zusammengesetzte Teilchen sind. Die Quanten zerfallen also nicht etwa in ihre stark unterschiedlichen Bestandteile, die dann fortgeschleudert werden, sondern die in ihnen gebundene Energie wird ins Vakuum hinein freigesetzt. Sie erzeugt dort eine Fluktuation, die die kritische Schwelle zur Bildung ›realer‹, d. h., instrumentell nachweisbarer Teilchen aus dem virtuellen Gas des Vakuums überschreitet. In einem Teilchenbeschleuniger werden also nicht die aufeinanderstoßenden Teilchen ›aufgebrochen‹, sondern das lokal hochenergetisierte Vakuum. Dies zeigt, daß die Quanten letztlich keine separaten Strukturen sind, sondern kritische Singularitäten – gefangene lokale Energieknoten –, die sich im Vakuum bewegen.

Quanten erscheinen auch nicht als gewöhnliche Wellen innerhalb eines linearen Mediums, sie sind vielmehr solitäre Wellen in einem nichtlinearen Medium. Diese Unterscheidung ist wesentlich. Die uns aus dem Alltag vertrauten Wellen sind aus einer Anzahl von Molekülen und Atomen, also aus Quanten, zusammengesetzt, dagegen bestehen die Quanten selbst nicht aus anderen Quanten, was zu entscheidenden Konsequenzen führt. Wenn eine gewöhnliche Welle entlang der Oberfläche eines Mediums, etwa des Meeres, fortschreitet, werden die Flüssigkeitsteilchen nicht mitgenommen; allein ihre Auf- und Abbewegung wird auf die jeweils benachbarten Moleküle übertragen. Die Welle als solche schreitet voran, ohne daß sich die Flüssigkeitsmoleküle mit ihr fortbewegen. Die Quanten dagegen sind keine zusammengesetzten Gebilde, die sich innerhalb eines Mediums bewegen, sondern Teile eines (submolekularen) Subquantenmediums; ihre Bewegung besteht nicht in der Übertragung von Bewegung auf andere Quanten. Quanten sind Soliton-ähnliche Ausbreitungsvorgänge innerhalb des Vakuums: nichtlineare Flüsse innerhalb des Gases virtueller Teilchen, das die kosmische Raumzeit erfüllt.

In erster Näherung können wir also die Quanten als indirekt beobachtbare Soliton-ähnliche Flüsse in einem ansonsten unbeobachtbaren Subquantenmedium definieren. Wenn wir dabei nur die Quanten berücksichtigen und die Werte des unterliegenden Mediums ignorieren (oder ›renormalisieren‹), so erhalten wir das Modell eines sich im leeren Raum bewegenden Wellenpakets. Behandeln wir andererseits nur das Feld, so resultiert ein Bild von Flüssen im virtuellen Subquanten-Energiefeld. Ein vernünftiger Ansatz berücksichtigt sowohl die Quanten als auch das tragende Vakuum. Eine zukünftige Wissenschaft auf dieser Grundlage wird eine ausgewogene Beschreibung liefern, indem sie das Verhalten der Quanten wellenmechanisch beschreibt und das Verhalten des Vakuums mit den Formalismen der Flüssigkeitsdynamik.

Vektorielle und skalare Wellen

Im Sinne der soeben dargestellten Näherung, in der die Quanten als solitäre Wellen im Vakuum beschrieben werden, können wir ihre vermutete Dynamik im dazugehörigen Subquantenfeld unter detaillierteren technischen Aspekten betrachten.

Im Licht zeitgenössischer Physik erscheint das Quantenvakuum als dichte Struktur virtueller Energie: es ist ein gasförmiges Kontinuum unterschiedlicher Dichte aus fluktuierenden virtuellen Teilchen. Nach der Quantengeometrodynamik werden die Vakuumfluktuationen in der Größenordnung der Planckschen Länge (10^{-35} m) so hochenergetisch, daß sie die Struktur des Raumzeitkontinuums aufbrechen und einzelne ›Raumzeitsegmente‹ hervorrufen, die sich sporadisch verbinden und wieder trennen. Dieser wahrhafte ›Quantenschaum‹ – von Wheeler Superraum genannt – besteht aus einem rein masselosen Ladungsfluß. Die Theorie fordert, daß Flüsse im virtuellen Gas des Vakuums, die die Schwelle zur Bildung quantisierter Teilchen-/Antiteilchen-Paare nicht durchbrechen, masselose Ladungen (virtueller Energie) bleiben.*

In dem hier dargelegten Modell ist das Vakuum ein nichtmaterieller Äther ›virtueller Teilchen‹, das heißt ein strukturiertes virtuelles Energiefeld, das zwei Wellentypen erzeugt: Soliton-ähnliche Vektorwellen, die in Form geladener Massenquanten die Raumzeit durchlaufen, und nicht-vektorielle, ›skalare‹ Wellen, die sich im Vakuum ausbreiten.**

Hinsichtlich der Skalarwellenausbreitung erscheint das Quantenvakuum als skalares Feld kosmischen Ausmaßes, als Kontinuum, in dem jeder Punkt durch eine entsprechende Größe, nämlich durch den n-dimensionalen Fluß virtueller Zustände, gekennzeichnet ist. Es folgt, daß der Fluß in jedem Punkt des Feldes eine Skalarwelle innerhalb eines masselosen Ladungsfeldes ist.

Das Quantenvakuum ist in diesem Modell die Konsequenz

* Gewöhnlich definiert man Ladung als Wechselfluß virtueller Partikel einer Masse und nimmt an, daß Ladung ohne Masse nicht existiert. Gerade dieser Zustand aber herrscht im virtuellen Energiefeld des Vakuums. Die Flüsse masseloser Ladungen sind real, auch wenn sie mit unseren Geräten nicht beobachtet werden können, die nur die gewöhnlichen gravitativen und elektromagnetischen Phänomene erfassen.

** In der üblichen Vektoranalysis ist der Skalar eine Größe, die ohne Berücksichtigung einer Richtung allein durch ihren Wert definiert ist. Die von Tesla zu Beginn dieses Jahrhunderts entdeckten Skalarwellen sind – ähnlich den Schallwellen – longitudinal und nicht, wie die Wellen der klassischen elektromagnetischen Theorie, transversal. Bei Abwesenheit geladener Masseteilchen in spezifischen Spinzuständen erzeugen Teslawellen keine klassischen elektromagnetischen Wellen, sie bleiben ›schattenhafte vektorielle‹ Wellen im virtuellen Zustand.

einer realistisch interpretierten Raumzeit. Es ist ein Feld virtueller Energien in Form eines Kontinuums mit Streß und Potential. Die Streßenergien können in geometrodynamischer Sprechweise als elektrische Potentiale, genauer: als skalares elektrostatisches Potential Φ, ausgedrückt werden. Der einem Raumpunkt zugeordnete Wert Φ_0 bestimmt die Arbeit, die aufgewendet werden muß, um die Einheitsladung entgegen dem Ladungspotential des Feldes aus dem Unendlichen an diesen Punkt heranzuführen. Es ist anzumerken, daß die elektrostatische Ladung des Vakuums, ungleich der von Wheeler berechneten Energiedichte, keine Anomalie darstellt: eine masselose Ladung ist nicht mit dem endlichen Gravitationspotential korreliert, daher interferiert ihre Anhäufung nicht mit der Expansion des Universums.

Da die beiden Wellentypen im Vakuum verschiedene Energiearten repräsentieren, müssen wir zwei Grundenergien des Universums unterscheiden. Die eine ist in der Masse ›eingefangen‹, das ist die durch Einsteins Masse-Energie-Äquivalenz definierte vektorielle Energie, die andere ist die masselose, elektrostatische skalare Ladungsenergie des Vakuums. Diese beiden Energiearten entspringen – trotz ihrer Verschiedenheit – der gleichen Quelle: die Masse wird als stehende Skalarwelle im Vakuum geschaffen, eingefangen durch lokale Spin- und Vortexwirkungen. Die vektoriellen Energien konstituieren das elektromagnetische Spektrum (EMS), einschließlich des Nullpunktfeldes (NPF). Die masselosen elektrostatischen Energien bilden das, was unsere Physik der Ko-Evolution einmal als skalares Spektrum des virtuellen Teilchengases des Vakuums, kurz als skalares Vakuumspektrum (SVS), definieren wird.

Die Ausbreitung der vektoriellen und skalaren Wellen

Vektorwellen und Skalarwellen breiten sich im Vakuum mit verschiedenen Geschwindigkeiten aus. Die Quanten bilden

Vektorwellen, deren Geschwindigkeit im Vakuum durch den Wert c (derzeit 299 748 ± 15 km/sec) nach oben begrenzt ist. Diese Begrenzung kann als Folge der endlichen elektrischen und magnetischen Eigenschaften des Vakuums verstanden werden; c ist umgekehrt proportional der Quadratwurzel des Produktes aus elektrischer Permittivität ε_o und magnetischer Permeabilität μ_o ($c = \sqrt{(\varepsilon_o \phi \mu_o)}$). Skalare Wellen als Ausbreitungsvorgänge masseloser Ladungen sind nicht durch den Wert c begrenzt. Während sich also die quantenhaften Photonen im Vakuum mit der endlichen Geschwindigkeit c fortpflanzen, breiten sich die Skalarwellen, die weder ›Materie‹, noch ›Licht‹, noch ›Kraft‹ sind, im SVS mit Überlichtgeschwindigkeiten aus. Ihre Geschwindigkeit kann proportional zur lokalen Massendichte des Vakuums, beziehungsweise zum lokalen skalaren elektrostatischen Potential des Vakuums, angesetzt werden. Dieses ist variabel: höher in Bereichen dichter Masse, z. B. in oder in der Nähe von Fixsternen und Planeten, niedriger im tiefen Raum. (Die Variation ist eine Folge der Zunahme der Vakuumflußintensität durch die Anhäufung geladener Massen.) Es folgt, daß Skalare, als longitudinale Flüsse virtueller Teilchen, in materieerfüllten Bereichen schneller sind als im tiefen materiearmen Raum, ähnlich wie Schallwellen in einem dichteren Medium, z. B. in Wasser, eine größere Ausbreitungsgeschwindigkeit haben als in einem dünneren Medium wie etwa Luft. Wir können annehmen, daß die Geschwindigkeit der Skalarwellenausbreitung in Bereichen superdichter Masse in bezug auf Messungen mit physikalischen Detektoren gegen unendlich geht.

Die Wechselwirkungspostulate

Quanten, die sich als massive Ladungen Solitonen-ähnlich im Vakuum ausbreiten, bewegen sich bekanntlich nicht, ohne im virtuellen Teilchengas des Vakuums sekundäre Wirkungen auszulösen. Wenn wir, in Übereinstimmung mit der Theorie und den empirischen Ergebnissen, die Dynamik des Vakuums nicht vollständig von der Dynamik der Quanten trennen wollen, müssen wir anerkennen, daß das Gesetz actio gleich reactio auch für die Bewegung der Quanten und für das virtuelle Gas des Vakuums gilt.

Zur Beschreibung der Vakuum-Quanten-Wechselwirkung betrachten wir das Vakuum als komplexes Energiefeld mit zwei Hauptkomponenten, dem klassischen elektromagnetischen Spektrum EMS und dem von uns postulierten skalaren Vakuumspektrum SVS. Die Nullpunktgröße des EMS manifestiert sich im energetischen Grundzustand der geladenen Teilchen. Die Fourier-Darstellung des Spektrums dieses Feldes wird vereinbarungsgemäß als homogen, isotrop und Lorentz-invariant angenommen:

Das NPF-Spektrum wechselwirkt mit der Bewegung der geladenen Teilchen: wie bereits erwähnt, erzeugt nach Puthoffs ›sich selbst-regenerierendem kosmologischen Rückkopplungszyklus‹ die beschleunigte Bewegung der Quanten das Nullpunktfeld, dessen Energien wiederum die Quantenbewegung antreiben.

Wir erklären jetzt, daß das SVS sowie das elektromagnetische Nullpunktfeld (NPF) durch alle Bewegungen aller Quanten im Vakuum erzeugt wird. Die Teilchenbewegung ist mit der Wirkung einer Monopol-Antenne vergleichbar, die die lokalen Bereiche des virtuellen Teilchengases des Vakuums abwechselnd auflädt und entlädt. Dementsprechend löst die Quantenbewegung im Vakuum nicht nur klassische transversale EM-Wellen, sondern auch skalare Teslawellen aus, die sich longitudinal fortpflanzen, indem sie das virtuelle Teilchengas des Vakuums abwechselnd verdichten und verdünnen.

Während die NPF-Teilchen-Wechselwirkung nach Puthoffs Theorie im Mittel keine Energieübertragung in irgendeiner Richtung bei irgendeiner Frequenz bewirkt, wird im SVS der selbst-regenerierende kosmologische Rückkopplungszyklus modifiziert. Das Feld, mit dem die geladenen Teilchen in ein lokales Gleichgewicht gelangen, ist nicht homogen und isotrop: die Ausbreitung der Skalare, die von der Bewegung der Teilchen ausgelöst wird, führt zu einem gewissen Grad von Inhomogenität und Anisotropie. Daher ›übersetzen sich‹ die im SVS von der Teilchenbewegung erzeugten Fluktuationen in lokale Gleichgewichtszustände, die fortwährend zwischen den geladenen Teilchen und dem NPF regeneriert werden und als winzige Energien die Teilchenbewegungen beeinflussen. Der selbst-regenerierende kosmologische Rückkopplungszyklus baut zwischen den Quanten und dem Vakuum laufend irreversibel anwachsende *Information* auf, die die Quantenbewegungen in skalaren Formen kodiert. Die aktuellen Quantenbewegungen werden fortwährend mit den in den Skalarwellen kodierten Informationen gekoppelt, die von den früheren Quantenbewegungen erzeugt worden sind.

Etwas vereinfacht können wir sagen, daß die Quanten innerhalb des geschlossenen kosmologischen Rückkopplungszyklus ihre raumzeitliche Bewegung in das duale EMS-SVS-Spektrum des Vakuumenergiefeldes einlesen und die korrespondierende Information aus ihm wieder ablesen. Die abgelesene Information bestimmt die nachfolgenden Trajektorien der Quanten in Übereinstimmung mit den Bahnen, die sie in der Vergangenheit durchlaufen haben.

Da die Wellenausbreitung im SVS nicht-elektromagnetischer Art ist, wird sie nicht durch die elektromagnetischen Eigenschaften des Vakuums begrenzt. Daher können die virtuellen Skalare sich mit Geschwindigkeiten oberhalb c fortpflanzen. In einer materiedichten Region, wie der unsrigen an der Erdoberfläche, kann die Geschwindigkeit der von den Quantenbewegungen erzeugten Sekundärwellen beliebig nahe bei unendlich liegen. Danach gibt es lichtgeschwindigkeits-begrenzte vektorielle Wellen, die überlichtschnelle skalare Wellen auslösen.

Aufgrund der höheren Geschwindigkeit der Ausbreitung des von den Quanten ausgelösten virtuellen Flusses beeinflußt die geschilderte Rückkopplung die Bewegung fast aller Quanten in einer Materie-erfüllten Region. Während jenseits eines solchen Bereiches der Weylsche Raumzeitkegel, innerhalb dessen sich die kausale Bewirkung aus der Vergangenheit des Universums zur Gegenwart hin ausbreitet, Abmessungen annimmt, die nahe bei den durch die Lichtgeschwindigkeit im Vakuum bestimmten Werten liegen, weitet sich der Weylsche Kegel in einer Materie-erfüllten Region auf. Er erfaßt dann alle Quanten dieses Bereichs bis zu einem infinitesimalen Bruchteil einer Sekunde, d. h., die von den Quanten erzeugten Sekundärwellenfronten breiten sich in solchen Regionen quasi-instantan aus.

Die in einem Bereich durch die Bewegung der Quanten erzeugten Interferenzmuster modifizieren die lokale Topologie des Vakuums und damit die raumzeitlichen Bahnen der Quanten. Die von Quanten bevölkerten Regionen sind stark moduliert: im SVS breiten sich mehr und mehr virtuelle Flüsse aus und erschaffen fortwährend neue Interferenzmuster, die die Quantenbahnen einengen.

Unser Modell erklärt dic Wechselwirkung von Materie und Vakuum als Zweiweg-Translationsprozeß, der in gewisser Weise dem Übertragungsprozeß analog ist, der zwischen seefahrenden Schiffen und der Meeresoberfläche stattfindet. Die genauere Untersuchung der Wellen an der Meeresoberfläche hat ergeben, daß sie überraschend informationshaltig sind. H. C. Yuan und B. M. Lake fanden bei ihren mathematische Analysen stark modulierter Wasseroberflächen, daß die Wellenmuster Informationen über die vorherigen Schiffsbewegungen, die Windrichtungen, die Einflüsse der Küstenlinien und anderer Faktoren enthielten.[15] Die Muster können mehrere Stunden, manchmal tagelang, nach dem Verschwinden der Schiffe erhalten bleiben. Obgleich sie am Ende zerstreut und durch die Gravitation, den Wind und die Küstenlinien ausgelöscht werden, enthalten die Wellen vielbefahrener Meere eine Zeitlang Informationen über die Ereignisse, die sich auf der Oberfläche abspielten.

Die von vorüberfahrenden Schiffen ausgelösten Wellen informieren aber nicht nur die Beobachter der Schiffe, von denen sie erzeugt wurden: sie beeinflussen auch die Bewegungen anderer Schiffe, die den betreffenden Teil des Meeres befahren. Gewöhnlich sind diese Effekte klein: auf einem großen Schiff kann man Schräglage und Schlingern, die vom Kielwasser eines anderen Schiffes verursacht werden, kaum bemerken. Dies gilt jedoch nicht für ein kleines Boot hinter einem Ozeanriesen; jeder erfahrene Segler kann die dramatischen Auswirkungen einer solchen Begegnung bestätigen.

Obgleich das Meer, im Gegensatz zum Quantenvakuum, ein lineares Medium ist, kann seine Wechselwirkung mit den Schiffen als dynamische Metapher der Interaktion angesehen werden, die zwischen den beiden Energiearten des Universums stattfindet. In beiden Fällen spielt sich ein Zweiweg-Translationsprozeß ab: zuerst von den raumzeitlichen Bahnen in die Wellenformen, und dann aus dem Spektralbereich der Wellenformen zurück zu den Raumzeit-Trajektorien. Die Einzelheiten solcher Übertragungen sind bekannt: die zu ihrer mathematischen Behandlung geeigneten Verfahren wurden im späten 19. Jahrhundert von Jean Baptiste Fourier entwickelt. Fourier zeigte, daß jedes Muster in Raum und Zeit in eine Gruppe regelmäßiger periodischer Schwingungen zerlegt werden kann, die sich nur nach Frequenz, Amplitude und Phase unterscheiden. Spezielle Wellenformen können auf diese Weise exakte Abbildungen – sogenannte Fourier-Transformierte – dreidimensionaler Objekte werden.

Fourier-Transformationen werden in der quantitativen Analysis häufig angewandt: sie sind z. B. auch die Grundlage der Holographie. Zur Erzeugung eines Hologramms wird ein raumzeitliches Muster in eine Serie von Wellen umgewandelt, von denen jede eine charakteristische Frequenz und Amplitude besitzt. Der holographische Prozeß zeichnet im Gegensatz zur Fotografie nicht die dreidimensionalen Konturen der Objekte auf den holographischen Film oder auf die Platte, sondern die Koeffizienten der durch die Wellentransformationen erzeugten Interferenzmuster. Diese Koeffizienten sind ein Maß für die Verstärkungen und Auslöschungen, die bei der Überlagerung der Wellenfronten entstehen. Die Punkte des Hologramms unterscheiden sich hinsichtlich der Amplituden, die das aufgezeichnete Muster bestimmen.

Ein fahrendes Schiff, das auf der Meeresoberfläche Wellen erzeugt, erschafft die Fourier-Transformierten seines Einflusses auf dem Wasser. Eben dies ereignet sich auch, wenn Objekte ihre Trajektorien in der Raumzeit durchlaufen: sie hinterlassen ihre Fourier-Transformierten in dem Gas virtueller Teilchen, das die Raumzeit erfüllt.

Ähnlich der Meeresoberfläche speichert das skalare Spektrum des Vakuums die Koeffizienten der interferierenden Wellenfronten, die von bewegten Systemen in ihm erzeugt werden. Im Unterschied zur Meeresoberfläche aber dehnen sich diese Wellenfronten schneller aus als die Bewegung die Systeme, die sie verursacht haben: Daher beeinflussen die Wellen die Bewegung der Systeme selbst, die sie ausgelöst haben. Bei der Kodierung der Bahnen dieser Systeme führt das Vakuum die der Natur entsprechende Fourier-Vorwärtstransformation aus: es übersetzt ein Muster aus dem Raumzeitbereich in den Spektralbereich. Bei der inversen Transformation (aus dem Spektralbereich in den Raumzeitbereich) beeinflussen die im Vakuum kodierten Interferenzmuster die Bahnen der Systeme in Raum und Zeit. Vereinfacht können wir sagen, daß die materiellen Systeme bei der Vorwärtstransformation eine spektrale Einprägung im Vakuum erzeugen und daß bei der inversen Transformation das Vakuum einen dynamischen Einfluß auf die Systeme ausübt.

Dieser Effekt ist für die jeweiligen Quanten und die aus ihnen zusammengesetzten Objekte charakteristisch, weil die Rückwärtstransformierten von Fourier-Transformationen die Inversen der Vorwärtstransformierten sind. Daher ist die Kommunikation mit dem SVS stark selektiv. Die Spektren spalten sich im Lauf der Wechselwirkungen auf, so daß die Quanten und die aus ihnen bestehenden makroskopischen Systeme jeweils nur diejenige Information wieder ablesen, die sie selbst (und andere mit ihnen isomorphe Strukturen) eingelesen haben.

Diese Art der Selektivität ist aus der Holographie bekannt. Laserstrahlen verschiedener Farbe – d. h., verschiedener Frequenz – können spezifische Interferenzmuster auf einer holographischen Platte aufzeichnen, die sich auf ihr überlagern. Wenn dann die Platte mit einem Laserstrahl bestimmter Farbe beleuchtet wird, erscheint nur dasjenige Bild, das mit eben dieser Farbe aufgezeichnet wurde. Die Wiedergewinnung der Information aus einem holographischen Medium ist immer an die zur Aufzeichnung benutzte Frequenz gebunden. Ganz ähnlich ›selektieren‹ die Systeme mittels ihrer raumzeitlichen Eigenschaften jene SVS-Muster, die ihren eigenen Transformierten entsprechen. Die Folge davon ist, daß Quanten und makroskopische Systeme nicht von der Fülle der Informationen überwältigt werden, die im Vakuum von allen anderen Quanten und Multiquantenobjekten in ihrem Teilbereich des Universums erzeugt werden.

Die Interaktionspostulate

Wir gehen jetzt von dem grundsätzlich unbeobachtbaren Bereich des Vakuums zur bekannten Welt beobachtbarer Wirkungen über. Die unbeobachtbaren und beobachtbaren Bereiche sind miteinander verbunden: die Rückkopplung aus dem Vakuum erzeugt subtile, aber dennoch beobachtbare Wirkungen.

Wir betrachten die Wirkungen auf zwei verschiedene Typen von Systemen: mikroskopische, von der Größenordnung der Planckschen Konstante, und makroskopische, die aus großen Ensembles von Quanten bestehen. Mikroskopische Systeme wechselwirken mit dem SVS mittels einer Variante des Puthoffschen kosmologischen Rückkopplungszyklus. Die Bewegung der Teilchen in der Raumzeit erzeugt interferierende skalare Muster im Vakuumfeld, und das resultierende Spektrum ›in-formiert‹ (buchstäblich: *›in-formiert‹*) gemeinsam mit dem Nullpunktsfeld NPF die Bewegung der Teilchen. Dieser kosmologische Rückkopplungszyklus bedingt die Konsistenz des Verhaltens mikroskopischer Systeme, er steuert die jeweils aktuellen Teilchenbewegungen in Übereinstimmung mit den früheren.

Die im kosmologischen Rückkopplungszyklus vermittelte In-formation ist durch den Wellenausbreitungskegel im SVS begrenzt. Daher werden die Teilchen von ihren früheren Bewegungen nur innerhalb ihrer jeweiligen eigenen Materie-erfüllten Bereiche des Vakuums sofort in-formiert. In-formationen über die Bewegung der Quanten außerhalb lokaler Regionen werden durch das NPF/SVS-Feld mit zeitlichen Verzögerungen rückgekoppelt, die den variablen Geschwindigkeiten proportional sind, mit denen sich die skalaren Wellenfronten darin bewegen.

Wir betrachten nun die In-formation von Systemen, die aus großen Mengen von Quanten bestehen. Makroskopische Systeme, wie bekannt, werden weitgehend von den klassischen dynamischen Gesetzen beherrscht. Während nun das Verhalten der Quanten innerhalb derartiger Systeme weiterhin der In-formation durch den kosmischen Rückkopplungszyklus unterliegt, ist ein aus Quanten gebildetes makroskopisches Ensemble verhältnismäßig unempfindlich für die Rückkopplungswirkungen. Allerdings bezieht sich diese Unempfindlichkeit gegenüber den Vakuumfluktuationen nur auf solche Zustände, bei denen die innerhalb und von außen

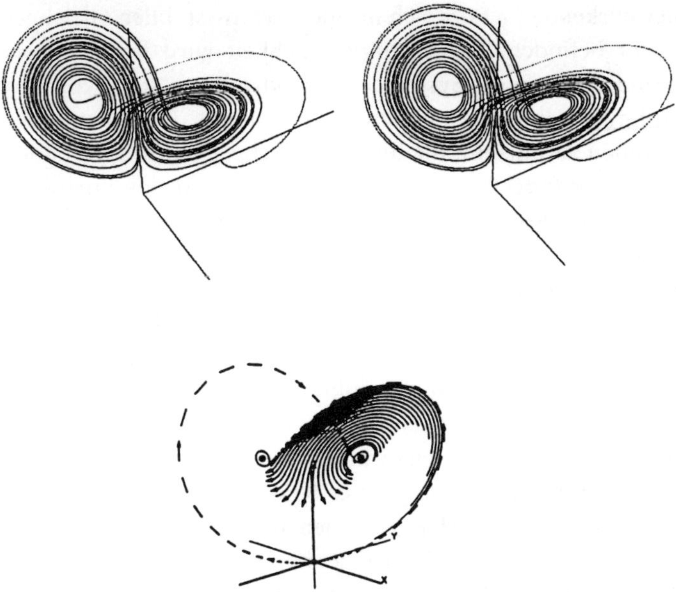

Abb. 7:
Oben: Chaotischer Attraktor eines Wettersystems, wie er erstmalig von Edward Lorenz in den 60er Jahren entdeckt wurde. Derartige Attraktoren verhalten sich asymptotisch: Während sich die vom System durchlaufene Entwicklungsbahn niemals wiederholt, überschreitet keine von ihnen die Begrenzung des Attraktors. Je länger man die Bahnen verfolgt, um so weiter nähern sie sich der Begrenzung an. (Stereoskopische Darstellung nach Paul Chernoff, *Dynamics Newsletter,* Sept. 1988.)
Unten: Ein chaotischer Attraktor mit divergierenden Bahnen. Bei diesen Attraktoren können die verschiedenen Bahnen sich beliebig nahe kommen. Man kann jedoch mathematisch beweisen, daß sie sich niemals berühren. Bahnen, die sich unmeßbar nahe sind, können in große Divergenzen hineinexplodieren, im Gegensatz zur klassischen Annahme, daß eine von ähnlichen Parametern abhängige Gleichung stets ähnliche Lösungen besitzt. (Nach Thompson und Stewart, *Nonlinear Dynamics and Chaos,* Wiley, New York, 1986.)

her wirkenden Kräfte sich in einem relativ stabilen Gleichgewicht befinden. Die Unempfindlichkeit wird jedoch überwunden, wenn die Systeme in jene instabilen, stark von den Anfangsbedingungen abhängigen Zustände übergehen (oder in ihnen verharren), die die dynamische Theorie als ›chaotische Zustände‹ beschreibt (vgl. Abb. 7 und das Stichwort *Chaos* im Anhang). Viele Systeme entwickeln signifikant chaotische Zustände, in denen ihre Teilchen Vakuumfluktuationen aufnehmen, deren Wirkungen sich im gesamten System ausbreiten und ›Kerne‹ bilden können, die das globale Verhalten des Systems beherrschen.

Die Skalarwellen, die die mikroskopischen und die makroskopischen Systeme beeinflussen, überlagern sich im Laufe der Zeit, aber sie werden nicht schwächer. Das SVS unterliegt nicht der Wirkung dissipativer Kräfte, es gibt nichts außer den Vektorenergien der geladenen Teilchen, die es beeinflussen könnten. Diese Energien zerstören aber die SVS-Muster nicht, sie retranskribieren sie nur in multiple Dimensionen. Die in jeder Wellenkomponente kodierte Information wird bei der multidimensionalen Superposition integriert, aber nicht zerstört.

Unsere Postulate zeigen, daß der beobachtbare Materie-Energie-Bereich sich durch eine fortwährende rückbezügliche Wechselwirkungsdynamik entwickelt. Das skalare Spektrum des Quantenvakuums evolviert gemeinsam mit dem Materie-Energie-Bereich und trägt die multidimensionalen Spektraltransformierten der 3n-dimensionalen Konfigurationsräume der Materie-Energie-Teilchen. Während das Spektrum als solches unbeobachtbar bleibt, erzeugen seine Wechselwirkungen jene wesentliche subtile Basis, die erforderlich ist, um die Zufälligkeit des Evolutionsprozesses zu verringern und eine Übereinstimmung zwischen seinen unterschiedlichen Produkten herzustellen.

Das Psifeld

Die Ergänzung der bekannten Eigenschaften des Vakuums durch das SVS erweitert das Standardkonzept des Universums. Es enthält nun sowohl die vektoriellen als auch die skalaren Energieflüsse des Vakuums. Dieses sich-selbst-modulierende und mitevolvierende Vakuum muß keine abstrakte Vorstellung bleiben; es verdient vielmehr, ein Teil unserer fundamentalen Weltanschauungen zu werden. Wir verzichten auf die Ausführung der technischen Details, die zur Darstellung der physikalischen Basis des Vakuumfeldes erforderlich wären, und nennen es im weiteren einfach das ›Ψ-Feld‹. Die von diesem Feld auf die beobachtbaren Erscheinungen ausgeübten Wirkungen bezeichnen wir als ›Ψ-Effekte‹.

Die Wahl eines griechischen Symbols erfolgt nicht willkürlich. Zum einen ist das in Frage stehende Feld – trotz seiner bisherigen Vernachlässigung – ein wesentlicher Aspekt der Natur, so daß es einen eigenen wissenschaftlichen Namen verdient. Zum zweiten sollte der eventuelle Name, selbst wenn ein griechisches Symbol angemessen ist, den Eigenschaften des Feldes und den Wirkungen entsprechen, die es erzeugt. Die Bedeutungen, die traditionell und gegenwärtig mit dem Symbol Ψ verbunden werden, das sowohl für die Schrödingersche Wellenfunktion steht als auch für *psyche* (Seele, Intelligenz, oder allgemein: Lebensprinzip und Geist) erfüllen diese Forderung.

In der Tat läßt sich die Benutzung des Symbols Ψ für das Raum und Zeit verbindende Feld dreifach begründen:

Erstens: Im Quantenbereich vervollständigt das Feld die Beschreibung des Quantenzustandes und spezifiziert die Wellenfunktion des Teilchens. Nach den Postulaten der EWD gehorcht das durch das Ψ-Feld vervollständigte physikalische Universum der Schrödinger-Gleichung $\Psi\ (_{x,t})$, ähnlich wie die geometrische Struktur der Raumzeit die Bedingungen der Einsteinschen Gravitationskonstanten und das elektromagnetische Feld die der Maxwellschen Gleichungen erfüllt.

Zweitens: Bezüglich der Welt des Lebendigen ist das Feld ein Faktor der Selbstbezüglichkeit. Es ›in-formiert‹ die Organismen in Übereinstimmung mit ihrer eigenen Morphologie und der ihrer Umwelt und kann daher als eine Art Intelligenz oder als verallgemeinerte ›Psyche‹ angesehen werden, die im Schoß der Natur wirkt.

Drittens: Im Bereich des Geistes und des Bewußtseins vermittelt das Feld die spontane Kommunikation zwischen menschlichen Gehirnen sowie zwischen den Gehirnen und der Umgebung der Wesen, die Gehirne besitzen. Obwohl die Wirkungen des Feldes nicht auf die außersinnliche Wahrnehmung und andere esoterische Phänomene beschränkt sind, vermitteln sie jene Art von Informationen, die traditionell in der Kategorie der ›Psi-Phänomene‹ zusammengefaßt werden.

Wir haben also gute Gründe, wenn wir angesichts des seltsamen (aber künftig nicht mehr gänzlich anormalen) Verhaltens der Quanten, angesichts der bemerkenswerten Koordination der lebenden Organismen, und nicht zuletzt der erstaunlichen Informations-speichernden und vermittelnden Kapazität menschlicher Gehirne von einem ›Ψ-Effekt‹ sprechen

Im folgenden Teil 4 benutzen wir die vereinfachte Terminologie, wenn wir die beobachteten Anomalien und Paradoxien als subtile Wechselwirkungen der Flüsse virtueller Wellen im Quantenvakuum mit den materiegebundenen vektoriellen Energien im Rahmen der einheitlichen Wechselwirkungsdynamik behandeln, die das beobachtbare Universum mit dem Ψ-Feld gemeinsam entwickelt.

IV. Explorationen

9. Neubetrachtung der physikalischen Rätsel

Wie Einstein oft betonte, sind die Grundkonzepte unserer Theorien Erzeugnisse unserer Vorstellungskraft, die verständlicherweise im wissenschaftlichen Sinn geordnet sein müssen: zuerst durch eine nachprüfbare Hypothese hinsichtlich dessen, was eintreten soll, und danach durch die Überprüfung ihrer Fähigkeit, das zu erhellen, was tatsächlich der Fall ist. Eine Verifizierung ist niemals vollständig oder endgültig: Popper hat nachgewiesen, daß es kein ›experimentum crucis‹ gibt, das ein für alle Mal entscheiden könnte, ob eine vorliegende Theorie wahr oder falsch ist. Die Sicherung des wissenschaftlichen Fortschritts besteht in der kontrollierten Einführung von Arbeitshypothesen und der systematischen Untersuchung ihrer Eignung zur Erklärung wesentlicher Phänomene – und soweit möglich – zu deren Vorhersage.

Die Postulate der einheitlichen Wechselwirkungsdynamik sind, ebenso wie die der anderen physikalischen, biologischen und kognitiven Theorien, Erzeugnisse geordneter Imagination. Nach ihrer Entwicklung zu expliziten Hypothesen sind sie zur Prüfung ihrer Eignung verfügbar, Licht auf die Muster empirischer Beobachtung und Erfahrung zu werfen. Hypothesen, die sich als ›einfachst mögliches Denkschema zur Verbindung von Beobachtungstatsachen‹ erwiesen haben, können solange als bestätigt gelten, bis die beobachteten Tatsachen durch noch einfachere Modellvorstellungen verknüpft werden können.

Einfachheit versteht sich in diesem Zusammenhang als spezifische Eigenschaft einer Theorie oder Hypothese: als optimal einfach gilt diejenige, welche auf der kleinsten Zahl nichtanalysierter Voraussetzungen gründet, aus denen schlüssige Folgerungen hinsichtlich der Natur der beobachteten Tatsachen abgeleitet werden können. Demzufolge ist Einfachheit in der Wissenschaft das genaue Gegenteil von Einfältigkeit: das einfachst mögliche Gedankenmodell ist gewöhnlich das abstrakteste, wie die theoretischen Neuerungen in den meisten Disziplinen, insbesondere in der Kosmologie, in der Quanten- und Feldphysik, vielfach bestätigen.

Wir versuchen nun, die in Teil 3 skizzierte EWD in Form spezifischer Hypothesen zu entwickeln und sie hinsichtlich ihrer Eignung zu prüfen, Licht auf die Anomalien zu werfen, welche die physikalische, biologische und psychologische Forschung bedrängen.

Das Problem der Quantenwirklichkeit

Während des größten Teils unseres Jahrhunderts hatte die Quantenphysik ein ernsthaftes Problem mit der Realität. Im Jahre 1900 zeigte Planck, daß die Energie eines Körpers in Form diskontinuierlicher, als Quanten bezeichneter Pakete ausgestrahlt wird. Einstein bewies 1905, daß das Licht zusätzlich zu seinen bekannten Welleneigenschaften korpuskulären Charakter besitzt. Bohr fand im Jahre 1913, daß die Atomhüllenelektronen beim Übergang von einer Bahn zur anderen keine Zwischenstadien durchlaufen. 1923 postulierte de Broglie, daß die Materiequanten sowohl nichtreduzierbare Teilchen- als auch Welleneigenschaften haben, und Heisenberg formulierte 1927 die Unschärferelation, die unserer Kenntnis der beobachterunabhängigen Quantenwirklichkeit Grenzen setzt. Am Ende sah sich Bohr zur Kopenhagener Interpretation der Quantentheorie gezwungen, nach der die Quantenwelt ein nicht weiter deutbares Elementarphänomen darstellt, über das man, von Labormessungen abgesehen, nicht spekulieren sollte.

Die immer mehr werdenden Anomalien der Quantenwelt führten zu einem praktisch unverständlichen Wirklichkeitskonzept des Subatomaren; es ist daher keineswegs verwunderlich, daß die Kopenhagener Schule jegliche Spekulation darüber verweigerte. Während aber viele Quantenphysiker sich mit dem Kopenhagener Verbot abfanden, gaben andere Theoretiker wagemutige Erklärungen darüber ab, was wohl dem ›elementaren Quantenphänomen‹ zugrundeliegen könnte. Es wurde klar, daß die Kopenhagener Deutung nicht logisch zwingend ist: die heutigen Physiker verfügen über mehrere Alternativen, wenn es um die Interpretation der Natur der Quantenwelt geht. Der von Jean Staune vorgeschlagene ›Entscheidungsbaum‹ stellt die wesentlichen Sachverhalte und Wahlmöglichkeiten grafisch dar (vgl. Abb. 8).

Es gilt vor allem, eine grundsätzliche Entscheidung zu

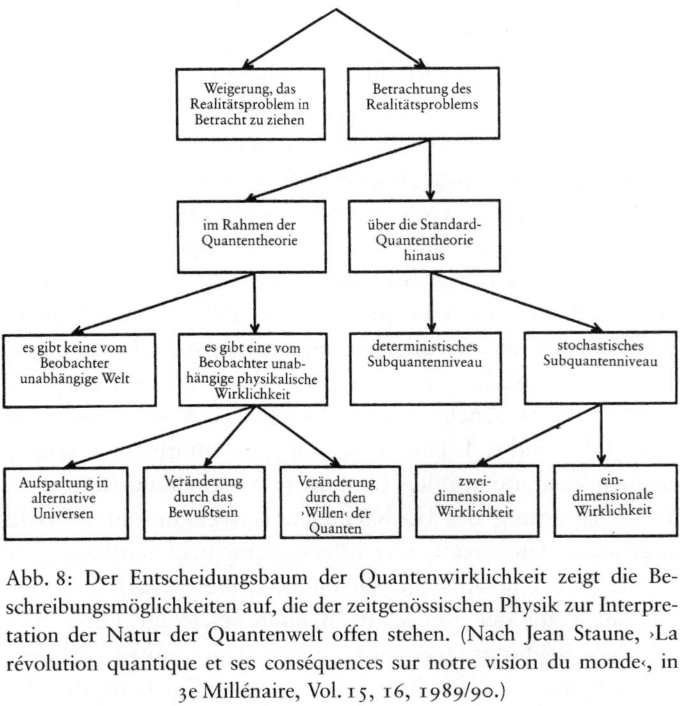

Abb. 8: Der Entscheidungsbaum der Quantenwirklichkeit zeigt die Beschreibungsmöglichkeiten auf, die der zeitgenössischen Physik zur Interpretation der Natur der Quantenwelt offen stehen. (Nach Jean Staune, ›La révolution quantique et ses conséquences sur notre vision du monde‹, in 3e Millénaire, Vol. 15, 16, 1989/90.)

treffen: Soll man das untersuchen, was Bernard d'Espagnat die ›verhüllte Wirklichkeit‹ und Wheeler ›den großen feuerspeienden Drachen‹ nannte, oder soll man das Ganze einfach ignorieren? Wenn man sich zu letzterem entschließt, kann man die Experimente und Beobachtungen ohne weiteren Aufwand fortsetzen (man muß allerdings damit zufrieden sein, in Alices Wunderland zu leben, in dem die Katzen zwar grinsen, aber keine Substanz besitzen – das heißt: es gibt zwar *Observationen*, aber keine *Observablen*). Wenn man sich andererseits dem Wirklichkeitsanspruch stellt, ergeben sich mehrere Alternativen.

Die erste besteht darin, innerhalb der Grenzen der Quantentheorie zu bleiben. Man kann dann entweder leugnen, daß es eine vom Beobachter unabhängige Welt gibt, woraus folgt, daß allein der Beobachter real ist und alles andere nur in seiner Erfahrung besteht. Man kann sich aber auch dazu entscheiden, aus diesem radikalen Phänomenalismus auszubrechen und eine vom Beobachter unabhängige Wirklichkeit zuzulassen. In diesem Fall ist man logisch gezwungen, zu erklären, warum diese Wirklichkeit anscheinend durch die Beobachtungen des Experimentators beeinflußt wird.

Wir könnten sagen, das Bewußtsein des Beobachters wirke auf die Quantenereignisse: dies entspricht der Einstellung, die unter anderen von John von Neumann und Eugene Wigner vertreten wird.[1] Eine andere Antwort besagt, daß nicht der Beobachter des Ereignisses das Ergebnis bestimmt, sondern das beobachtete Ereignis selbst, daß also – wie von R. G. Jahn und B. J. Dunne behauptet – ein Elektron seinen eigenen Zustand wählt.[2] Eine dritte Möglichkeit besteht in der Aufspaltung des beobachteten Universums in so viele alternative Universen, wie es mögliche beobachtbare Zustände gibt, eine Ansicht, für die H. Everett eintritt.[3]

Wenn keine der drei Möglichkeiten befriedigt, kann man im Entscheidungsbaum zurückgehen und einen anderen Zweig wählen. Dieser führt auf den Spuren Einsteins über die

Horizonte der Kopenhagener Schule hinaus und bewertet die derzeitige Quantentheorie als wesentlich unvollständig. Diese Position wurde in letzter Zeit von Dirac erneut mit dem folgenden Zitat bestätigt: ›Die gegenwärtige Quantenmechanik ist nicht endgültig. Weitere Änderungen, vielleicht ebenso drastisch wie die des Übergangs von den Bohrschen Elektronenbahnen zur eigentlichen Quantentheorie, werden erforderlich sein. Es ist sehr wahrscheinlich, daß Einstein auf lange Sicht recht behalten wird‹.[4]

In der Mitte unseres Jahrhunderts untersuchte Bohm diesen Zweig des Entscheidungsbaums in seiner berühmten, wenn auch kontroversen Theorie der verborgenen Variablen. Seitdem hat eine ganze Reihe von Feldtheorien den lokalen Determinismus der Theorie der verborgenen Variablen durch den Wechselwirkungsdeterminismus ersetzt, der dem Beziehungsgeflecht eigen ist, in das die Quanten eingebettet sind. In der S-Matrix-, der Bootstrap- und in den Quantenfeldtheorien wird der jeweilige Quantenzustand auf die Gesamtheit der Wechselwirkungen bezogen, die die Totalität des Universums kennzeichnen.

Die Frage, der man an dieser Stelle gegenübersteht, betrifft die Natur eben dieser Totalität. Bohm, der 1980 über die lokale Determiniertheit der Theorie der verborgenen Variablen hinausging, indem er den holistischen Determinismus der impliziten Ordnung einführte, schlug vor, daß es einen anderen, nicht-zeitlichen und nicht-räumlichen Bereich gibt, in dem alles, was je geschah und je geschehen wird, vollständig und dauerhaft vorliegt. Das ist jedoch nicht die einzige Alternative an dieser Verzweigung des Entscheidungsbaums: wenn man die EWD wählt, so findet man eine einschichtige Wirklichkeit, in der die Wechselwirkung der Materie mit dem Quantenvakuum – als fünftem Feld des Universums – den Quantenzustand definiert.

Um diesen Zweig des Quantenwirklichkeits-Entscheidungsbaums zu erreichen, beginnen wir mit einer Betrachtung des Realitätsproblems. Wir gehen dann über die offizielle Betrachtungsweise der Quantenlehre hinaus und entscheiden uns, das Gesamtuniversum als für den Quantenzustand bestimmend anzusehen; schließlich wählen wir die Option eines einschichtigen Modells der Wirklichkeit, in der die Feld-Quanten-Wechselwirkungen die beobachteten Erscheinungen erzeugen.

Eine neue Sicht der Quantenparadoxien

Die Postulate der einheitlichen Wechselwirkungsdynamik vermögen neues Licht auf die Probleme zu werfen, mit denen sich die Erforschung der Quantenwelt auseinanderzusetzen hat. Um diese Annahme zu prüfen, benötigen wir zunächst eine Darstellung der ›Quanten-Ψ-Feld-Hypothese‹, um ihre heuristische Kraft zu untersuchen.

In ihrer einfachsten Form sagt die Quanten-Ψ-Feld-Hypothese aus, daß die Wechselwirkung der Quanten mit dem Ψ-Feld den Quantenzustand definiert. Die beobachteten Besonderheiten des Verhaltens der Quanten, einschließlich der Welle-Teilchen-Dualität und der Nichtlokalität, sind durch die resultierenden ›Ψ-Effekte‹ bedingt.

Ähnlich den Solitonen erscheinen die Quanten als unabhängige Strukturen, obgleich sie Teile des von virtueller Energie erfüllten Quantenvakuums sind. Das Vakuum enthält elektromagnetische und skalare Spektren. Die Bewegung geladener Teilchen erzeugt das Nullpunktsfeld (NPF) des elektromagnetischen Spektrums, während die Bewegung aller realen Teilchen im Vakuum die sekundären masselosen Ladungen erzeugt, die sich als skalares Spektrum ausbreiten. Der von Puthoff beschriebene, sich selbst aufrechterhaltende Rückkopplungszyklus umfaßt beide Spektren im Vakuum, insgesamt muß das Gesamtspektrum als informationsreich angesehen werden. Seine SVS-Komponente ›in-formiert‹

durch die NPF die aktuellen Bahnen der Quanten in Übereinstimmung mit ihren früheren Trajektorien.

Ungleich der Ausbreitung der transversalen Wellen des elektromagnetischen Spektrums sind die sich im SVS ausbreitenden Longitudinalwellen nicht durch die Konstante c der Lichtgeschwindigkeit begrenzt: in materieerfüllten Bereichen können die sich im SVS ausbreitenden Skalare fast unendliche Geschwindigkeiten erreichen. Während die durch die Bewegung der Quanten erzeugten Wellenfronten sich schneller als die Quanten selbst bewegen, werden sie von der Rückkopplung des Vakuums nicht nur hinsichtlich ihrer eigenen Bewegung ›in-formiert‹, sondern auch im Hinblick auf die gleichzeitige Bewegung der anderen Quanten in einem vorgegebenen Bereich. Daher spiegelt sich nahezu der gesamte Zustand einer Materie-erfüllten Region in den Rückkopplungsprozessen des Ψ-Feldes.

Die Ψ-Effekte werden aber nicht von den gesamten Informationen bewirkt, die in den vom Vakuum zurückgeführten Wellenmustern enthalten sind: tatsächlich wird jedes Quant nur von derjenigen Wellenformkomponente des Musters informiert, die mit seiner eigenen Raumzeitbahn korrespondiert. Im Fall der Vielteilchensysteme erstreckt sich diese ›Information‹ auf den 3n-dimensionalen Konfigurationsraum des gesamten Systems (wobei die Wellenfunktion des Systems durch einen Konfigurationsraum dargestellt wird, in dem es für jedes Teilchen drei Dimensionen gibt, so daß der Konfigurationsraum eines Systems aus n Teilchen 3n-dimensional ist).

Die soeben betrachtete Hypothese soll die Unbestimmtheit und Nichtlokalität des Quantenverhaltens auf der Grundlage einer fortwährenden Wechselwirkung der Quanten mit der Substruktur des Quantenvakuums erklären. Jedes Interferenzmuster des Vakuums koppelt auf die entsprechende Raumzeitbahn oder den Konfigurationsraum zurück. Der Prozeß gehorcht der Regel, nach der die Inverse derjenigen

Transformation, die aus der Raumzeit in den Spektralbereich übersetzt, aus dem Spektralbereich zurück in die Raumzeit transformiert. Demzufolge wird in einer Materie-erfüllten Region der Raumzeit, in der sich die Sekundärwellen quasiinstantan ausbreiten, jedes Atom, jedes Photon, jedes Elektron und jedes Nukleon innerhalb jedes Atoms kontinuierlich von dem Wellenmuster in-formiert, das mit dem jeweiligen dreidimensionalen Konfigurationsraum korrespondiert.

Wir können diese Hypothese prüfen, indem wir sie auf die bereits berühmten Quantenparadoxien anwenden, die wir hier nochmals zusammenfassen:*

– augenscheinlich als einzelne Korpuskeln emittierte Photonen interferieren miteinander als Wellen;

– die Messung des Wahrscheinlichkeitszustandes eines Teilchens bestimmt den Zustand (Zusammenbrechen der Wellenfunktion) eines anderen;

– Elektronen, die durch Supraleiter fließen, bewegen sich vollständig kohärent;

– Elektronen, die Atomkerne umkreisen, schließen sich gegenseitig ohne Austausch einer nachweisbaren Energieform aus;

– die Energieniveaus von Kohlenstoff, Helium und Sauerstoff, sowie die eines Berylliumisotops, sind unwahrscheinlich fein korreliert;

– die physikalischen Konstanten, die die Entwicklung der Materie im Universum beherrschen, sind ebenfalls erstaunlich genau aufeinander abgestimmt.

Nach der Verifizierung des EPR-Gedankenexperiments durch Alain Aspect im Jahre 1982 kann nicht länger bezweifelt werden, daß die Messung des Zustandes eines Teilchens den Zustand eines anderen beeinflußt.[5] Dennoch strapaziert die quantentheoretische Erklärung des Phänomens die Grenzen der Glaubwürdigkeit. Wenn sich zwei Teilchen solange

* Die Paradoxie der universellen Konstanten wird im Kapitel 12 betrachtet.

im Zustand probabilistischer Überlagerung befinden, bis eines von ihnen beobachtet wird, und wenn zu diesem Zeitpunkt beide in einen determinierten nicht-überlagerten Zustand übergehen (und wenn die Beobachtungsinstrumente selbst sie nicht in irgendeiner Weise verbinden), dann muß ein überlichtschnelles Signal zwischen ihnen vermitteln. Lehnt man diese Überlegung ab, so ist man entweder gezwungen anzunehmen, daß die beiden Teilchen als Elemente eines gemeinsamen Koordinatensystems eine untrennbare Einheit bilden – in welchem Fall man sich über die Natur dieses Systems Gedanken machen muß –, oder man muß akzeptieren, daß das beobachtete Teilchen sich irgendwie in der Zeit rückwärts bewegt, um seinen Zwilling von der Messung zu informieren, die an ihm durchgeführt wurde.[6]

Die Quanten-Ψ-Feld-Hypothese liefert eine realistische Erklärung des Koordinatensystems, in das die Teilchen integriert sind. Ein Quant ist eine Soliton-ähnliche Welle, die im Vakuum fließt und skalare Wellenfronten erzeugt, die virtuell bleiben, ohne die Schwelle der Teilchenpaarbildung zu überschreiten. Die Wellenfronten breiten sich mit Überlichtgeschwindigkeiten aus und wechselwirken mit den Bahnen der anderen Quanten. Da die Quantenbahnen im Vakuum sekundäre Wellenfronten auslösen, erzeugt das resultierende modulierte virtuelle Energiefeld Verbindungen zwischen den einzelnen Bahnen, die in Materie-erfüllten Räumen des Feldes quasi-instantan sind. In vereinfachter Terminologie können wir sagen, daß das Ψ-Feld jedes Quant momentan über die Raumzeitbahnen der anderen Quanten innerhalb eines kosmischen Bereiches ›in-formiert‹. Ergebnis dieses Vorgangs ist die beobachtete Nichtlokalität: eine vom Vakuum zurückgeführte Information des Zustandes eines Teilchens an das andere.

Beim Doppelspalt-Versuch interferieren die als Korpuskeln emittierten Teilchen miteinander als Wellen. Zur Erklärung dieses Phänomens bedürfen wir keiner Pilotwelle, die

die korpuskelähnlichen Teilchen begleitet und ihre Bewegungen koordiniert. Photonen, Elektronen und andere Teilchen sind selbst Soliton-ähnliche Wellen in einem universellen Energiefeld. Dieses Feld bewahrt die Spektraltransformierten der Teilchenbahnen, es koppelt sie zurück und erzeugt damit das beobachtete Phänomen der Welleninterferenz.

Die Quanten-Ψ-Feld-Hypothese gilt auch für die nichtdynamischen Korrelationen innerhalb der Atomhüllen. Wir können den Mythos, nach dem jedes Elektron irgendwie den Quantenzustand der anderen ›kennt‹ und die korrespondierenden antisymmetrischen Wellenfunktionen annimmt, zurückweisen; statt dessen behaupten wir, daß die Elektronen durch ein kontinuierliches Feld verbunden sind, das die Signale augenblicklich überträgt. Im Fall von Teilchenkonfigurationen konserviert dieses Feld den 3n-dimensionalen Konfigurationsraum des Ensembles und koppelt ihn zurück.

Die Rückkopplung des Konfigurationsraums eines Ensembles gilt auch im Fall chaotischer atomarer Zustände, wie sie bei den sogenannten Rydberg-Atomen vorliegen, das heißt bei Atomen, die mittels eines Magnetfeldes bis zum Einsetzen der Ionisierung angeregt werden. Wie wir gezeigt haben, wird an der kritischen Anregungsschwelle die Verteilung der Energiebänder der Elektronenhüllen geordnet, und die Bewegungen innerhalb der Energiebänder werden korreliert. Diese Effekte können nicht die Folge inneratomarer dynamischer Kräfte sein, für deren Existenz es, wie im Fall des Ausschließungsprinzips, keinerlei Hinweise gibt, sie müssen vielmehr auf die Wechselwirkungen des Atoms mit dem Quantenvakuum zurückgeführt werden. Diese Wechselwirkungen sind gleichbedeutend mit einer ›In-formation‹ der dynamischen Struktur des Atoms durch die Wellentransformierte des korrespondierenden 3n-dimensionalen Konfigurationsraumes. Sie erzeugt den beobachteten Effekt in den Rydberg-Atomen aufgrund der extremen Abhängigkeit der in chaotischen Zuständen befindlichen Systeme von ihren

Anfangsbedingungen (d. h., von ihrer großen Eingangsempfindlichkeit).

Die Phänomene der Supraleitfähigkeit und der Superfluidität können ebenfalls sinnvoll behandelt werden. Wie in Kapitel 4 gezeigt, ist das Verschwinden des elektrischen Widerstandes in einem Supraleiter die Folge des hohen Grades von Kohärenz der Elektronen, deren Bewegung den Strom erzeugt. Bei gewöhnlichen Temperaturen zerstört die Schwingungsbewegung der Gitteratome die Kohärenz des Elektronenflusses und bewirkt das Phänomen des elektrischen Widerstandes. Wenn der Leiter unter die Sprungtemperatur abgekühlt wird, nimmt die Schrödingersche Wellenfunktion Ψ für alle Elektronen die gleiche Form an, dadurch fließt der Strom widerstandsfrei durch das Metall. Infolge dieser Kohärenz fließen superfluides Helium und ähnliche Superfluide ohne Reibung durch enge Kapillaren und Spalte.

Die Ψ-Feld-Hypothese besagt, daß die Kohärenz der Quanten bei diesen Phänomenen ein Zeichen dafür ist, daß Elektronen sich im Quantenvakuum als Flüsse bewegen. Unter der Voraussetzung eines gewissen Grades von Viskosität des Vakuums (die wegen der endlichen Permittivität und Permeabilität naheliegt, die die Ausbreitungsgeschwindigkeit der Quanten begrenzt) schließen sich eng benachbarte Teilchen zusammen und bilden gemeinsam einen einheitlichen kohärenten Fluß. Eine derartige umfassende Kohärenz kann nicht auf tiefstgekühlte Flüssigkeiten beschränkt sein, sie sollte vielmehr alle Flüsse im Vakuum charakterisieren. Dieser Effekt kann aber nicht auftreten, weil das thermische Rauschen (die Brownsche Bewegung der Teilchen in den Atomgittern) bei allen, außer den niedrigsten Temperaturen die Kohärenz des Flusses zerstört. Tiefstkühlung beseitigt die thermische Störung und läßt die Kohärenz zutage treten, die grundsätzlich allen Quantenflüssen im Vakuum eigen ist.

Wenn wir das Vakuumfeld aus der Sphäre mathematischer

Abstraktion herauslösen und ihm eine Wechselwirkung mit den Ereignissen der realen Welt erlauben, finden wir eine zweigleisige Interaktion zwischen diesem Feld und der Quantenbewegung. Bei gründlicher Überprüfung könnte eine angemessene Betrachtung dieser Wechselwirkung eine Basis für die Überführung der schattenhaften Quantenwelt in eine Welt liefern, die denselben kohärenten Gesetzen gehorcht wie die makroskopische Welt der uns vertrauten Erscheinungen.

10. Neue Horizonte in der Biologie

Auf der Erde, wie vielleicht auch auf anderen Planeten, führte die Evolution zu einer Folge von ineinander geschachtelten Systemen. Planetare Ökologien, die die größten terrestrischen Strukturen darstellen, bestehen aus kontinentalen und kleineren ökologischen Systemen, die wiederum aus Populationen von Lebewesen mit einer jeweils spezifischen physikalischen, chemischen und biologischen Umwelt zusammengesetzt sind. Der einzelne Organismus ist aus Zellen aufgebaut, Zellen bestehen aus Proteinen, Proteine wiederum sind Verknüpfungen aus Molekülen, die ihrerseits aus Atomen bestehen, die schließlich als Konfiguration von Kernteilchen und Elektronen angesehen werden können.

Wir kommt es, daß die biologische Evolution ein derartiges Komplexitätsniveau erreichen konnte? Wie kann sich der bereits erreichte Komplexitätsgrad halten und weiter verbreiten? Offensichtlich muß in der Natur etwas anderes als nur der reine Zufall am Werk sein, ein zusätzlicher Faktor, der sich nicht einfach auf die rein genetische Information reduzieren läßt. DNA-Sequenzen der Zellchromosomen können für sich allein die Differenzierung und Strukturierung einer Vielzahl von Zellen unter einer Vielzahl von Bedingungen nicht erklären. Zufällige Mutationen bieten keine ausreichende Erklärung für die plötzlichen Sprünge, die bei der Entstehung neuer Arten bedeutsam sind, ebensowenig wie die Kenntnis biochemischer Abläufe zum Verständnis der körperlichen Regenerationsvorgänge ausreicht.

Was einen Schmetterling von einem Löwen, ein Huhn von einer Fliege, oder einen Wurm von einem Walfisch unterscheidet, ist, wie François Jacob betonte, viel weniger der Unterschied chemischer Bestandteile als ihre unterschiedliche Organisation und Struktur. So haben z. B. alle Wirbeltiere denselben Chemiehaushalt; die Unterschiede zwischen den einzelnen Arten können also nicht auf die Struktur, sondern nur auf unterschiedliche Funktionsabläufe zurückgeführt werden. Während der embryonalen Entwicklung können bereits kleine Änderungen der Regelkreise das endgültige Ergebnis tiefgreifend beeinflussen. So kann zum Beispiel durch die Veränderung der Wachstumsrate verschiedener Körpergewebe oder der Synthesezeit der verschiedenen Proteine ein völlig anderes Tier entstehen. Was aber, wenn nicht die DNA, regelt diese komplexen Vorgänge?

Ähnliche Probleme ergeben sich aus den Programmen, die die Wiederherstellung geschädigter Organismen bewerkstelligen. Wie kommt es, daß der Verlust der Augenlinse eines Wassermolches von ihm wieder ausgeglichen werden kann, obwohl eine derartige Verletzung in der Natur so gut wie nie vorkommt? Wie können sich die künstlich voneinander getrennten Zellen eines Schwammes wieder zu einem vollständigen Organismus vereinigen?

Das Überleben der Arten in einer sich verändernden Umwelt wirft noch weitere Probleme auf. Um zu überleben, müssen die Tierarten von Zeit zu Zeit von einer Existenznische zur anderen wandern. Es ist durchaus unklar, wie sie das bewerkstelligen können. Wenn die Evolution ausschließlich auf Zufallsmutationen beruhen würde, könnten die zufälligerweise an eine neue Nische adaptierten Mutanten nicht lange genug überleben, um der gesamten Art das Erreichen dieser Nische zu sichern. Unter der Voraussetzung, daß sie weniger gut an die neue Existenznische angepaßt sind als die nichtmutierten Abkömmlinge, würden sie bald durch natürliche Selektion eliminiert werden.

Die diskontinuierliche Natur der Evolution läßt weitere Rätsel entstehen. Ihre Sprünge widersprechen der Darwinschen Erklärung, nach der sich bestehende Arten kontinuierlich und schrittweise weiterentwickeln. Angesichts solcher Befunde hielten Brian Goodwin und Rupert Sheldrake die Einführung biologischer Felder für erforderlich, während andere Wissenschaftler auf noch esoterischere Erklärungen Bezug nahmen. So sprach zum Beispiel Alister Hardy von der vermutlichen Existenz psychischer Blaupausen; Herrmann Weyl postulierte die Wirkung immaterieller Steuerungsfaktoren, wie etwa Ideen, bildhaften Vorstellungen oder Bauplänen, während Roberto Fondi von möglichen Archetypen oder ähnlichen spirituellen Faktoren ausging, die für die Organisation lebender Organismen verantwortlich seien.

Diese und verwandte Probleme der Formbildung finden eine schlüssige Erklärung, wenn wir sie auf die biologische Ableitung unserer Grundhypothese beziehen. Aus dieser ergibt sich, daß lebende Systeme andauernd mit dem Ψ-Feld wechselwirken, wenn dies auch nicht immer meßbar ist. Man kann diese Wechselwirkung als ein fortschreitendes ›Einlesen‹ des sich dynamisch verändernden 3n-dimensionalen Konfigurationsraumes der Lebewesen in das Ψ-Feld beschreiben, ebenso wie als fortwährendes, wenn auch nur gelegentlich sichtbares ›Herauslesen‹ des korrespondierenden multidimensionalen Wellenmusters aus diesem Feld.

Der hierbei stattfindende beidseitige Umsetzungsprozeß entwickelt sich dadurch weiter, daß die Fourier-Transformierte des 3n-dimensionalen Konfigurationsraumes eines bestimmten Lebewesens als sekundäre Wellenfront in das Ψ-Feld diffundiert und das Ergebnis der Umkehrtransformation an diejenigen Lebewesen zurückgekoppelt wird, die durch einen hierzu passenden Konfigurationsraum charakterisiert sind. Die Wellenformen sind multidimensional und kodieren den Konfigurationsraum individueller Organismen innerhalb des noch höher dimensionalen Konfigurationsraumes der Umwelt. So werden dank der Multidimensionalität der Wellenfronten die Lebewesen sowohl über ihr artspezifisches morphologisches Muster als auch über das Muster der Umwelt in-formiert, in der sie integriert sind. Diese ›Information‹ erzeugt aufgrund der extremen Empfindlichkeit chaotischer Zustände regelmäßig wiederkehrende manifeste Wirkungen.

Biosysteme sind höchst komplex und von Natur aus instabil; ihre Funktion wird daher von einer Vielzahl von Attraktoren, darunter auch chaotischen Attraktoren, gesteuert. Ihr Phasenportrait wird immer wieder von solchen chaotischen Attraktoren bestimmt. Selbst unter relativ stabilen Bedingungen, wenn sich noch keine Turbulenzen zeigen, können chaotische Attraktoren in latenter Form vorhanden sein, ähnlich wie es bei rezessiven Genen der Fall ist. Gelegentlich nehmen ganze Populationen, Organismen und insbesondere Organsysteme vorwiegend chaotische Zustände an. Selbst das Herz, ein Muster stabiler und regelmäßiger Funktionen, hat im gesunden Zustand einen ›tanzenden‹ Rhythmus: der Herzschlag ist mit feinen Unregelmäßigkeiten verbunden. Ein gesundheitliches Risiko entsteht erst dann, wenn diese Unregelmäßigkeiten sich verselbständigen, wie zum Beispiel bei Herzflimmern. Wenn aber alle Spuren chaotischer Tätigkeit verschwinden und das Herz mit monotoner Regelmäßigkeit schlägt, ist der Organismus alles andere als gesund, oft sogar dem Tode nah. Auch die neuronalen Netze des Großhirns arbeiten in einem vorwiegend chaotischen Zustand. Nach Meinung einiger Forscher auf diesem neuen Gebiet der nichtlinearen neuronalen Dynamik gilt in vielen physiologischen Bereichen der Satz ›je mehr Chaos, desto besser‹ – auch wenn sie uns nicht immer sagen können, warum dies so ist.[7]

Auch auf der Ebene ganzer Arten und Populationen finden sich chaotische Prozesse. Erstes und wichtigstes Faktum ist dabei die Variabilität des Genotyps. Auch wenn das Genom einer Reihe äußerer Einflüsse unterliegt und seine Wandlungsmöglichkeit nicht unbeschränkt ist, ähneln die von ihm ausgehenden Mutationen den Ergebnissen eines Zufallsgenerators. Folglich reagiert der Genotyp, ganz ähnlich dem Gehirn und dem gesamten biologischen Organismus, empfindlich selbst auf kleinste Änderungen seiner Umwelt.

Wenn wir von der Annahme ausgehen, daß ganze Arten und Populationen ebenso wie einzelne Organismen und Organsysteme sich immer wieder in einem chaotischen Funktionszustand befinden, können wir diese Zustände nach Hinweisen auf eine durch subtile Vakuumfluktuationen übertragene Information untersuchen. Wir suchen nach dem Ψ-Effekt zunächst in der morphologischen Entwicklung und Regeneration im Zusammenhang mit der Ontogenese und anschließend in dem artenbildenden Prozeß, der zur Phylogenese führt.

Der Psi-Effekt in der Ontogenese

In höheren Organismen beginnt die Ontogenese – die Entwicklung eines individuellen Organismus – mit dem Wachstum und der Weiterentwicklung des Embryos. Bekanntlich stellt die Embryogenese ein chaotisches und in gewisser Hinsicht auch ultraempfindliches System dar. Bei der Zellteilung und -differenzierung sind äußerst komplizierte Prozesse am Werk, die einer detaillierten und genauen Regelung bedürfen. Eine derartige Regelung läßt sich nicht mittels stabiler Attraktoren darstellen und wird wahrscheinlich auch nicht allein von genetischen Informationen gesteuert. Sie ist eher als Ergebnis der Wechselwirkung zwischen DNS-kodierten Zellen und einer ›epigenetischen‹ Landschaft anzusehen und verfügt über zahlreiche chaotische (aber nicht unbedingt zufällige) Eigenschaften.

Im Zusammenhang mit der Embryogenese benutzte Waddington das Konzept der epigenetischen Landschaft ursprünglich mit Blick auf das komplexe Milieu, das von Genen des Umfeldes und der Organisation des morphogenetischen Feldes geformt wird. Dieses Milieu bestimmt die dem Embryo verfügbaren Attraktoren und ermöglicht es ihm, die für seine Entwicklung erforderlichen Chreoden (dynamischen Abläufe) auszuwählen. Im Rahmen unserer Beschreibung der einheitlichen Wechselwirkungsdynamik sind Fluktuationen des Quantenvakuums Bestandteile des morphogenetischen Feldes. Unter der Annahme, daß das wachsende Zellsystem deutlich chaotisch – daher auch höchst empfindlich – ist, könnte die im Vakuumfeld gespeicherte Information zur Erklärung der genauen Regelungsvorgänge bei Wachstum und Differenzierung des Embryos als Wechselwirkung zwischen DNS-kodierten Zellen, der Biochemie der Gebärmutter und der vom Ψ-Feld übertragenen In-formationen dienen. Im einzelnen läßt sich diese These wie folgt beschreiben:

Die Zellen, aus denen der sich entwickelnde Embryo besteht, bilden eine dynamische Konfiguration von Atomen und Molekülen mit einer signifikant chaotischen Dynamik. Wie alle chaotischen Systeme reagiert diese dynamisch unbestimmte Anhäufung höchstempfindlich auf allerkleinste Änderungen ihrer internen und externen Parameter. Nicht meßbare Fluktuationen des Vakuums, die auf das System einwirken, können meßbare, tatsächlich sogar entscheidende Wirkungen auf seine Entwicklung ausüben. Das höchst empfindliche embryonale Wachstumssystem unterliegt einer ständigen Wechselwirkung mit den multidimensionalen Wellenformen, die durch Generationen von Vorfahren in das Vakuum übertragen wurden. Die Chaosdynamik des Embryos führt zu einer Rückübertragung dieser kleinen Einwirkungen durch die inverse Fourier-Transformation und verstärkt sie zu präzise bestimmten Evolutionsbahnen. Als Ergebnis dieser Vorgänge kann die Rückkopplung aus dem Ψ-Feld die verschiedenen, von anderen Faktoren unbeeinflußten Wege der Zelldifferenzierung effektiv steuern. Sie kann die Wachstumsrate der verschiedenen Gewebsarten und den Zeitpunkt der Proteinsynthese regulieren und dem Zusammenwirken der verschiedenen Differenzierungswege eine Richtung geben. Damit kann sich der Embryo in Übereinstimmung mit der artgemäßen Morphologie entwickeln.

Die biologische Ψ-Feld-Hypothese ergänzt die genetische Theorie auch im Hinblick auf die Frage, auf welche Weise sich die Arten reinrassig fortpflanzen. Aus der Perspektive dieser Hypothese ist die Tatsache, daß sich aus einem Hühnerei wiederum ein Huhn und nicht ein Pfau entwickelt, und in der menschlichen Gebärmutter wiederum ein menschliches Wesen und nicht ein Schimpanse entsteht, damit begründet, daß das Huhn und das menschliche Wesen in ständiger Wechselwirkung mit ihrem jeweils eigenen artspezifischen Ψ-Feld-Muster stehen. Die Ablesung dieses Musters aus dem Gesamtmuster des Ψ-Feldes steuert die Chaosdynamik, die der Differenzierung befruchteter Zellen zugrundeliegt, und ermöglicht den ontogenetischen Prozessen, die artspezifische Morphologie zu reproduzieren.

Unsere Hypothese ist auch imstande, Licht auf die mit der morphologischen Regeneration verbundenen Rätsel zu werfen. Alle Lebewesen hinterlassen ihre artspezifischen Prägungen im Ψ-Feld, so daß zu ihnen ›passende‹ Organismen ständig davon beeinflußt werden. Die Ergebnisse zeigen sich bei chaotischen Zuständen. Demzufolge steuert der Ψ-Effekt nicht nur die Entwicklungsvorgänge, sondern auch die Regenerationsvorgänge, sobald die ultraempfindliche Chaosdynamik wirksam wird. Wenn z. B. die Zellen eines Seeschwamms – nach ihrer vorausgegangenen Trennung mittels eines Siebes – einen chaotischen Systemzustand annehmen, liefert die Rückkopplung des artspezifischen 3n-dimensionalen Musters des vollständigen Seeschwammes den subtilen Anstoß, den die Chaosattraktoren zu einer wirksamen interzellulären Steuerung für die Wiederzusammensetzung in einen vollständigen Schwamm verstärken. Etwa dieselbe Dynamik ist am Werk, wenn sich zuvor zerstörte Zellen der Augenlinse eines Wassermolches wieder neu bilden, oder wenn sich andere beschädigte Organe und Körperglieder regenerieren.

Der Psi-Effekt in der Phylogenese

Die Wechselwirkungen zwischen den Lebewesen und dem Quantenvakuum lassen sich nicht auf die Ablesung des jeweils eigenen 3n-dimensionalen Konfigurationsraumes beschränken, sie muß auch das Herauslesen des höher geordneten Konfigurationsraumes beinhalten, der vom Milieu erzeugt wird, in dem sich die betreffenden Lebewesen befinden. Letzteres erklärt auch, wie eine Art die stark veränderten Mutanten erzeugen kann, wie sie immer wieder zur Sicherung des Überlebens der Art benötigt werden.

Das in Kapitel 4 ausführlich beschriebene topologische Modell einer adaptiven Landschaft beschreibt das Überlebensproblem in einer sich verändernden Umwelt. Populationen, die an ihre gegenwärtige Existenznische gut angepaßt sind, können am Hang ihres Hügels nur nach oben klettern; Mutationen, die eine gegenläufige Bewegung auslösen würden, werden durch natürliche Selektion ausgemerzt. Dieser Vorgang kettet jedoch die bestehenden Populationen an ihren eigenen Hügel und an ihre eigene Nische. Wie sich aber aus einer Art in einer sich langsam auflösenden Existenznische mutierte Nachkömmlinge entwickeln können, die imstande sind, in einer unterschiedlichen Existenznische zu überleben, wird durch die klassische Theorie nicht erklärt. Offensichtlich können solche bedeutenden Evolutionsvorgänge wie die Entstehung neuer Arten nicht mit der Annahme erklärt werden, daß die Makro-Evolution die Summe einzelner, zufällig erzeugter und durch natürliche Selektion ausgewählter mikro-evolutionärer Veränderungen ist.

Allmählich öffnen sich immer mehr Biologen der Einsicht, daß neue Arten nicht durch schrittweise Modifikationen früherer Arten entstehen konnten. Die Geschichte der Fossilien selbst bestätigt uns, daß die Evolution nicht schrittweise kontinuierlich, sondern sprunghaft und diskontinuierlich abgelaufen ist. Es ist sowohl völlig unwahrscheinlich als auch im vollen Widerspruch zu den Tatsachen, daß größere evolutionäre Veränderungen das Ergebnis einer graduellen Anhäufung kleiner Veränderungen sein sollten.

Zufallsvariationen des Genotyps können auch deswegen nicht zur Erklärung des beobachteten Evolutionsverlaufs herangezogen werden, weil die Variationsmöglichkeiten breit gefächert sind und die beobachteten Entwicklungssprünge zwischen den Arten zu groß erscheinen. Neue Arten entstehen durch massive und systematische Erneuerungen des Genotyps selbst, nicht durch schrittweise Veränderungen aufgrund natürlicher Selektion.

Die Darwinsche und Neo-Darwinsche Theorie sagt aus, daß sich das Leben als Folge natürlicher Auswahl im Rahmen zufälliger Mutationen entwickelt. Die Grundannahmen dieser Neo-Darwinistischen Doktrin beruhen auf Weismanns Lehre der Getrenntheit von Soma und Keimanlage und der Annahme, daß die Veränderungen der Keimanlage zufallsbedingt sind. Weismanns Thesen werden gewöhnlich so interpretiert, daß physiologische Wechselwirkungen mit der Umgebung, die während der Lebenszeit eines Organismus stattfinden, keine Wirkungen auf die Vererbung haben, weil sie die DNS der Keimanlagen unverändert lassen.[8] Umgekehrt kann man annehmen, daß die Zufälligkeit der Mutationen sicherstellt, daß die Erbanlagen keinen genetischen Veränderungen durch den Zustand des Phänotyps oder Umgebungsfaktoren unterliegen. Der adaptive Entwicklungsprozeß entfaltet sich mittels einer nachträglichen Auswahl zufällig erzeugter genetischer Varianten, die gerade zu bestimmten Umfeldbedingungen ›passen‹. Wie jedoch Ho aufzeigte, sind diese Annahmen über die Zufälligkeit von Mutationen und die Abschirmung der Gene gegen die Einflüsse der Umwelt durch empirische Befunde der Molekulargenetik direkt widerlegt worden.[9]

Zur Abgeschirmtheit des Genoms muß man feststellen, daß die während der Entwicklung eines Organismus und im Rahmen der Evolution auftretenden DNA-Veränderungen sich als so groß erwiesen haben, daß die Molekulargenetiker selbst den Ausdruck ›das modellierbare Genom‹ geprägt haben. Die DNA scheint sowohl strukturell als auch funktionell ebenso flexibel zu sein wie der übrige Organismus. Neue Untersuchungen zeigen, daß – selbst wenn einige der Nukleotidänderungen der DNA zufallsbedingt sind – die sich daraus ergebenden Änderungen eines Lebewesens keinen Zufallscharakter haben, sondern in Beziehung zu einem hochstrukturierten epigenetischen System stehen. Die dynamische Struktur dieses Systems beeinflußt die Änderungen der Keimanlagen der einzelnen Arten so, daß Varianten nicht nur aus der zufälligen Variabilität des Genoms entstehen, sondern ebenso aus den Umgebungsfaktoren, die auf die Variabilität des Genoms einwirken. Tatsächlich werden viele Veränderungen in der Keimanlage infolge spezifischer Umweltveränderungen erzeugt, wobei die sich daraus ergebenden Variationen an die nachfolgenden Generationen weitergegeben werden können. Diese im Grundsatz Lamarcksche Evolution zeigt sich an den direkten Genveränderungen, wie sie z. B. bei Flachs und anderen Pflanzen nach der Behandlung mit Düngemitteln entstehen, ebenso wie bei verschiedenen Insektenarten, die nach Kontakt mit Schädlingsbekämpfungsmitteln eine weitere vererbbare Verstärkung derjenigen Gene erzeugen, die die Wirkung dieser Mittel deaktiviert und eine entsprechende genetische Resistenz entstehen lassen.

Die Fähigkeit der Bakterien, in besonderen Streßsituationen zu mutieren, gibt uns vielleicht den stärksten Hinweis auf eine von der Umwelt beeinflußte/beeinflußbare genetische Variabilität. Wie bereits beschrieben, können ›verhungernde‹ Bakterien zielsicher genau denjenigen Informationsanteil in bestimmten Genen mutieren, der für die Verwertung einer selteneren Nahrungsart erforderlich ist. Die Erklärung dafür, daß die Bakterien feststellen können, welche Information in welchem Gen inkorrekt ist und welche Art der Korrektur zur Behebung dieses Zustandes nötig ist, liegt jedoch jenseits der Deutungsmöglichkeit der heute geltenden Biologie.

Zur Erklärung dieser zielgerichteten Mutation muß man auf das Muster Bezug nehmen, das die normale Funktionsweise des Bakteriums, d. h., seinen speziellen 3n-dimensionalen Konfigurationsraum, speichert. Wenn das unter Streß stehende und damit auch stark chaotisch reagierende Bakterium durch dieses Muster genügend deutlich in-formiert wird, werden seine sonst zufallshaften Mutationen auf subtile Weise dahin orientiert, die richtigen Mutationen zur richtigen Zeit zu erzeugen. Dieser Vorgang würde wohl nicht alle Bakterien einer bedrohten Bakteriengattung retten können, es würden jedoch genügend von ihnen überleben, um das bereits beschriebene – und statistisch signifikante – Mutationsergebnis zu erzeugen.[10]

Die Stabilität ist ebensowenig das Ergebnis der Getrenntheit von Genotyp und Phänotyp, wie die beständige Überlebensfähigkeit als Folge zufälliger Mutationen und anschließender natürlicher Selektionsprozesse betrachtet werden kann. Die natürliche Selektion existiert selbstverständlich und spielt eine wichtige Rolle in der Evolution. Veränderungen, die eindeutig entwicklungsschädlich sind, haben keinen Bestand; eine Tatsache, die natürlich zur beobachteten Anpassung zwischen Lebewesen und Umgebung beiträgt. Nach Saunders Meinung hätte aber die natürliche Selektion nicht einmal zur Entwicklung der zweigeschlechtlichen Vermehrung führen können. Obwohl ein solcher Vorgang einen offensichtlichen langfristigen Vorteil (wie die raschere Verbreitung günstiger Mutationen) hat, weist er gleichzeitig einen ebenso offensichtlichen kurzfristigen Nachteil auf, nämlich weniger Nachwuchs infolge der Zeugungsunfähigkeit einiger männlicher Tiere.[11] Dagegen stellt die Selektion eher einen negativen als kreativen Faktor in der Natur dar: sie merzt zwar die nichtangepaßten Mutanten aus, sorgt aber nicht dafür, daß auch genügend viele angepaßte Mutationsformen vorhanden sind.

Demzufolge ist also die Entstehung neuer Arten nicht als Zuchtauswahl aus ehemals zufälligen Mutationen zu verstehen, sondern, nach den Worten Hos, als ›dynamische Struktur des epigenetischen Systems, das ursprünglich die ›passende Antwort‹ ausgesucht hat‹. Organismen und Umgebung sind eng miteinander verbunden; das gilt vom soziokulturellen Bereich bis hinunter zur genombildenden DNS.[12]

Dieser Aspekt wird auch von einigen Neo-Darwinistischen Biologen anerkannt. So definierte Gould einen der beiden Grundgedanken der Theorie des durchbrochenen Gleichgewichts als einen Versuch, ein hierarchisches Konzept auf der Basis interagierender selektiver (und anderer) Kräfte verschiedener Ebenen, von Genen bis zu ganzen Populationen, zu konstruieren. Eldredge sprach seinerseits von zwei Prozeßhierarchien, von denen sowohl jede für sich als auch beide in Wechselwirkung die Ereignisse und Muster der evolutionären Entwicklung erzeugen. Die eine Hierarchie ist mit der Entwicklung, Aufrechterhaltung und Anpassung genetischer Informationen befaßt; die andere, eine ineinander geschachtelte Hierarchie ökologischer Individuen, reflektiert die ökonomische Organisation und Integration lebender Systeme. Die letztere schließt sowohl Eiweißstoffe, Organismen, als auch Populationen, Gemeinschaften und regionale biotische Systeme ein.[13]

Auch wenn Neo-Darwinisten heute die Wirkung von Umwelteinflüssen auf die Entwicklung der Arten in Betracht ziehen und gelegentlich auch bestätigen, können sie dennoch keine genauen Beschreibungen hierzu liefern. Auf der Grundlage der Darwinschen Thesen läßt sich nicht erklären, wie die Systeme auf dem hohen Niveau der Hierarchie, wie z. B. Populationen, Gemeinschaften und regionale biotische Systeme, mit Systemen auf einem niedrigen Niveau einer anderen Hierarchie, wie z. B. Genen und der im Genom kodierten Information, in Wechselwirkung treten können.

Unter dem Druck solcher Anomalien durchläuft die Darwinsche Theorie selbst so etwas wie eine gerichtete Mutation. In der jetzt entstehenden post-Darwinschen Biologie wird die Bedeutung des für die Funktion des Lebewesens und das Überleben einer Art relevanten Milieus auf die physikalische, ökologische, soziale und gelegentlich sogar soziokulturelle Umwelt erweitert.[14] In der neuen Biologie ist der Organismus nach Hos Worten ein integriertes Ganzes, das seinem Umfeld gegenüber ›transparent‹ ist.

Es ist wenig wahrscheinlich, daß man diese Transparenz mit physikalischen und biochemischen Begriffen allein erklären kann. Der Vorgang verlangt nach einem ungewöhnlich genauen und vollständigen Satz von Signalen, die den Organismus mit seiner adaptiven Landschaft verbinden. Daraus folgt auch die Notwendigkeit eines signalübertragenden multidimensionalen Feldes, das den Organismus ›in-formiert‹. (Ein eindimensionales Signal, wie etwa die von den Sheldrakeschen Biofeldern übermittelte morphische Resonanz, würde die Variabilität des Genoms nur verringern und die Natur, nach seinen eigenen Worten, zu einem ›System von Gewohnheiten‹ machen.) Das von der biologischen Ψ-Feld-Hypothese postulierte Welleninterferenzmuster erfüllt diese

Anforderung. Das multidimensionale musterspeichernde und übertragende Holofeld ist imstande, einen Organismus und sein Genom über verschiedene Organisationsebenen gleichzeitig zu in-formieren.

Das durch das Ψ-Feld übertragene Signal fokussiert die sonst unbestimmte Variabilität des Genoms auf einen begrenzten Veränderungsbereich, der für eine Anpassung der Spezies an ihre sich verändernde Umgebung zuständig ist. Damit erhöht sich die Wahrscheinlichkeit, daß in einer Population massiv veränderte Mutationsformen auftauchen, die im Laufe der Zeit zu funktionellen Veränderungen der Keimlinie dieser Spezies führen können.

Aus dieser Perspektive wird die kategorische Trennlinie, die der klassische Darwinismus zwischen einer mutierenden Population und ihrer sich ändernden Umwelt zieht, durch eine subtile, aber wirksame chaosgebundene Informationsbrücke zwischen Lebewesen und ihrem Milieu ersetzt. Die Biosphäre als Ganzes wird eng mit sich quasi-instantan ausbreitenden Signalen verknüpft. Damit entsteht ein Bezug der Evolution des Lebens zu physikalischen Ereignissen im Quantenbereich und – wie wir sehen werden – auch zu den psychologischen und neurophysiologischen Phänomenen in den Bereichen des Gehirns, des Geistes und des Bewußtseins.

11. Entschlüsselung der Geheimnisse des Geistes

In diesem Kapitel wollen wir die Frage stellen, in welcher Beziehung das menschliche Gehirn, ein äußerst komplexes System von Materie-Energie, zu der strukturierten virtuellen Energie steht, die wir Ψ-Feld nennen. Diese Frage ist durchaus berechtigt; es ist bekannt, daß das Empfindlichkeitsspektrum des Gehirns überraschend groß ist – das Gehirn ist möglicherweise empfindlich genug, um Fluktuationen im Quantenvakuum registrieren zu können.

Daß das Gehirn ausreichend empfindlich ist, um mit dem Ψ-Feld, dem Bindeglied zum Quantenvakuum, wechselwirken zu können, ergibt sich aus den Postulaten unserer einheitlichen Wechselwirkungsdynamik. Psi-Feld und Quanten interagieren regelmäßig miteinander; in chaotischen Zuständen gibt es auch eine Wechselwirkung mit makroskopischen biologischen Systemen. Es wäre unwahrscheinlich, wenn die neuronalen Netzwerke des menschlichen Gehirns, eines chaotischen und extrem empfindlichen Signalanalysen-Systems, eine Ausnahme bilden würden.

Die kognitive Variante der Ψ-Feld-Hypothese unterstellt, daß das menschliche Gehirn in wesentlicher und nachprüfbarer Weise mit dem Ψ-Feld wechselwirkt. Wir stellen uns diese Interaktion als ein ›Ablesen‹ aus dem und ein ›Einlesen‹ in das Ψ-Feld vor. Der Einlesevorgang, mit dem die neuronalen Netze des Gehirns Spektraltransformierte im Quantenvakuum auslösen, erfolgt spontan und braucht nicht zum Bewußtsein durchzudringen. Der Ablesevorgang andererseits, also die Wirkung der subtilen Vakuum-Wellen-Ausbreitung auf das Gehirn, kann durchaus Wirkungen auslösen, die bewußt registriert werden. Wir wollen diese Wirkungen als Elemente der Ψ-Feld-Wahrnehmung bezeichnen. Die tatsächlichen Quellen dieser Ablesevorgänge werden jedoch häufig nicht richtig als solche erkannt: wir betrachten sie vielleicht als Phantasie, Illusionen oder seltsame Bruchstücke der Sinneserfahrung.

Bei der näheren Untersuchung der obigen Hypothese sollten wir bedenken, daß es immer noch zahlreiche unerforschte Bereiche von Geist und Bewußtsein gibt. Die Phänomene, die sich in diesen Bereichen abspielen, weisen genau auf die Art von räumlichen und zeitlichen Verbindungen zwischen voneinander getrennten Menschen hin, wie sie vom Ψ-Feld hervorgebracht werden. Wir wollen daher zur Untersuchung der Annahme übergehen, nach der bei Erfahrungen, die Raum und Zeit überschreitende Bewußtseinselemente enthalten, die Chaosdynamik des neuronalen Netzwerks des Gehirns durch Signale in-formiert wird, die über das Ψ-Feld vermittelt werden.

Sinneswahrnehmung

Nach der westlichen philosophischen und wissenschaftlichen Tradition nehmen wir alles Wahrnehmbare über die Sinnesorgane auf. Das trifft jedoch nicht unbedingt zu. Selbst wenn das Gehirn das Schlüsselorgan für den Austausch mit der äußeren Welt wäre, folgt daraus nicht notwendigerweise, daß es auf den von den fünf exterozeptiven Sinnen übermittelten Informationsfluß begrenzt wäre. Während es feststeht, daß die Hauptvarianten der Wahrnehmung entfernter Objekte entweder über das elektromagnetische Feld (visuelle Daten) oder über die Atmosphäre (akustische Daten) vermittelt werden, muß dies nicht gleichzeitig bedeuten, daß die Informationsaufnahme des Gehirns auf diese Quellen allein begrenzt ist. Man muß daher nicht unbedingt davon ausgehen, daß alle Inhalte von Geist und Bewußtsein, die nicht aus den Sinnesquellen gespeist werden, abgeleitete Sinneseindrücke oder Produkte der Phantasie sind.

Die auf empirische Erfahrung begründete Tradition des westlichen Denkens geht außerdem davon aus, daß die gesamte Welt des Bewußtseins schrittweise aus Sinneswahrnehmungen aufgebaut wird. Mit der Geburt beginnen die von den Sinnen stammenden Signale auf die noch unbeschriebenen Tafeln des Geistes einzuwirken. Es hat sich aber gezeigt, daß der Geist keine passive Schrifttafel repräsentiert, auf die unsere sinnliche Erfahrung die vollständige Geschichte der erlebten Realität eintragen könnte. Der Geist ist ein viel aktiverer Teil des Wahrnehmungsvorganges, als man bisher angenommen hat. Ebenso wie nach den Worten James' ein Bildhauer eine bestimmte Skulptur aus einem Steinblock herausarbeitet – und ebenso wie verschiedene Bildhauer aus dem gleichen Stein unterschiedliche Skulpturen schaffen würden –, erzeugt auch der menschliche Geist sein eigenes Bild der Realität aus der Masse der Daten, die ihn während seines Lebens erreichen. Wie die Psychologen jetzt entdecken, ist Wahrnehmung ein kreativer Prozeß.

Neurophysiologen sind ihrerseits der Ansicht, daß das Gehirn einen großen Teil der an Sinneswahrnehmungen beteiligten Informationen selbst erzeugt. Tatsächlich gibt es im Gehirn mehr präformierte Informationen, als die äußeren Sinne liefern können. So erreichen zum Beispiel Nervenimpulse des Auges den als lateralen Kern bezeichneten Teil des Thalamus. Hier finden sich – im Vergleich zu den vom Auge eintreffenden Nervenfasern – achtzigmal soviele Nervenbahnen, die aus anderen Hirnbereichen stammen. Auch die Hirnrindenanteile, die visuelle Informationen verarbeiten, enthalten mehr als hundertmal soviel Neuronen als die mit dem lateralen Thalamuskern verbundenen Hirnbereiche. Diese kortikalen Bezirke sind direkt mit dem limbischen System vernetzt und verfügen über zusätzliche Verbindungen zu motorischen Bezirken, die für die Augenbewegungen und -fokussierungen zuständig sind. Das Gehirn leistet also mehr, als nur auf passive Weise Informationen von Augen, Ohren und anderen äußeren Sinnesorganen aufzunehmen; es integriert die eingehenden Signale mit anderen Signalen, die bereits im Gehirn kreisen, und paßt die Rezeptorfunktionen den Ergebnissen dieser Integration an.

Sogar das Ohr, das lange als passiver Rezeptor von Schallwellen betrachtet wurde, erwies sich als ein höchst intelligentes Organ zur Interpretation von Signalen. Eine lineare, passive mechanische Analyse der Frequenzmuster kann die Fähigkeit des Ohres zur Frequenzunterscheidung nicht erklären – eine Fähigkeit, die bis zum atomaren Bereich herabreicht. Tatsächlich verstärkt das Innenohr mechanische Schwingungen, die kleiner sind als der Durchmesser eines Wasserstoffatoms, zu Ja/Nein-Reaktionen, sodaß die un-

Schachbretter und karierte Decken zur Anregung des optischen Systems. Sie fanden heraus, daß die Reaktion der Nervenzellen ungenau ist, wenn man sie auf die Linien bezieht, die im Gesichtsfeld der Versuchspersonen vorbeigleiten, aber wesentlich genauer wird, wenn man sie auf die Orientierung und räumliche Verteilung des betrachteten Gittermusters bezieht.[17] Holografische Funktionen sind nicht auf das Auge beschränkt: sie charakterisieren darüber hinaus grundlegende kognitive Funktionen des Gehirns. Dies wurde auch in der von Pribram entwickelten Quantenfeldtheorie des Gehirns nachgewiesen. Seine Forschungen zeigten, daß die besten mathematischen Beschreibungen bestimmter Gehirnvorgänge mittels einer Analogie zu einem Hologrammuster erfolgen können. In einem solchen holografischen System besteht die gesamte Oberfläche aus Bruchstücken eines Hologramms, die eine bestimmte räumliche Anordnung in Bezug zueinander annehmen. Die Prozeßlogik eines solchen Systems ist holonom – ein Ausdruck, der zuerst von Heinrich Hertz benutzt wurde, um die Bedeutung linearer Transformationen in einem umfassenderen Geltungsbereich zu beschreiben. Nach Pribram deckt dieser Ausdruck den gesamten Bereich der Wellenphänomene ab. In seiner holonomen Gehirntheorie bezieht sich der Wortteil *holos* auf den Spektralbereich und *nomos* auf die Generalisierung dieses Konzeptes in einer Theorie.

Pribrams Werk zeigt, daß die an der Gehirnaktivität beteiligten Hologrammtypen dadurch entstehen, daß aufeinanderfolgende Sinnesvorstellungen in ihre spektralen ›Re-Präsentationen‹ umgewandelt werden, um dann diese Mikropräsentationen zu geordneten räumlichen Arrangements zusammenzusetzen. Diese Verteilungen entsprechen der ursprünglichen zeitlichen Ordnung der sukzessiv aufgenommenen Bilder. Im Spektralbereich wird Information sowohl über die gesamte Ausdehnung jedes holografischen Aufnahmefeldes verteilt als auch gleichzeitig hineingefaltet.

Dies hat zur Folge, daß die Rekonstruktion bildhafter Sinnessignale aus jedem einzelnen Empfangsareal des gesamten Reaktionsfeldes erfolgen kann. Somit kann man dem Gehirn einen holonomen Aspekt zuschreiben.

Ähnlich wie ein holografischer Apparat eine Mischung von Interferenzlinien einer holografischen Platte in ein geordnetes räumliches Bild umwandelt, können die empfindlichen Areale im holografischen Feld der Sehrinde die verteilt vorliegende Information des optischen Musters in die räumlichen Bilder gewohnter Dinge und Ereignisse umsetzen. Daher sehen wir, wenn wir unsere Augen öffnen, keine diffusen Lichtmuster, sondern die Gegenstände unserer Alltagswelt.

Sinneswahrnehmung über ein System rezeptiver Ensembles bedeutet, daß ein Bild im Gehirn ganz ähnlich zusammengesetzt wird wie im Auge eines Insektes, nämlich aus einzelnen Teilbildern, die durch eine Vielzahl individueller Rezeptoren aufgenommen werden. Obwohl dieses System nach dem Prinzip eines Mosaiks funktioniert, kann es dennoch Bewegungswahrnehmungen erzeugen: Wenn Änderungen der wahrgenommenen Muster die Rezeptoren durchlaufen, erzeugt dies den Eindruck einer kontinuierlichen Bewegung. Dieser Bewegungseindruck ist – wie alle Elemente der Sinneswahrnehmung – nicht lokalisierbar; er leitet sich aus dem Verhalten des Gesamtsystems ab.

Im Gegensatz zu den eher mechanistischen klassischen Theorien liefert die holonome Gehirntheorie eine Beschreibung, die im Hinblick auf die Hirnfunktionen eher von oben nach unten als von unten nach oben verläuft. Pribram betont, daß im Gehirn beide Prozeßarten ablaufen. Es gibt sowohl über das gesamte Hirn verteilte (holistische) als auch lokalisierte (strukturelle) Prozesse; es ist die Aufgabe des Gehirnforschers, zu unterscheiden, welche Vorgänge jeweils verteilt sind und welche lokalisiert ablaufen.[18]

Wahrnehmungsvorgänge verlaufen hauptsächlich in verteilter Form. Was wahrgenommen wird, hängt eher vom

Gesamtmuster synaptischer Mikroprozesse ab als von der Wirkung einzelner Neuronen oder Neuronennetzwerke. Nach der holonomen Theorie kommt es nicht darauf an, welcher spezielle Rezeptor der Gehirnrinde stimuliert wird, weil das Rezeptorsystem als Funktion des stimulierenden *Inhalts* und nicht seiner *Lokalisierung* reagiert.[19]

Da die Information über weite Bereiche des Gehirns verteilt ist und durch ein System rezeptorischer Ensembles entschlüsselt wird, können wir – im Gegensatz zur Annahme, daß das Gehirn Informationen aus Sinnessignalen ›konstruiert‹ – nach Gibson vermuten, daß die Zentren des Nervensystems in ›Resonanz‹ zur Information schwingen.[20]

Psifeld-Wahrnehmung

Der Kern gegenwärtiger Theorien der Sinneswahrnehmung besagt, daß das Gehirn komplexe Analysen von Signalen durchführt, die es in Form von Nervenimpulsen erreichen. Nach der klassischen empirischen Tradition muß alle Information, die das Gehirn erreicht, ihren Ursprung in Nervenimpulsen haben, die ihrerseits von den äußeren Sinnesorganen ausgehen. Neuere Theorien widersprechen diesen strikten Einschränkungen. Es hat sich gezeigt, daß das Gehirn viel mehr ist als ein passiver Analysator von Informationen, die von den Sinnesorganen übertragen werden. Es erzeugt selbst einen großen Teil der Informationen, mit denen es arbeitet, und führt interaktive Analysen durch, die seine signalunterscheidenden Kräfte bis hin zu der Quantenebene wirken lassen.

Die kognitive Ψ-Feld-Hypothese ergänzt die gegenwärtigen Wahrnehmungstheorien durch die Aussage, daß die vom Gehirn verarbeitete Information über die von den Sinnesorganen übertragenen Nervenimpulse hinaus auch die vom Psifeld vermittelten Signale einschließt. Die theoretische

Grundlage dieser Behauptung findet sich im Interaktionspostulat der einheitlichen Wechselwirkungstheorie: nach diesem Postulat ist die Beziehung zwischen menschlicher Hirnfunktion und dem Ψ-Feld ein Sonderfall der generellen Beziehung zwischen Materie-Energie-Systemen und dem Quantenvakuum.

Wie bei anderen Materie-Energie-Systemen findet sich auch beim Gehirn eine kontinuierliche Wechselwirkung mit dem Energiefeld des Quantenvakuums. Der 3n-dimensionale Konfigurationsraum der neuronalen Netzwerke des Gehirns wird fortlaufend in dieses Feld eingelesen, während die korrespondierende, multidimensionale Wellentransformierte aus ihm abgelesen wird. Die Ablesung kann aufgrund der Empfänglichkeit der Hirnhemisphären für skalare Wellenfelder und der Empfindlichkeit der Chaosdynamik der neuronalen Netzwerke manifeste Wirkungen erzeugen. Wie man festgestellt hat, können große Nervengruppen als Reaktion auf kleinste Veränderungen plötzlich und gleichzeitig aus einem komplexen Aktivitätsmuster in ein anderes übergehen. Innerhalb der zehn Milliarden Nervenzellen des Gehirns, von denen jede über 20.000 Verknüpfungen verfügt, kann das Aktionspotential der kleinsten Nervengruppe einen ›Schmetterlingseffekt‹ erzeugen, der eine massive Systembewegung zu dem einen oder anderen chaotischen Attraktor auslöst. Chaotische Attraktoren verstärken die Fluktuationen und führen zu nachweisbaren Wirkungen auf die informationsverarbeitenden Strukturen des Gehirns.

Aktionspotentiale innerhalb des neuronalen Netzes können durch Fluktuationen im Quantenvakuum deutlich beeinflußt werden. Während im Gehirn eine beeindruckend hohe Zahl von Dendriten impulsartig Ionen abfeuert, von denen jedes einzelne einen minimalen elektrischen Feldvektor repräsentiert, arbeiten die Hirnhemisphären als ein spezialisiertes skalares Interferometer. Daher muß man vermuten, daß die Nervennetze des Gehirns von Skalarwellen, die sich im virtuellen Teilchengas des Vakuums ausbreiten, beeinflußt werden. Diese Wellen repräsentieren die Ausgangsbedingungen der neuronalen Netzwerke, wobei Veränderungen von den chaotischen Attraktoren verstärkt werden, die die betreffenden neuronalen Prozesse steuern. So wird der Ψ-Effekt zu einem Faktor bei der Informationsverarbeitung des Gehirns – einem Faktor, der unter günstigen (d. h., ungefilterten und nicht unterdrückten) Umständen bis zur Ebene bewußter Wahrnehmung durchdringen kann.

Es gibt inzwischen einige Hinweise auf die vermutlichen physiologischen Abläufe der über das Vakuumfeld vermittelten – d. h., im wesentlichen außersinnlichen – Signalverarbeitung im Gehirn. Nach der Feststellung Pribrams lassen sich die Inhalte des Bewußtseins nicht ausschließlich mit der gefühlsmäßigen Stimmung von Bekanntheit oder Fremdheit umfassend beschreiben, die die Grundlage des episodischen und erzählenden Bewußtseins ist; ebensowenig wie sie sich allein mit der Information des außerkörperlichen und des Körperbewußtseins beschreiben lassen. Es gibt viele Beispiele ungewöhnlicher Bewußtseinszustände, die ungewöhnliche Bewußtseinsinhalte erzeugen können, so daß Pribram zu dem Schluß kam, daß die Art und Weise, wie das Gehirn diese Inhalte verarbeitet, sich vom Verarbeitungsmodus gewöhnlicher Wahrnehmung und Gefühle unterscheidet. Im einzelnen geht Pribram davon aus, daß solche ungewöhnlichen Bewußtseinsinhalte – die ›spirituelle Substanz des Bewußtseins‹ – das Ergebnis einer Erregungsüberleitung vom frontolimbischen Hirnsystem auf die dendritischen Mikroprozesse ist, die für die Rezeptorfelder der Hirnrinde charakteristisch sind.[21]

Die holonome Gehirntheorie könnte ein Licht darauf werfen, wie das Gehirn die aus dem Vakuumfeld stammenden Fluktuationen verstärkt und verarbeitet. Es scheint, daß sowohl die Makro- als auch die Mikroorganisation der kortikalen Neuronen der Struktur eines multiplen Hologramms ähnelt. Bei der gewöhnlichen Wahrnehmung werden die sonst unbegrenzten Fourier-Transformationen von der Gaußschen Hüllkurve eingeschränkt, so daß Gabor-Transformationen entstehen. (Dennis Gabor wies nach, daß die in einem holografischen Muster verschlüsselten Informationen auf spezifische Weise begrenzt sind. Die Transformationen, die den Unendlichkeiten der Fourier-Gleichungen eine spezifische Grenze setzen, werden als Gabor-Transformationen bezeichnet.) Pribrams Experimente zeigen, daß die elektrische Erregung frontaler und limbischer Hirnstrukturen die von der Gaußschen Normalverteilung gesetzte Eingrenzung lockert. Während die Signalverarbeitung bei gewöhnlichen Erregungszuständen des frontolimbischen Systems das übliche Erfahrungsbewußtsein erzeugt, wird die bewußte Erfahrung von freien holografischen Prozessen beherrscht, sobald eine bestimmte Erregungsschwelle dieses Systems überschritten wird. Das Ergebnis ist eine zeitlose, raumlose und ursachenfreie ›ozeanische‹ Empfindung. Nach Pribram wird das Nervensystem in diesen Funktionszuständen ›auf die holografischen Aspekte der holografieähnlichen Ordnung des Universums eingestimmt‹.[22]

Es scheint, daß die frontolimbischen Formationen bei intensiver Stimulation zum Angriffspunkt der Chaosdynamik werden, die die unmeßbar schwachen Vakuumfluktuationen so weit verstärkt, daß sie die Signalschwelle des Bewußtseins überschreiten. Dies steht im Gegensatz zu der bisher gültigen Annahme, daß die Stimulation des frontolimbischen Systems die holografische Vielfalt der Erfahrungen erzeugen würde, ähnlich wie Phantasien und andere Vorstellungsbilder hervorgerufen werden, wenn man bestimmte Anteile der Hirnrinde elektrisch stimuliert. Eine unvoreingenommene Untersuchung der prüfbaren Tatsachen legt aber nahe, daß die Stimulation frontolimbischer Strukturen die in der holografischen Vielfalt der Erfahrung eingebettete Information nicht erzeugt, sondern vielmehr überträgt: Sie erzeugt einen verstärkt chaotischen Zustand, der die frontolimbischen Hirnareale auf skalare Wellenfelder in der Größe der Vakuumfluktuationen reagieren läßt. Die Erregung dieser Hirnstrukturen lockert die von der Gaußschen Verteilung gesetzten Grenzen für die Funktion der neuronalen Netzwerke, die als rezeptive Felder wirken, und führt so zu einer höheren Empfindlichkeit dieses chaotischen Skalarwellen-Interferometers.

Wenn diese Annahme im Grundsatz stimmt, sollte unser Gehirn ständig vom Ψ-Feld übertragene Informationen aufnehmen. Wieso erscheinen dann die Ergebnisse dieses Vorgangs nicht in unserem Bewußtsein? Unser Wachbewußtsein müßte dauernd von Raum und Zeit transzendierenden Inhalten belegt sein. Das ist aber gewöhnlich nicht der Fall.

Das Fehlen holographieartiger Erfahrungen im Rahmen unseres gewöhnlichen Wachbewußtseins könnte verschiedene Ursachen haben. Zunächst sollten wir feststellen, daß es in unserer Umgebung verschiedene Wellenfelder gibt, die unser Nervensystem beeinflussen, ohne daß wir eine bewußte Kenntnis davon hätten. Das Gehirn registriert nur den relativ kleinen sichtbaren Anteil des elektromagnetischen Wellenspektrums: die darüber und darunter liegenden Anteile werden nicht bewußt wahrgenommen. Die moderne Medizin hat aber entdeckt, daß viele Frequenzen außerhalb des optischen Bereiches eine deutliche Wirkung auf das Nervensystem ausüben, so z. B. die sogenannten ELF-Wellen (extremely low frequency), also elektromagnetische Wellen extrem niedriger Frequenz, wie sie von Fernsehgeräten, Computermonitoren, elektrischen Transformatoren und Hochspannungsleitungen abgestrahlt werden. Daher könnte unser Gehirn auch Ψ-Feld-Signale aufnehmen, ohne daß dies vom Wachbewußtsein registriert würde. Damit ergibt sich eine sehr gute Erklärungsmöglichkeit bezüglich der Übertragung von Ψ-Feld-Information: die lineare Logik der linken Großhirnhemisphäre unterdrückt diejenigen Empfindungen, die mit der gewöhnlichen Erfahrung im Widerspruch stehen. Tatsächlich ereignen sich Raum und Zeit transzendierende Erfahrungen vorwiegend in veränderten Bewußtseinszuständen, in denen die Zensur der linken Hemisphäre aufgehoben ist. Zweitens können die Ψ-Feld-Signale bis zum Bewußtsein durchdringen, ohne daß wir sie als solche erkennen. Schließlich tragen die vom Gehirn analysierten Signale keine Kennzeichen ihres Ursprungs. Während Interferenzmuster, die das optische Wahrnehmungssystem umgehen würden, um direkt zur Sehrinde zu gelangen, als Objekte des visuellen Wahrnehmungsraumes dekodiert werden, und zwar unabhängig davon, ob sie aus dem elektromagnetischen Spektrum oder aus dem Subquantenfeld stammen. Folglich könnten wir tatsächlich Ereignisse und Bilder aufnehmen, die uns über das Ψ-Feld erreichen, ohne daß wir ihren überraschenden Ursprung erkennen würden.

Auch wenn das moderne westliche Bewußtsein in seinem gewöhnlichen Funktionszustand Informationen, die keine offensichtlichen Sinnessignale darstellen, ignoriert oder unterdrückt, sollten wir nicht vergessen, daß es andere Bewußtseinsformen in unserer eigenen und in den östlichen Kulturen gibt, die solchen außersinnlichen Informationsaufnahmen entsprechen. Die Begriffe zur Beschreibung solcher Erfahrungen reichen vom Fachausdruck ›ASW‹ (außersinnliche Wahrnehmung) bis zum esoterischen Begriff ›drittes Auge‹, während die subtilen Energien, die bei solchen Erfahrungsformen im Spiel sind, zum einem als wissenschaftlich erforschbare körperliche Auren und Bioenergien, zum anderen als auraartige Kraftfelder oder ätherische Chi-, Prana- und Vortexenergien beschrieben wurden.

Langzeitgedächtnis

Es erscheint durchaus plausibel, daß die rätselhaften Phänomene an den äußersten Grenzen von Geist und Bewußtsein das Ergebnis von Informationen sind, die das Gehirn mittels der vom Ψ-Feld übertragenen Signale aufnimmt. Ein Beispiel für diese Annahme ist die Gedächtnisfunktion.

Seit den Untersuchungen Lashleys, der eine über das gesamte Gehirn verteilte Gedächtnisfunktion bei Ratten feststellte, würden nur noch wenige Hirnforscher weiterhin behaupten, daß das Gedächtnis durch lokalisierte Spuren im Gehirn verschlüsselt ist. Lashleys eigene Schlußfolgerung war die, daß das Verhalten – ohne Bezug zu bestimmten Nervenzellen – durch ›Erregungsstrukturen‹ innerhalb allgemeiner Aktivitätsfelder bestimmt wird. Er vermutete eine Ähnlichkeit zwischen diesen Feldern und den Kraftfeldern, die die Formentwicklung während der Embryogenese bestimmen, und nahm an, daß darüberhinaus ähnliche Kraftlinien Informationsmuster im Gewebe der Hirnrinde erzeugen könnten.[23]

Lashley könnte damit auf der richtigen Spur gewesen sein; jedoch haben nur wenige Neurowissenschaftler seine Annahmen aufgegriffen. An die Stelle von Kraftfeldern tritt jetzt die Erklärung der Gedächtnisfunktion im Zusammenhang mit der Bildung und Neubildung neuronaler Netzwerke. So z. B. in Gerald Edelmans Theorie der neuronalen Gruppenselektion (engl.: theory of neural group selection, abgek. TNGS), wo die kognitiven Funktionen in Bezug zu strukturell getrennten Neuronengruppen erklärt werden, die jeweils etwa einhundert bis zu einer Million Nervenzellen erfassen. Man nimmt an, daß solche Gruppen als Einheit auf die an sie übertragenen Signale reagieren. Jede Gruppe reagiert dabei auf einen spezifischen Anteil der Signalarten; dies sind die Anteile, die die Aufmerksamkeitsreaktionen im Rahmen geistiger Prozesse erzeugen. Da die Signale bestimmte Neuronengruppen auswählen, befinden sich diese Gruppen bezüglich ihrer Aktivierung im Wettbewerb miteinander. Aus diesem Grunde gab Edelman seiner Theorie den Namen ›neuronaler Darwinismus‹.

Die drei Postulate der TNGS beziehen sich auf die Entwicklung der Gehirnanatomie, auf den während der Erfahrungsprozesse stattfindenden Auswahlvorgang aus dieser Anatomie und auf die Entstehung wichtiger Verhaltensfunktionen mittels eines Signalaustausches zwischen den landkartenartig verteilten neuronalen Gruppen einwirkt. Die grundlegenden Entwicklungsvorgänge führen zu einer neuroanatomischen Struktur, die jeweils für eine gegebene Spezies charakteristisch ist. Dieser Entwicklungsvorgang ist selektiv und bezieht Neuronenpopulationen ein, die im topobiologischen Wettbewerb stehen. Eine Population unterschiedlicher Neuronengruppen einer bestimmten Gehirnregion, einschließlich ihrer neuronalen Netzwerke, bildet das von Edelman so genannte *primäre Repertoire*. Der genetische Code schränkt diesen Selektionsvorgang ein, er liefert aber keine spezifischen Instruktionen für dieses Repertoire.

Nach Edelman gibt es noch einen anderen Selektionsmechanismus, der im allgemeinen nicht mit Veränderungen anatomischer Strukturen verbunden ist und sich auf selektive Stärkung oder Abschwächung synaptischer Verbindungen während bestimmter Verhaltensweisen stützt. Dieser zusätzliche Auswahlvorgang erzeugt einen Satz abweichender Funktionskreise, die als *sekundäres Repertoire* bezeichnet werden. Das primäre und sekundäre Repertoire bilden im Gehirn landkartenähnliche Verteilungsmuster, die durch zahlreiche parallele und reziproke Verbindungen gekennzeichnet sind. Korrelation und Koordination der Auswahlvorgänge werden durch rückgekoppelte Signale und verstärkte Verknüpfungen zwischen den Hirnbereichen innerhalb eines bestimmten Zeitraums erreicht.[24]

Es scheint also, daß geistige Entwicklung eine Auswahl

bereits existierender neuronaler Gruppen durch eintreffende Signale einschließt, ebenso wie die Verschmelzung dieser Gruppen in Strukturen höherer Ordnung. Der Mechanismus von Selektion und Gruppenbildung soll die kognitiven Fähigkeiten des Gehirns erklären, einschließlich der Unterscheidung verschiedener Stimuli, der Bildung kognitiver Kategorien und der Selbsterkennung.

Die TNGS liefert eine überzeugende Erklärung selektiver Veränderungen festgelegter Verhaltensformen; sie ist aber weniger überzeugend, wenn es um die Erklärung einiger Formen des Gedächtnisses geht. Für Edelman bedeutet Gedächtnis jeder Art die Fähigkeit, eine Handlung wiederholen zu können. Änderungen der synaptischen Stärke neuronaler Gruppen innerhalb der Gesamtstruktur der ›Hirnlandkarte‹ liefern die biochemische Basis für das Gedächtnis. Das Phänomen ist Populationen eigen und entsteht im Zusammenhang mit kontinuierlichen dynamischen Veränderungen in den synaptischen Populationen. Es liegt auf der Hand, daß innerhalb eines solchen Systems das Gedächtnis nicht als stereotype Erinnerungsform in Erscheinung treten kann, vielmehr muß die Wiedererinnerung sich unter dem Einfluß ständig wechselnder Zusammenhänge ändern. Alles in allem ist das Gedächtnis das Ergebnis eines fortlaufenden Wiedereinordnungsvorganges, wobei die Wahrnehmungen durch das jeweilige Verhalten des Tieres verändert werden.[25]

Es ist kein Zufall, daß Edelman im Zusammenhang mit seinen Überlegungen zur Gedächtnisfunktion die Tiere anführt; die TNGS paßt sehr gut zu einigen Arten tierischen Gedächtnisses. Hier besteht das primäre Repertoire aus etwas, das oft als ›genetisches Gedächtnis‹ bezeichnet wird, das aber, weil es aufgrund seiner rigide gesteuerten Verhaltensroutinen bei höherentwickelten Tierarten zur Sicherung des Überlebens nicht ausreicht, durch erlerntes Verhalten ergänzt werden muß. Das letztere könnte durchaus mittels Rückübertragung im neuronalen Netzwerk des Tierhirns erworben sein, z. B. durch die Bildung eines sekundären Repertoires. So fangen zum Beispiel Meisen beliebige Insekten, wenn es genügend verschiedene Arten in ihrer Umgebung gibt (wobei sie ausschließlich von ihrem genetischen Gedächtnis geleitet werden). Wenn aber eine Insektenart zahlenmäßig dominiert, beginnen sie diese Arten bevorzugt zu fangen (wobei sie das neuronale Gedächtnis des zweiten Repertoires benutzen). Wie die Experimente Beritashwilis zeigen, ›erinnern‹ sich sogar Fische an die Lage einer Fütterungsbox, auch wenn diese Art von Erinnerung nur weniger als 10 Sekunden anhält. Die entsprechende Erinnerungsfunktion überdauert bei Fröschen und Schildkröten einige Minuten, bei Hunden mehrere Stunden und bei den Pavianen bis zu 6 Wochen.

Ist aber das Gedächtnis des Menschen in Anbetracht synaptischer Rückübertragung auf vorübergehende Funktionsänderungen beschränkt?[26] Edelman, der die Tatsache anerkennt, daß Menschen über einen wesentlich größeren Umfang psychologischer Funktionen verfügen als Tiere, gibt zu, daß damit auch die Bedeutung dessen, was die Funktion des Gedächtnisses ausmacht, geändert wird. Dennoch behauptet er, daß keine weiteren Prinzipien außer Selektion und Wiederholung erforderlich sind, um neue Gedächtnisfunktionen zu erwerben; alles was hierzu nötig ist, sind neugeordnete Verbindungen im Gehirn. Diese Behauptung erscheint übertrieben. Während einige Gedächtnisformen beim Menschen als Ergebnis kontinuierlicher dynamischer Veränderungen synaptischer Populationen innerhalb globaler Hirnstrukturen anzusehen sind, so z. B. das kurzzeitig wirkende verhaltensändernde Gedächtnis, ist das menschliche Gedächtnis nicht auf diese Formen beschränkt. Es enthält auch die lebhafte und oft erstaunlich genaue Erinnerung an eine komplexe Folge von Ereignissen, die mit vielen Bildern assoziiert ist. Diese Ereignisse und Bilder liegen vielleicht lange Jahre zurück und müssen in keiner direkten Beziehung zum gegenwärtigen Verhalten stehen.

Die Gedächtnisformen, bei der die TNGS und andere auf synaptischen Veränderungen beruhende Theorien ihre Gültigkeit verlieren, beziehen sich auf Erfahrungen und Bilder der fernen Vergangenheit, die wieder lebhaft und mit genauen Details auftauchen. Wie in Kapitel 6 erwähnt, ist eine derartige Erinnerung, von ihrem gelegentlichen Vorkommen im Alltagsleben abgesehen, ein typisches Merkmal der Nah-Todeserlebnisse. Erinnerungen an den Pforten des Todes sind außerordentlich klar und laufen mit hoher Geschwindigkeit ab; es ist daher unwahrscheinlich, daß diese Erinnerungen ein Nebenprodukt von sich fortschreitend auflösenden Synapsen im absterbenden Hirngewebe sind, wie es unter anderem vorgeschlagen wurde. Darüber hinaus können Erinnerungen von ähnlich lebhafter und bemerkenswerter Qualität im Rahmen einer Regressions-Psychotherapie systematisch erzeugt werden.

David Lorimer, der Nah-Todeserlebnisse erforscht, schrieb, daß das einzige Bild, in das sich die Erfahrungen der ›Lebensrückschau‹ sinnvoll einfügen, das eines ›miteinander verknüpften Netzes der Schöpfung‹ ist, eines ›holografischen Netzwerks‹, dessen Teile in Beziehung zum Ganzen stehen und mit dem Ganzen wiederum über empathische Resonanz verbunden sind‹. Nach Lorimer ist das die Art des Ganzen, in dem wir und die übrige Schöpfung unser Sein haben, gleich einem Bewußtseinsfeld, in dem unsere Lebenslinien miteinander verknüpft sind.[27] Obwohl diese Erklärung vielleicht auf der richtigen Spur liegt, ist sie jedoch von der mathematischen Genauigkeit, mit der neuronale Netzwerktheorien formuliert werden, weit entfernt.

Glücklicherweise ist die Wahl zwischen den verschiedenen Erklärungen nicht auf genaue, aber ungenügende, oder genügende, aber ungenaue Formulierungen beschränkt. Es gibt eine Alternative sowohl zu den neuronalen Netzwerktheorien als auch zu den metaphysischen Betrachtungen: das ist die These, daß die Ereignisse, Vorstellungsbilder und andere aus dem Langzeitgedächtnis geschöpfte Erinnerungen nicht im Gehirn gespeichert sind, sondern daß das Gehirn lediglich Zugang zu diesen Erinnerungen hat. Aus dieser Sicht ist das einem Dauergedächtnis ähnliche Langzeitgedächtnis nicht physisch in den Nervenstrukturen des Gehirns lokalisiert; vielmehr dienen die letzteren lediglich der Übertragung von Signalen, die aus einem außerkörperlichen Gedächtnisspeicher aufgenommen werden.

Die Annahme, daß das Gehirn auf Langzeiterinnerungen zugreift anstatt sie tatsächlich vorrätig zu halten, folgt aus der kognitiven Ψ-Feld-Hypothese. Das Gedächtnis wird hier auf ein außerkörperliches Speichermedium für Informationen zurückgeführt, d. h., auf das Ψ-Feld. Alles, was sich im Gehirn abspielt, ebenso wie alles, was im Körper und in jedem anderen Materie-Energie-System in Raum und Zeit passiert, wird in diesem Feld gespeichert und aufgezeichnet – die multidimensionalen Welleninterferenzmuster, die sich dort ansammeln, prägen die gesamte raumzeitliche Geschichte der Materie ein. Diese Einprägung stellt eine Fourier- (genauer gesagt: eine Gabor-) Transformation des dreidimensionalen Konfigurationsraumes makroskopischer Systeme dar.

Die neuronalen Netzwerke des Gehirns sind selbst komplexe Konfigurationen von Quanten, die ihre multidimensionalen Wellentransformierten in der Substruktur des Quantenvakuums hinterlassen. Die so erzeugten Wellenfronten interferieren miteinander und überlagern sich in vielen Dimensionen. Sie stehen denjenigen Systemen, die über einen passenden n-dimensionalen Konfigurationsraum verfügen, zur Rückübersetzung zur Verfügung. Daher stellt das Ψ-Feld für diese Systeme einen selektiv ansprechbaren extrasomatischen Gedächtnisspeicher dar. Die Lebenserfahrungen werden nicht innerhalb der physischen Grenzen des Gehirns, sondern in diesem umfangreichen Gedächtnisspeicher bewahrt, von wo aus sie gezielt abgerufen werden können.

Transpersonales Gedächtnis

Im allgemeinen entspricht der aus dem Ψ-Feld abgelesene individuelle Speicher den eigenen Erfahrungen. Es gibt jedoch einige ungewöhnliche Fälle des Erinnerungsabrufs, wobei nicht die Eigenerfahrungen abgelesen und übertragen werden, sondern diejenigen einer anderen Person; ein Vorgang, der sich als transpersonale Erinnerung bezeichnen läßt. Im Rahmen klassischer Wahrnehmungstheorien werden solche Phänomene als Illusionen angesehen; dennoch sind einige dieser Fälle, wie wir in Kapitel 6 gesehen haben, überraschend gut dokumentiert. Die kognitive Ψ-Feld-Hypothese bestätigt ihre Realität und bietet eine Erklärung.

Transpersonale Erinnerung kann als erweiterte Bandbreite der Ψ-Feld-Sensitivität des Gehirns betrachtet werden. Wie bereits festgestellt, setzt die Wechselwirkung von Gehirn und Feld Gabor-Transformationen voraus, die die unendlichen Größen der Fourier-Transformationen beschränken, um damit eine genaue Anpassung von begrenzter raumzeitlicher Konfiguration individueller zerebraler Netzwerke und korrespondierender Wellenform zu erzeugen. Die Bandbreite, auf die diese Transformation abgestimmt ist, kann nicht ausschließlich auf den mit ihr verbundenen Organismus beschränkt sein. Selbst wenn es so wäre, würde die persönliche Erinnerung nicht lange anhalten. Das Gehirn altert ebenso wie der übrige Körper, und seine typischen Konfigurationen der neuronalen Strukturen unterliegen subtilen Veränderungen. Eine hohe Spezifität bei der Abstimmung der Transformationen würde das Wiederablesen von Informationen auf eine Spanne von einigen Monaten, wenn nicht sogar einigen Tagen, beschränken.

Wenn die tatsächliche Existenz der Langzeit-Erinnerung erklärt werden soll, müssen wir annehmen, daß die operativen Transformationen eine nicht-vernachlässigbare Bandbreite haben. Sie müssen eher auf einen *Bereich* multidimensionaler Wellenformen als auf eine spezifische Frequenz abgestimmt sein. In bestimmten Zuständen ist es dem Gehirn kaum möglich, einzelne benachbarte Wellenformen innerhalb eines dichten Frequenzbereichs zu unterscheiden. Wenn zwei Interferenzmuster in den Toleranzbereich der Transformierten fallen, wird das Gehirn beide gleichartig entschlüsseln. Das wird sogar dann der Fall sein, wenn eines der Muster die Kodierungen des 3n-dimensionalen Konfigurationsraumes der Hirnfunktion einer anderen Person umfaßt. Daraus ergibt sich, daß sich jemand an die Erfahrungen dieser anderen Person so erinnern kann, als ob sie seine eigenen wären.

Veränderte Bewußtseinszustände scheinen die Bandbreite der Gabor-Transformationen zu erweitern. Dadurch werden alle Ψ-Feld-Signale, die in dieses breitere Band fallen, ohne Unterschied verarbeitet. Die Hinweise hierfür stammen aus unzähligen Berichten transpersonaler Erinnerung im Rahmen veränderter Bewußtseinszustände. In letzter Zeit sind zusätzlich bestätigende Experimente mit EEG-Kontrollen durchgeführt worden. Diese Aufzeichnungen belegen, daß in meditativen Zuständen die Hirnwellenmuster verschiedener Personen eine bemerkenswerte Tendenz zur Synchronisierung aufweisen. Experimente, die in Italien mit dem ›brain-holo-tester‹ durchgeführt wurden – einem Apparat, mit dem der Synchronisierungsgrad der EEG-Muster zwischen linker und rechter Hemisphäre einer Person, sowie die hemisphärische Synchronisation zwischen verschiedenen Personen gemessen werden –, zeigten nicht nur eine dramatische Erhöhung des Synchronisationsgrades der beiden Hemisphären in tiefster Meditation, sondern auch eine starke Übereinstimmung der EEG-Muster gemeinsam meditierender Personen, selbst dann, wenn keine gewöhnlichen Sinnessignale zwischen ihnen ausgetauscht wurden.[28]

Wenn die beiden Hirnhemisphären synchronisiert sind,

wird das Bewußtsein nicht mehr von den stark fokussierten linearen Wahrnehmungen des von der linken Hemisphäre dominierten Wachbewußtseins bestimmt. Die für die rechte Hemisphäre typischen gestaltorientierten, nicht-verbalen Wahrnehmungen werden nicht mehr unterdrückt und können so die Bewußtseinsebene erreichen. Gelegentlich schließt dieser Vorgang auch transpersonale Erfahrungen ein – den Abruf von Erinnerungen, die von einem anderen, analog arbeitenden Gehirn eingeprägt wurden.

Die psychologischen und physiologischen Eigenschaften alternativer Bewußtseinszustände korrelieren mit den introspektiven Berichten derjenigen, die gelernt haben, bewußt in solche Zustände einzutauchen. Yogis und andere Meister meditativer Techniken können innerhalb von Minuten, wenn nicht sogar Sekunden, einen Zustand tiefer Meditation erreichen. Wenn sie aus diesen Zuständen wieder zum Normalzustand zurückkehren, berichten sie, daß ihr Bewußtsein von einer großen, fast transzendenten Ruhe erfüllt war, weit weg von den Sorgen und Leidenschaften, die den normalen Wachzustand bestimmen. Sie treten in den meditativen Zustand ein, als ob sie in ein ruhiges und klares Wasser tauchen würden, wobei sie die Turbulenzen des Alltags weit hinter sich lassen.

Das Bild von Wasser und Turbulenz ist darüber hinaus bedeutsam: es reflektiert die Wechselwirkungen zwischen Materie und Vakuum im Zusammenhang mit der menschlichen Bewußtseinsfunktion. In entsprechend übertragenem Sinne können wir auch sagen, daß die Winde, die das Wasser des Bewußtseins kräuseln, abflauen, wenn die Besorgnisse der Alltagswelt aufgehoben sind. Das Gehirn wird auf seine eigene Chaosdynamik zurückverwiesen. In diesem hochempfindlichen Zustand kann das leichteste Wellenspiel auf der stillen Oberfläche des Bewußtseins registriert werden; ebenso wie die minimalen Fluktuationen registriert werden können, aus denen die Ψ-Feld-Signale bestehen.

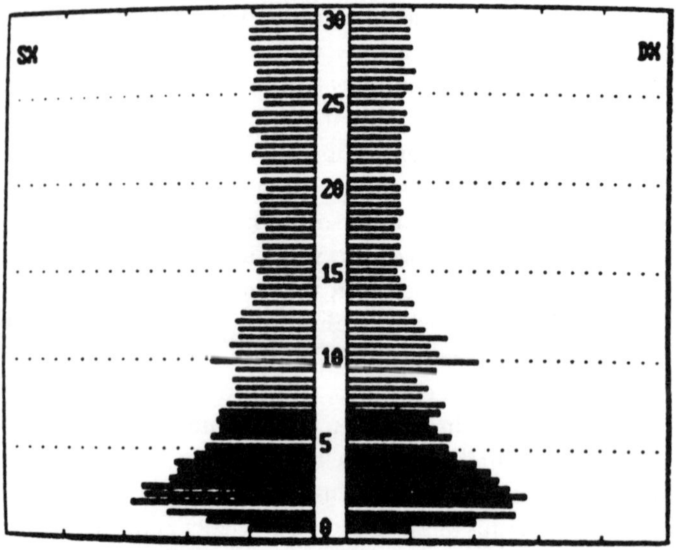

Abb. 9: Mit freundlicher Genehmigung von Cyber Researches, Mailand, Italien. Links: Niedriges Niveau der Synchronisation der linken und rechten Gehirnhälften im normalen Wachzustand mit nicht-harmonischen EEG-Mustern. Korrelationswert 5,9%

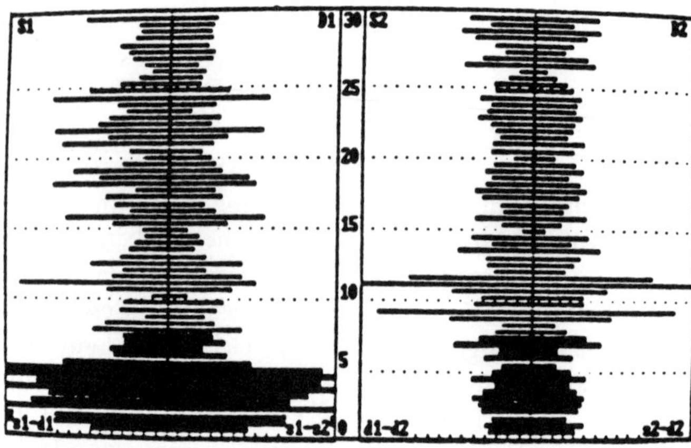

Links: Niedriges Niveau der Synchronisation der linken und rechten Gehirnhälften zweier gleichzeitig gemessener Versuchspersonen im normalen Wachzustand.

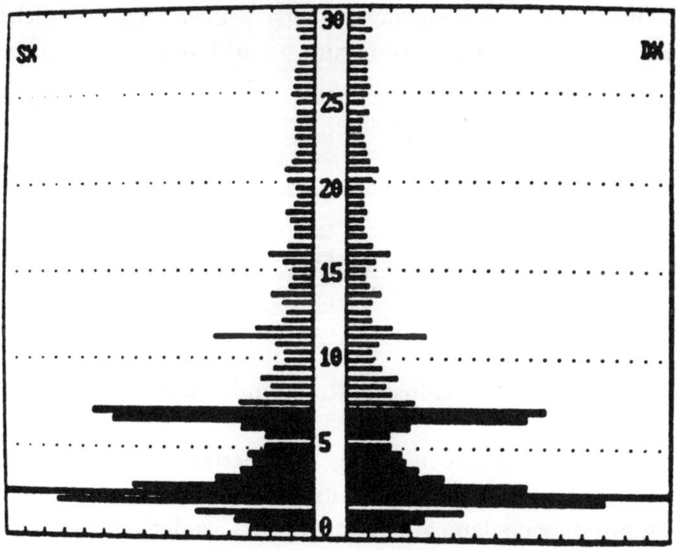

Rechts: Hohes Niveau der Synchronisation der linken und rechten Gehirnhälften im Zustand tiefer Meditation. Das Gehirn erzeugt harmonische EEG-Wellen, die sich in beiden Gehirnhälften exakt wiederholen. Korrelationswert 99,2%

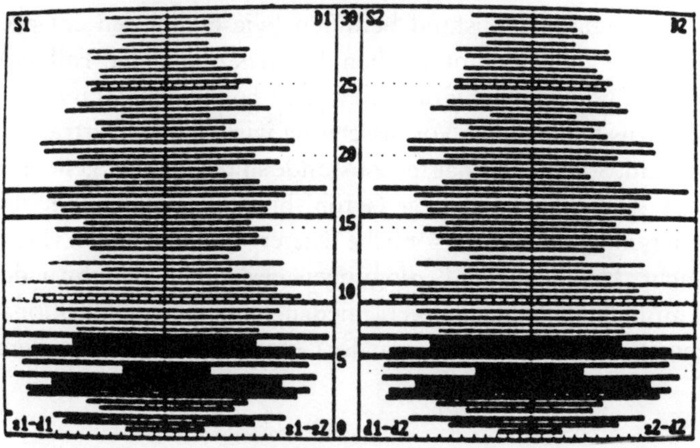

Rechts: Nahezu identisches Vierfachmuster, das bei zwei gleichzeitig gemessenen Individuen in tiefer Meditation entsteht, ohne daß sie in sensorischem Kontakt stehen.

Wir können jetzt versuchen, verschiedene ungewöhnliche Fälle transpersonaler Erinnerung zu erklären. Hierzu gehören u. a.:

– telepathische Kommunikation zwischen einzelnen Personen;
– Erinnerungen an frühere Leben;
– alternatives Heilen;
– simultane Erkenntnisse einzelner Personen wie auch unterschiedlicher Kulturen.

Telepathische Kommunikation

Wie wir gesehen haben, gelingt die Übertragung von Gedanken, Bildern, Gefühlen, Intuitionen und sogar physischen Empfindungen dann am ehesten, wenn Sender und Empfänger genetisch verwandt sind (so gibt es z. B. eindrucksvolle Berichte von eineiigen Zwillingen), wenn sie durch starke Gefühle verbunden sind (wie etwa Mütter und Söhne, Eheleute oder Liebespaare), oder wenn sie sich in einem alternativen Bewußtseinszustand befinden (wie es bei den entsprechenden parapsychologischen Experimenten der Fall ist). Eine enge Anpassung der relevanten Funktionszustände des Gehirns scheint eine Voraussetzung wirksamer Übertragung zu sein. Solche angepaßten Zustände sind entweder genetisch festgelegt oder durch enge Gefühlsbindungen und Mitgefühl oder auch durch persönliche Krisen und Traumen verursacht. Unter diesen Bedingungen gewinnt das Gehirn des Empfängers Zugang zu verschiedenen kognitiven, emotionalen oder intuitiven Aspekten der Gehirnfunktion des Senders.

Erinnerungen an frühere Leben

In der Regel scheint auch die Erinnerung an das, was den Betreffenden als Vorleben erscheint, vom vorausgehenden Eintritt in einen alternativen Bewußtseinszustand abhängig zu sein. Bei der Regressionstherapie wird dieser Zustand vom Therapeuten durch die Einleitung einer tiefen Entspannung herbeigeführt. Unter diesen Bedingungen ist es dem Patienten nicht mehr möglich, zwischen seinen Eigenerfahrungen und den Erfahrungen anderer Personen zu unterscheiden. Da diese Erinnerungen aufgrund einer Anpassung zwischen dem zur betreffenden Zeit herrschenden Hirnfunktionszustand des Patienten und dem entsprechenden Zustand einer anderen Person, deren Erfahrungen erinnert werden, zustandekommen, stehen die im Bewußtsein des Patienten auftauchenden Bilder und Ereignisse in gewisser Beziehung zu seinem eigenen psychologischen Zustand. Während Bilder und Ereignisse so wahrgenommen werden, als ob sie Erinnerungen an eigene Erlebnisse wären, erfährt der Patient etwas, was die Therapeuten als ›karmische Befreiung‹ bezeichnen.

Bei kleinen Kindern sind Erinnerungen an frühere Leben mit etwas anderen physiologischen Bedingungen verbunden. Ihr Gehirn arbeitet meistens im Alphazustand, wie er für die alternativen Bewußtseinszustände Erwachsener typisch ist; bis ins Alter von fünf oder sechs Jahren fehlen den Kindern die für das Wachbewußtsein des Erwachsenen typischen Betawellen. Ihre noch in Entwicklung befindlichen Gehirne sind nicht immer imstande, die Signale, die ihre noch kurze Lebenserfahrung repräsentieren, von anderen ausreichend isomorphen Signalen zu unterscheiden, welche die Erfahrungen anderer Personen enthalten. Auf diese Weise können Kindern Bilder und Eindrücke bewußt werden, die nicht als Spuren ihrer eigenen Erfahrungen anzusehen sind, sondern als Spuren der Erfahrungen fremder

Personen, deren Hirnfunktionszustände mit ihren eigenen übereinstimmen.

Demzufolge muß bei kleinen Kindern dieses gelegentliche Auftauchen von Bildern und Vorstellungen nicht unbedingt bedeuten, daß sie – wie Stevenson meint – die Inkarnation einer früher lebenden Person sind.[29] Statt über den reinkarnierten Geist eines anderen zu verfügen – oder wenigstens über einige Aspekte einer fremden Persönlichkeit –, liest das noch unscharf operierende kindliche Gehirn Bilder und Verhaltensweisen aus dem Ψ-Feld ab, die seinen eigenen Neigungen entsprechen. Dieser Vorgang verstärkt die entsprechenden Neigungen des Kindes und erzeugt so die seltsamen Verhaltensweisen, die u. a. von Stevenson beschrieben wurden.

Alternatives Heilen

Zwei oder mehr Personen, die sich im meditativen Zustand befinden, können eine direkte Verbindung zwischen ihren Hirnfunktionen herstellen, wie die Synchronisation der EEG-Phasen in Abbildung 8 zeigt. Gelegentlich können solche Synchronisationsvorgänge telepathische Phänomene erzeugen, einschließlich der Übertragung von Gedanken oder Bildern. Diese Übertragung kann auch einen aktiven Aspekt annehmen; wie Targ und Puthoff gezeigt haben, kann eine der telepathisch kommunizierenden Personen ganz bewußt einen bestimmten Gedanken oder ein Bild übertragen. Krippners Experimente zur Traumtelepathie bestätigen, daß solche Übertragungsformen statistisch signifikante Versuchsergebnisse hervorbringen.

Die Wahrnehmung der Erfahrung eines anderen Menschen kann tatsächliche Verhaltensänderungen bewirken, wie z. B. bei den von Stevenson untersuchten Kindern, die sich an Vorleben erinnerten. Wir wissen jetzt, daß die Synchronisation zweier oder mehrerer Hirn-Aktivitätsmuster auch imstande zu sein scheint, organische Wirkungen auszulösen. Solche Wirkungen sind auch als Ergebnis bewußter Manipulation denkbar. Der Sender – ein Sensitiver oder ein Heiler – könnte sich auf einen Empfänger (z. B. einen Patienten) konzentrieren und so mit seinem Willen eine organische Veränderung auslösen.

Heiler könnten einen unspezifischen Heilungsprozeß in Gang bringen, indem sie ›Energie senden‹ oder, wie es bei den in Kapitel 6 zitierten Experimenten Byrds der Fall war, einfach ›für die Genesung beten‹. Erfahrene Heiler können mit ihrem Willen auch spezifische Organvorgänge beeinflussen, wie z. B. die Stabilisierung des Herzschlages oder die vermehrte Durchblutung eines Körperteils. Viele Heiler erreichen ihre Ergebnisse völlig unabhängig von der Entfernung, die sie von ihren Patienten trennt, wobei die Heilungserfolge manchmal erst im Laufe der Zeit auftreten. Die Erklärung dieses Vorgangs verlangt nach einem Raum und Zeit verbindenden Feld, das die Wirkungen überträgt, und entspricht so den Ψ-Feld-Postulaten der einheitlichen Wechselwirkungsdynamik.

Simultane Einsichten

Die kognitive Ψ-Feld-Hypothese liefert uns eine analoge Interpretation der gemeinsamen Erkenntnisse und Einsichten, wie sie bei unterschiedlichen Kulturen zu beobachten sind. Diese Interpretation kommt dem ursprünglichen Konzept der Archetypen und des kollektiven Unbewußten nahe, wie es von Jung entwickelt wurde. Nach Jung bilden sich Archetypen aus einem von allen Menschen geteilten, alles umfassenden, grenzenlosen unbewußten Prozeß, der das Ergebnis der gesammelten Erfahrung von tausenden Jahren gemeinsam geteilter Geschichte ist. Archetypen sind das Ergebnis einer allmählichen Anpassung der genetischen Struktur Einzelner, die es der persönlichen Erfahrung ermöglicht, immer mehr Elemente des kollektiven Unbewußten aufzunehmen.

Auch wenn Jung es in seinen späteren Lebensjahren aufgab, eine physiologische Erklärung für die Archetypen und das kollektive Unbewußte geben zu wollen (die mechanistisch orientierte Neurowissenschaft seiner Zeit war noch nicht so weit, Synchronisationsprozesse zwischen den Hirnfunktionen verschiedener Menschen anzuerkennen), schrieb er in seinem Kommentar zu *Das Geheimnis der goldenen Blüte*, daß ›das kollektive Unbewußte einfach der psychische Ausdruck einer von allen rassischen Unterschieden unabhängigen Identität der Hirnstrukturen ist‹.[30] Kurz vor seinem Tod im Jahr 1961 wagte sich Jung noch weiter vor: ›Wir müssen vielleicht die Vorstellung von Raum und Zeit aufgeben, wenn wir über die Realität der Archetypen nachdenken‹, schrieb er in einem im gleichen Jahr veröffentlichten Brief.[31] ›Es könnte sein, daß die Psyche eine punktförmige Intensität ist und kein sich in der Zeit bewegender Körper. Man könnte annehmen, daß sich die Psyche allmählich von der kleinsten Ausdehnung zu einer unendlich großen Intensität entwickelt und damit die Körper ihrer Realität beraubt, wenn die psychische Intensität die Lichtgeschwindigkeit überschreitet. Unser Gehirn könnte der Ort der Transformation sein, wo die relativ großen Spannungen und Intensitäten der Psyche zu wahrnehmbaren Frequenzen und Maßen umgewandelt werden. Aber die Psyche an sich‹, fügt Jung hinzu, ›wäre überhaupt ohne jede Dimension in Raum und Zeit‹. Folglich ist die Psyche als der Bereich des kollektiven Archetypischen, nach den Worten Marie-Louise von Franz', ewig und überall zugleich. Wenn sich irgendwo etwas ereignet, was das kollektive Unbewußte berührt, geschieht es auch gleichzeitig überall.[32]

Wenn wir das hier diskutierte Konzept einer bei veränderten Bewußtseinszuständen vergrößerten Bandbreite der Gabor-Transformationen des Gehirns hinzunehmen, ebenso wie das der extrem erhöhten zerebralen Empfindlichkeit, wie sie von chaotischen Attraktoren ausgelöst wird, werden Jungs intuitive Einsichten von der soliden Substanz einer Theorie gestützt, die eine Brücke vom Archetypus und vom kollektiven Unbewußten zur Beziehung zwischen der Gehirnaktivität und dem energetischen Grundfeld des Universums schlägt. Dieses Feld ist das Kodiersystem und der Übertragungsmechanismus aller Ereignisse der Raumzeit, einschließlich der neuronalen Netzwerkdynamik, die den kognitiven Prozessen des menschlichen Gehirns zugrundeliegt.

12. Kosmologische Szenarien

Bei der Untersuchung der Postulate der einheitlichen Wechselwirkungsdynamik hinsichtlich der wesentlichen wissenschaftlichen Interessenbereiche gelangten wir, von der Quantenwelt als der physikalischen Grundlage des bekannten Universums ausgehend, zu der uns auf der Erde gegebenen Lebenssphäre sowie zum Bereich des Geistes und des Bewußtseins, wie er sowohl aus der Neurophysiologie und Psychologie als auch aus der Erfahrung bekannt ist. Wir können nun in den letzten Teilbereich dieser anfänglichen Untersuchungen eintreten: in den Kosmos als Ganzes.

Die Kosmologie ist zwar eine physikalische Wissenschaft, aber sie muß auch die Möglichkeit anderer Wissenschaftszweige begründen. Eine Kosmologie, die nicht imstande ist, die Bedingungen zu erklären, unter denen sich die Natur über den Bereich der Physik hinaus entwickelt, ist ausgesprochen unvollständig: vernünftige kosmologische Theorien müssen zeigen, wie sich die Materie in der Raumzeit zu fortwährend komplexeren geordneteren Systemen strukturiert. In diesem Sinn ist die Kosmologie die Mutter aller Naturwissenschaften, obwohl nur wenige Kosmologen diese Forderung beherzigen.

Im Rahmen umfassenderer Zusammenhänge steht die offizielle Kosmologie vor einem Problem. Sie anerkennt zwar, daß sich die Materie im Kosmos zu komplexeren und geordneteren Systemen konfiguriert, aber sie kann diese Evolution nur auf Zufallsprozesse zurückführen, die der Unordnung zustreben.

Die herrschende Meinung lautet etwa: Da im Kosmos irreversible Prozesse ablaufen, muß die Gesamtentropie des Systems zunehmen. Eine lokal begrenzte Entropieabnahme ist nur auf Kosten einer größeren Entropiezunahme in anderen Teilen des Systems möglich. Umkehrungen des Vorzeichens der Entropieänderungen kommen dadurch zustande, daß die Ausdehnung des inhomogenen Universums die Materie daran hindert, überall gleichzeitig eine Gleichgewichtsverteilung anzunehmen. Verteilte Materie sucht zufallshaft nach Gleichgewicht, indem Teilchen zusammenstoßen und komplexere Aggregate und Teilchenhaufen bilden. Die entstehenden Formen erleiden weitere Stöße und entwickeln Reibung, wodurch der Entropie-orientierte Prozeß beschleunigt wird. Das Leben erscheint in diesem Modell als statistisches Nebenprodukt eines zufallsgetriebenen, zur Unordnung hin orientierten Prozesses.

Obgleich diese Erklärung das Problem der Unvereinbarkeit des zweiten Hauptsatzes der Thermodynamik mit dem lokalen Aufbau von Komplexität meistert, ist sie bei weitem nicht befriedigend. Sie widerspricht nicht nur unseren tiefsten Intuitionen und unserer gesamten Erfahrung, sondern, was noch wichtiger ist, sie ist auch unfähig, die durchgehenden Ordnungen zu erklären, die in der Natur entstehen; ein zufallsgetriebener Prozeß kann, wie wir gezeigt haben, nur Divergenz, aber niemals Konvergenz erzeugen. Es muß mehr im Universum geben, als den mechanischen Niedergang des geschlossenen Systems. Wenn die Kosmologie ihre Rolle als Mutter der Naturwissenschaften erfüllen soll, muß sie ein besseres Verständnis der Entstehung von Ordnung und Komplexität im Kosmos ermöglichen.

Ein Zufallsprozeß in einem stochastisch konstituierten Universum könnte eventuell Atome, Moleküle und Kristalle erzeugen, aber kaum die höheren Komplexitätsstufen; die Feinabstimmung der für diesen Prozeß notwendigen universellen Konstanten ist statistisch unwahrscheinlich. Komplexe Systeme als Voraussetzung des Lebens können sich nur entwickeln, wenn die Konstanten die exakt richtigen Werte besitzen. Diese unwahrscheinlich präzise festgelegten, koordinierten Werte müssen bereits am Zeitnullpunkt, als der Entwicklungsprozeß einsetzte, vorgelegen haben. Wie ist das zu erklären?

Zufällige Koinzidenz reicht dazu nicht aus: glückliches Zusammentreffen dieses Umfangs überfordert die Glaubwürdigkeit. Hat vielleicht das Gesetz der großen Zahlen dem Zufall nachgeholfen, so daß unser Universum nur eines unter Myriaden von Universen wäre und seine bemerkenswerten Eigenschaften darauf zurückgeführt werden könnten, daß in einem hinreichend großen Ensemble selbst an sich unwahrscheinliche Strukturen wahrscheinlich werden? Oder liegt es daran, daß ein einziges Universum sich während seiner Evolution in viele Teilbereiche aufspaltete, und daß wir gerade in einem dieser ansonsten unwahrscheinlichen Bereiche leben und ihn beobachten, nachdem alle anderen jenseits unseres Horizonts verschwunden sind? Wenn aber dies alles nicht der Fall ist, würde dann das anthropische Prinzip die Antwort geben? Sind die Konstanten deswegen so, damit sie zu einem Universum führen, in dem sie von bewußten Wesen beobachtet werden können?[33]

Alle diese Hypothesen sind vorgeschlagen worden, aber keine ist befriedigend. Selbst ein durch das Gesetz der großen Zahlen abgemilderter Zufall ist nicht die Antwort. Und die letzte Zuflucht, die immer darin liegt, den vorgefertigten Entwurf einer kosmischen Intelligenz anzunehmen, ist – obwohl sie gelegentlich von einigen Kosmologen vorgeschlagen wurde – für die wissenschaftliche Mentalität nicht akzeptabel: vorweggenommene Endzustände unterliegen den gleichen Einwänden seitens der Wissenschaftler wie uneingeschränkt glückliche Zufälle.

Vielleicht könnte eine aus den EWD-Postulaten abgeleitete Hypothese Licht in das Geheimnis bringen. Um diese Möglichkeit zu erörtern, müssen wir unsere Analyse in einem geeigneten Zusammenhang durchführen, nämlich in jenem, den die bekannten Szenarien der kosmischen Evolution zur Verfügung stellen. Wir geben also einen Überblick über die wesentlichen Eigenschaften der gängigen Kosmologien, bevor wir die kosmologische Spezifizierung der Ψ-Feld-Hypothese untersuchen.

Das Urknall-Szenario

Derzeit wetteifern mehrere Kosmologien um Anerkennung. Es handelt sich jedoch hauptsächlich um spezielle Varianten des führenden kosmologischen Szenarios, das allgemein als Theorie des ›Urknalls‹ bekannt ist. Diese Theorie fand breite Anerkennung, nachdem die Computeranalyse der etwa 300 Millionen während eines Jahres von dem NASA-Explorer-Satelliten (COBE) übermittelten Meßwerte im April 1992 gezeigt hatte, daß die Unregelmäßigkeiten der kosmischen Hintergrundstrahlung echte, Urknall-bedingte Schwankungen sind und nicht etwa von der Strahlung astronomischer Objekte verursachte Verzerrungen repräsentieren. Die Unregelmäßigkeiten datieren auf eine Zeit von vor 15 Milliarden Jahren, als das Universum zirka 300.000 Jahre alt war. Sie deuten auf riesige Materiewolken als Vorläufer der Galaxien. Die Beobachtungsergebnisse stimmen insoweit mit dem Standardszenario überein, als die Unregelmäßigkeiten die Folge kleiner Dichteunterschiede des kosmischen Feuerballs sind, die bereits eine billionstel Sekunde nach dem Zeitpunkt Null existierten.

Das Standardszenario behauptet, daß die Evolution des Universums mit einer explosiven Instabilität begann, die zunächst in zwei schnell aufeinanderfolgenden Veränderungen ablief. Die erste bestand in einer explosiv-inflatorischen Ausdehnung des Minkowskischen Quantenvakuums, und die zweite transformierte das explodierende Universum in die stärker geordnete Ausdehnung des Robertson-Walker-Universums. Obgleich dieser Vorgang immer noch im Gange ist, fand 50.000 bis eine Million Jahre später eine weitere Veränderung statt: in dem sich ausdehnenden, erkaltenden Universum entkoppelten sich Materie und Strahlung. Als die Temperatur auf 3000° Kelvin gesunken war, wurde der Raum durchsichtig, und die Leptonen und Hadronen bildeten sich als erste Kondensationen der materiellen Komponente des Universums. Von diesem Augenblick an bestimmte die Geschichte dieser Komponenten die Entwicklung des materiellen Universums (vgl. Abb. 10). Während der vergangenen

Zeit seit Beginn des Universums (oder eines Zyklus des Universums)	Mittlere Temperatur (°K)	Mittlere Dichte (g/cm³)	Vorherrschendes Produkt
$< 10^{-24}$	$< 10^{20}$	$< 10^{50}$	–
10^{-24}–10^{-3}	10^{15}	10^{30}	Hadronen
10^{-3}–100 sec	10^{10}	10^{10}	Leptonen
100 sec–10^{6} Jahre	10^{4}	10^{-10}	Neutrale Atome
10^{6}–10^{9} Jahre	300	10^{-20}	Galaxien
$> 10^{9}$ Jahre	≈ 2.7	$\approx 10^{-29}$	Sterne, Planeten

Abb. 10: Der fortschreitende Aufbau der Mikro- und Makrostrukturen des Universums in Abhängigkeit von Zeit, Temperatur und Strahlungs- bzw. Materiedichte seit Beginn der Inflation bis zur Gegenwart. (Nach Eric Chaisson, Universe: *An Evolutionary Approach to Astronomy,* Prentice Hall, Englewood Cliffs, 1988.)

15 Milliarden Jahre war diese Entwicklung konstruktiv. Im Mikrobereich formten Leptonen und Hadronen die Atome, Moleküle, Kristalle und gelegentlich noch phantastischere

Strukturen; im astronomischen Maßstab kondensierten sie zu Sternen und Sternsystemen.

Bei den extrem hohen Temperaturen, die zur Zeit des sehr jungen Universums herrschten, gab es nichts als überhitztes Plasma: die Atome existierten noch nicht, da die thermische Bewegung die Elektronen daran hinderte, sich an die Kerne zu binden. Als sich aber das Plasma abkühlte, begannen die Elektronen, um die Kerne zu kreisen und ein atomares Gas zu bilden. Zu jener Zeit kondensierten die Galaxien aus dem Plasma und die Sterne innerhalb der Galaxien. Die fortschreitende Abkühlung ermöglichte die Bildung komplexer Moleküle; dabei ging die Materie vom gasförmigen in den flüssigen Zustand über und kristallisierte schließlich in festen Formen. Auf bestimmten Planeten entwickelten sich molekulare und kristalline Strukturen zu Protobionten, und unter günstigen thermischen und chemischen Bedingungen öffnete sich das Tor zum Auftreten der höher geordneten Strukturen, die mit dem Phänomen des Lebens verbunden sind.

Im Universum als Ganzem kann jedoch das Zeitalter der konstruktiven Entwicklung nicht unendlich lange fortdauern: zu gegebener Zeit muß die Evolution der Materie in eine Rückentwicklung umschlagen. Sie wird an verschiedenen Orten zu verschiedenen Zeiten einsetzen, aber wenn sie kommt, ist sie nicht umkehrbar. Am Ende wird die gesamte Materie des Universums zerfallen und verschwinden. Nach den derzeitigen Schätzungen werden sich in etwa 10^{12} Jahren keine neuen Sterne mehr bilden. Die vorhandenen Sterne werden ihren Wasserstoff in Helium, den wichtigsten Brennstoff der Weißen Zwerge, umgewandelt haben. Später wird auch das Helium verbraucht sein, die Galaxien werden einen rötlichen Schein annehmen, und mit der weiteren Abkühlung werden die Sterne dem Blick völlig entschwinden.

Während die Energie der Galaxien durch die Gravitationsstrahlung verringert wird, rücken die einzelnen Sterne enger zusammen. Damit steigt die Wahrscheinlichkeit von Zusammenstößen, die einige Sterne zum Zentrum ihrer Galaxie hin beschleunigen und andere in den extragalaktischen Raum hinausschleudern. In der Folge werden die Galaxien selbst kleiner, die Galaxienhaufen schrumpfen, und schließlich implodieren die Galaxien und Galaxienhaufen in schwarze Löcher.

Am zeitlichen Horizont von 10^{34} Jahren wird es statt kosmischer Materie nur Strahlung, Positronium (Paare von Positronen und Elektronen) und kompakte Kerne in schwarzen Löchern geben. Schwarze Löcher werden ihrerseits in einem Prozeß zerfallen, den Hawking als ›Verdampfung‹ beschreibt. Ein schwarzes Loch, das aus dem Kollaps einer Galaxie entstanden ist, wird in etwa 10^{99} Jahren verdampfen, und ein gigantisches schwarzes Loch mit der Masse eines galaktischen Superclusters wird in 10^{117} Jahren verschwinden. Jenseits dieses Zeithorizonts wird die Materie im Kosmos nur noch in Form von Positronium, Neutrinos und Gamma-Strahlungs-Photonen vorliegen.

Der exakte Zeitpunkt des Verschwindens der Materie im Universum hängt davon ab, ob die Protonen zerfallen oder nicht. Sollten sie zerfallen, so würden sie, ebenso wie die Reste anderer zerfallener Baryonen, am Zeithorizont von 10^{117} Jahren verschwinden. Falls die Protonen *nicht* zerfallen, wird dieser Zeithorizont auf 10^{122} Jahre ausgedehnt. Dann würden selbst die nicht zerfallenen Protonen innerhalb der schwarzen Löcher verdampfen, die aus kollabierten Galaxien und Galaxienhaufen entstanden sind.

Im Standardszenario wird das Schicksal der Materie in der Raumzeit auch das Schicksal des Lebens besiegeln. Die komplexen Strukturen, die für die Phänomene des Lebens notwendig sind, werden lange vor dem eigentlichen Zerfall der Materie verschwunden sein. Die Bedingungen, die für diese Katastrophe verantwortlich sind, haben mehr mit der Evolution lokaler Sonnen der lebentragenden Planeten zu tun als mit dem endgültigen Schicksal der Elementarteilchen. Bevor die Hintergrundstrahlung für alle Lebensformen unerträglich hohe Werte annimmt oder auf gleichermaßen lebensfeindliche tiefe Temperaturen abfällt, werden die Sonnen der lebenserhaltenden Planeten das Stadium roter Riesen erreichen. Sie werden sich dann ausgedehnt und ihre belebten Begleiter verschlungen haben; nur die entferntesten Planeten, die ohnehin zu kalt waren, um Leben zu beherbergen, werden diesem Schicksal entgangen sein.

In einem ›geschlossenen Universum‹, das am Ende seines Daseins in sich selbst zusammenstürzt, wird die Intensität der Hintergrundstrahlung langsam, aber unaufhaltsam zunehmen. Die Wellenlänge der Strahlung wird sich zunächst aus dem Mikrowellenbereich zum Infrarot verkürzen. Wenn sie das sichtbare Spektrum erreicht hat, wird der gesamte Weltraum in intensivem Licht erstrahlen. Zu dieser Zeit werden die belebten Planeten, wie alle anderen Himmelskörper, bereits verdampft sein.

In einem ›offenen Universum‹, das sich unendlich ausdehnt, wird das Leben nicht durch Hitze, sondern durch Kälte zum Erliegen kommen. Da die Galaxien fortfahren, sich voneinander zu entfernen, werden viele aktive Sterne imstande sein, ihre natürlichen Lebenszyklen vollständig zu durchlaufen, bevor die gravitativen Anziehungskräfte sie so eng zusammenführen können, daß ein ernsthaftes Risiko für Zusammenstöße entsteht. Während aber die Sterne ihren Kernbrennstoff verbrauchen, nimmt ihr Energieausstoß ab. Sie expandieren dann entweder zum Stadium Roter Riesen und verschlingen dabei ihre inneren Planeten, oder sie wandeln sich auf dem Weg zu Weißen Zwergen oder Neutronensternen in Sterne niedrigerer Leuchtkraft. Bei geringeren Energieniveaus werden sie nicht mehr imstande sein, irgendwelche Lebensformen aufrechtzuerhalten, die sich auf einigen ihrer Planeten entwickelt haben könnten.

Während das Standardszenario drei gleich wahrscheinliche Varianten aufweist – ein geschlossenes Universum, das in sich selbst kollabiert; ein offenes Universum, das sich endlos ausdehnt, und ein flaches Universum, das sich genau im Gleichgewichtszustand zwischen Implosion und Expansion erhält – besteht hinsichtlich des letztlichen Schicksals der Materie (und damit des Lebens) kaum ein Unterschied. In jedem Fall wird die Zahl der Baryonen, von der man lange Zeit angenommen hatte, daß sie während der ersten Bruchteile einer Sekunde nach dem Urknall festgelegt worden sei, nicht erhalten bleiben. Protonen und Neutronen werden entweder im Großen Kollaps auf engstem Raum zusammengepreßt oder in den einzelnen letzten schwarzen Löchern zerquetscht.

Multizyklische Szenarien

Aus der Sicht der Materie und des Lebens auf materieller Grundlage ist das Standardszenario der kosmischen Evolution ausgesprochen düster. Doch sind während der letzten Jahre andere Kosmologien entwickelt worden, von denen einige das Schicksal der Materie und des Lebens im Universum in hellerem Licht erscheinen lassen.

Die Physiker suchen nach alternativen Szenarien, weil – abgesehen von dem vorhergesagten katastrophenhaften Ende – dem Standardszenario auch andere grundsätzliche Probleme entgegenstehen. Auf der theoretischen Ebene verlangt der Urknall die Existenz einer Singularität zu Beginn des Universums. Eine Singularität ist jedoch ein Bereich der Raumzeit, in dem die Gesetze der Physik zusammenbrechen. Solche Bedingungen sind nach Einsteins Gravitationstheorie verboten: die Gravitationsgesetze verlieren ihre Gültigkeit, wenn die Zeit zu Null wird und das Universum unendlich kleine Abmessungen annimmt. Dennoch fordern sowohl der Urknall als auch sein Gegenstück, der Große Kollaps, außergewöhnliche Bedingungen, die als Singularitäten in der relativistischen Raumzeit erscheinen.

Trotz der oben erwähnten Bestätigung der explosiven Entstehung des Universums aus Instabilitäten durch den COBE-Satelliten verbleiben auf dem empirischen Sektor einige beobachtete Anomalien. Es scheint, daß die Inhomogenitäten der von COBE aufgezeichneten Hintergrundstrahlung überraschend klein sind. Wenn es sich dabei um die noch erhalten gebliebenen Inhomogenitäten der Strahlungsdichte handelt, die bereits unmittelbar nach dem Urknall existierten, dann stellt sich die Frage, ob diese Fluktuationen eine hinreichende ›Körnung‹ in die Materieverteilung hätten einbringen können, um es der Gravitation später zu ermöglichen, die gegenwärtig beobachteten galaktischen Strukturen ›zusammenzuballen‹.

Die aus den Beobachtungen der galaktischen Strukturen abgeleiteten gravitativen Materieballungen deuten darauf hin, daß entweder die weitreichende Gravitation stärker ist als bisher angenommen (vielleicht proportional $1/r$ anstelle $1/r^2$, wo r der Radius einer Gravitation erzeugenden galaktischen Masse ist), oder daß es im Universum weit mehr Materie gibt, als man beobachtet. Im letzteren Fall müßte die optisch unsichtbare ›kalte dunkle Materie‹ (KDM) einen Anteil zwischen 90 und 99% an der gesamten Materie des Universums ausmachen. Die Physiker haben ganze Serien von KDM-Modellen entworfen und dazu schwere Neutrinos, Higgsinos, Gravitinos, Axionen, Photinos und schwach wechselwirkende, schwere Teilchen eingeführt, aber keines dieser Modelle ist frei von Schwierigkeiten.

Eine noch weitergehende fundamentale Schwierigkeit liegt in der Existenz gigantischer Strukturen in der Tiefe des kosmischen Raumes. Vier eng gebündelte Durchmusterungen haben gezeigt, daß es da draußen, über eine Milliarde Parsec entfernt, extrem ausgedehnte Strukturen gibt, mit Eigenschaften, die sich in Intervallen von 150 Megaparsec wiederholen. Sie sind der uns nächstgelegenen ›Großen Mauer‹ ähnlich, die sich über einen Bereich des Weltalls von mehr als etwa 500 Millionen Lichtjahre erstreckt. Derartig riesige Strukturen sind mit den Entstehungsbedingungen der Galaxien nach dem Urknallszenario unvereinbar: sie lassen auf ein weit höheres Alter des Universums schließen, nach einigen Schätzungen auf mehr als 63 Milliarden Jahre.[34]

Es ist also keineswegs klar, ob alle derzeit existierenden Strukturen vor 15 Milliarden Jahren aus einer explosiven Instabilität entstanden sind. Astronomische Beobachtungen, so vollständig und exakt sie sein mögen, können keinen Zeithorizont erreichen, der weniger als 300 Millionen Jahre vor der inflationären Periode liegt: damals war das Universum zu dicht, um Strahlung und Licht entkommen zu lassen. Wenn man das Ereignis eines ›big bang‹ vor etwa 15 Milliarden Jahren vernünftigerweise nicht mehr in Frage stellt, bleibt es einstweilen offen, ob es sich dabei wirklich nur um ein einmaliges Ereignis in der Geschichte des Universums handelte, oder um eines aus einer ganzen Serie vorhergegangener und vielleicht auch noch folgender ›Bangs‹.

Unter den vielen alternativen Szenarien besagt eine spezielle Form, daß das Universum nie mit einer Singularität begann und nie in einer Singularität enden wird. Wenn man die Quantentheorie auf den Beginn des Universums anwendet, dann muß das ursprüngliche ›Quantenuniversum‹ einen Radius ungleich Null gehabt haben. Unter Benutzung recht spekulativer Annahmen zeigen die Kosmologen, daß ein derartiges Quantenuniversum – sollte es sich als geschlossen herausstellen – am Ende nicht im Großen Kollaps enden kann, sondern einen Zustand maximaler Dichte erreicht, aus dem es durch einen neuen ›Knall‹ befreit werden könnte. Ein geschlossenes Quantenuniversum würde sich also, mit einer explosiven Instabilität beginnend, nach Durchlaufen eines vollständigen Expansionszyklus zu einer implodierenden Instabilität zurückentwickeln und dann zu einer neuen explosiven Instabilität. Die Geschlossenheit eines solchen Universums würde nur für die jeweiligen individuellen Zyklen gelten, das Universum selbst hätte weder einen Anfang noch ein Ende.

Ein anderes Szenario behauptet, daß die aufeinanderfolgenden Zyklen sich nicht in einem geschlossenen, sondern in einem offenen Universum abspielen. Dabei wird die Wechselwirkung des Quantenvakuums mit der Materie als grundlegender Faktor berücksichtigt. Prigogine, Geheniau, Gunzig und Nardone zeigten mittels einer mathematischen Ableitung, daß eine möglicherweise unendliche Folge kosmischer Zyklen aus dieser Wechselwirkung erzeugt werden kann.[35] Sie wiesen nach, daß ein gravitativer Rückkopplungseffekt die Energie liefert, die zur Bildung virtueller Teilchen in der Raumzeit erforderlich ist. Die Gravitation spielt dabei eine unerwartete Rolle in der Raumzeit: sie bewirkt nicht nur die Kondensation der galaktischen Strukturen, sie ist auch die Wurzel der vorhergehenden Synthese der Materie.

In der Kosmologie von Prigogine-Geheniau-Gunzig-Nardone hängt ein gravitativer Zustand negativer Energie mit der großräumigen Raumzeitkrümmung des Universums zusammen. (Negative Energie ist die Energie, die aufgebracht werden muß, um einen Körper gegen die Richtung der auf ihn wirkenden Gravitationskraft zu bewegen.) Die großräumige Geometrie der Raumzeit erzeugt einen Vorrat negativer Energie, dem die gravitierende Materie positive Energie entnimmt. Im instabilen Vakuum wird die entnommene Energie in virtuelle Teilchen umgesetzt. Auf diese Weise ergeben sich die Voraussetzungen für die Synthese materieller Teilchen.

Im Ergebnis entsteht eine konstante, ausgewogene Wechselwirkung zwischen der Materie der makrokosmischen Strukturen des Universums und dem Quantenvakuum. In jedem Zyklus werden im Vakuum Materieteilchen durch jene Energie geschaffen, die ihrerseits von den im vorhergehenden

Zyklus synthetisierten Teilchen erzeugt wurde. Die zur Bildung neuer Materie aufgewandte positive Energie kompensiert kontinuierlich exakt die negative Energie, die von der Raumzeitkrümmung infolge der Gravitationswirkung der bereits existenten Materie erzeugt wurde.

Neue Zyklen entstehen, weil die expandierenden Galaxien das Vakuum ›verdünnen‹. Wenn diese Verdünnung einen kritischen Wert erreicht, erzeugt sie eine Instabilität des Vakuums, durch die es in einen inflationären Zustand übergeht, und diese Phase ihrerseits verwandelt sich in eine langsamere Expansion des jeweils beobachteten Universums. Die Phasenübergänge sind nach einem von Hawking beschriebenen Prozeß durch die Erzeugung und Verdampfung mikroskopischer schwarzer Löcher der 50-fachen Größenordnung der Planckschen Masse ($m = 2{,}17671 \times 10^{-6}$ g) bedingt. Ihre Verdampfungszeit ergibt sich zu 10^{-37} s: das ist exakt die Dauer der inflationären Phase, die auch von anderen, unabhängig formulierten Theorien gefordert wird.

Die Entstehung eines jeden Zyklus umfaßt also drei Stufen, die durch zwei Phasenübergänge getrennt sind. Die erste Stufe ist die Erschaffung eines instabilen Minkowskischen Vakuums durch die Rückführung negativer Energie der Raumzeitkrümmung, die von den makrokosmischen Strukturen des Universums erzeugt wird. Die Instabilität bewirkt den Übergang zu der für das De Sitter-Universum typischen Art der Ausdehnung: dies ist die zweite Stufe. Während der Ausdehnungsphase verdampfen die im ersten Übergang geschaffenen mikroskopischen schwarzen Löcher. Sie erzeugen einen Superkühlungseffekt, der das De Sitter-Universum in einem zweiten Schritt in die dritte Stufe überführt, in das räumlich homogene, isotrope und sich geometrisch ausdehnende Robertson-Walker-Universum.

Die Kosmologie von Prigogine-Geheniau und anderen ist selbstkonsistent; die Übergänge hängen direkt von den Werten dreier Konstanten ab: von der Lichtgeschwindigkeit c, der Planckschen Konstanten h und der Gravitationskonstanten G.

Die ›selbstkonsistente urknallfreie Kosmologie‹ beschreibt eine ewige Mühle zur Erschaffung von Teilchen. Je mehr materielle Teilchen erzeugt worden sind, um so mehr negative Energie ist entstanden und wird als positive Energie zur Synthese weiterer Teilchen benutzt. Weil das Vakuum beim Vorhandensein von Gravitationswechselwirkungen instabil ist, bilden Materie und Vakuum eine selbsterregte Rückkopplungsschleife. Eine kritische, von der Materie ausgelöste Instabilität veranlaßt das Vakuum, in die Ausdehnungsphase überzugehen, und diese Phase markiert den Beginn einer neuen Ära der Materiesynthese. Nach diesem Modell wurde also das von uns beobachtete Universum nicht etwa aus einem nicht verifizierten präexistenten Vakuum geschaffen, sondern es entstand als ein neuer Zyklus innerhalb eines bereits vorhandenen kosmischen Hintergrundes.

Das selbstreferentielle Szenario

Nachdem wir die wesentlichen Varianten der kosmischen Evolutionsszenarien vorgestellt haben, können wir auf das Problem zurückkommen, das zu Beginn dieses Kapitels angesprochen wurde. Wie kommt es, daß die Werte der universellen Konstanten bereits zu einem Zeitpunkt präzise auf die Entwicklung des Lebens abgestimmt waren, als das Leben im Kosmos sich noch nicht entwickelt hatte?

Die aus den Postulaten der EWD abgeleitete Hypothese erklärt, daß die Wechselwirkung des Quantenvakuums mit der Materie die universellen Konstanten auf die gleiche Weise in-formiert wie die Konfiguration der quantenhaften Materie. Mit anderen Worten: der Ψ-Effekt manifestiert sich nicht nur in der Evolution der Materie-Energie-Systeme sondern auch in der Entstehung der physikalischen Parameter, die die Vorbedingungen zu dieser Evolution darstellen.

Um diese Hypothese genauer zu betrachten, wollen wir die möglichen Haupteinwände noch einmal zusammenfassen. Die zu berücksichtigenden Tatsachen sind:

– Die Ausdehnungsgeschwindigkeit des sehr jungen Universums war in allen Richtungen bis auf eine Abweichung von 10^{-40} konstant. Wäre sie weniger einheitlich gewesen, so könnte die kosmische Hintergrundstrahlung heute nicht so gleichförmig sein, wie sie ist.

– Die Gravitationskraft hat genau die richtige Größe zur Bildung von Sternen, die lange genug leben können, um genügend Energie zur Entwicklung des Lebens auf geeigneten Planeten bereitzustellen.

– Die Neutrinomasse ist – wenn auch vielleicht nicht exakt gleich Null – klein genug, um das Universum bald nach seiner Bildung im Urknall vor dem Zusammenbruch durch die übergroßen Gravitationskräfte bewahrt zu haben.

– Der genaue Wert der starken Kernkraft ermöglichte die Umwandlung des Wasserstoffs in Helium und weiter in Kohlenstoff und alle anderen für das Leben unabdingbaren Elemente. Wäre der Betrag dieser Kraft auch nur um 2% größer, so hätte der gesamte Wasserstoff in der Raumzeit vor seiner Umwandlung zu schwereren Elementen verbrennen müssen.

– Die schwache Kernkraft hat genau den richtigen Wert, damit die Supernovae Atome ausstoßen können, die danach der folgenden Sternengeneration zur Verfügung stehen, um komplexere Elemente als Grundlage des Lebens aufzubauen.

– Die schwache Kernkraft besitzt außerdem den exakt mit der Gravitation korrelierten Wert, um den Wasserstoff anstelle des Heliums zum vorherrschenden Element im Kosmos zu machen. Wäre statt dessen Helium das häufigste Element, so würden die Sterne nicht so lange existieren, daß sich auf ihren Planeten Leben entwickeln könnte; außerdem hätte ohne Wasserstoff – als Grundelement des Wassers – kein Leben in den uns bekannten Formen entstehen können.

Wir erkennen daraus, daß die Feinabstimmung der universellen Konstanten diejenigen Werte betrifft, die mit den Grundkräften und Wechselwirkungsfeldern sowie mit der Masse und Verteilung der Materie im kosmischen Raum verknüpft sind. Diese exakten Werte, Massen und Verteilungen ermöglichen die Evolution zunehmend komplexer Materie-Energie-Systeme. Das Standard-Urknall-Szenario hat dafür keine Erklärung: ein Universum, das – zwischen dem Urknall und der letztlichen Zerstreuung im unendlichen Raum oder der superdichten Zusammenballung im Großen Kollaps – auf einen einzigen Zyklus begrenzt ist, kann seine Konstanten nicht schon vor seinem eigenen Anfang abstimmen. Aber eine Serie in-sich-rückbezogener Zyklen ist dazu instande: ein solches Universum durchläuft eine Lernkurve.

Um die wesentlichen Züge des multizyklischen Lernszenarios darzustellen, benutzen wir die Grundannahmen der ›urknallfreien selbst-konsistenten Kosmologie‹ von Prigogine-Geheniau u. a. Diese sagt uns, daß die Evolution des Kosmos das Ergebnis einer Wechselwirkung des Quantenvakuums mit den Materieteilchen ist, die in ihm synthetisiert werden. Wir postulieren, daß das Quantenvakuum ein fünftes universelles Feld ist, das mit der Materie wechselwirkt. Dieses Feld wirkt als holographisches Medium, es zeichnet die Skalarwellentransformierten der 3n-dimensionalen Konfigurationsräume der Raumzeitmaterie auf und bewahrt sie.

Wir fügen diesen Ψ-Feld-Faktor in das von Prigogine, Geheniau u. a. vorgeschlagene Szenario ein. Da die von der Materie erzeugten skalaren Wellenfronten sich durch das Vakuum ausbreiten und in Superposition dauernd erhalten bleiben, können wir annehmen, daß in jedem beliebigen Raumzeitbereich einige Elemente der ›Wellenfunktion des Universums‹ in den Raumzeitkegel der Skalarwellenmuster fallen. Es ist also wahrscheinlich, daß einige Muster in einem Bereich der Raumzeit vorhanden sind, in dem das Vakuum in den inflationären Zustand übergeht und einen neuen Zyklus erschafft. Die Muster in einem vorgegebenen Bereich bestehen in kleinen Fluktuationen innerhalb des Vakuums, und diese Fluktuationen verursachen zunehmende Kohärenz und Konsistenz innerhalb der aufeinanderfolgenden Zyklen.

Alan Guth und andere Kosmologen haben gezeigt, daß die Ausdehnung, durch die unser gegenwärtig beobachtetes Universum ins Leben gerufen wurde, zwar weitgehend, aber doch nicht vollkommen einheitlich war. Die Existenz der gravitativ bedingten Zusammenballung der Materie zu galaktischen Gruppen und weiter zu Galaxien und Sternsystemen erfordert die Annahme, daß das anfängliche Strahlungsfeld geringste Differenzen enthielt, die während der inflationären Periode vergrößert wurden. Die Theorie sagt aus, daß diese Differenzen skaleninvariante Fluktuationen des Gravitationsfeldes hervorriefen, die ihrerseits Temperaturdifferenzen in der kosmischen Hintergrundstrahlung verursachten, die mittels des Sachs-Wolfe-Effektes meßbar sind. (Skaleninvariante Fluktuationen sind solche, deren Amplitude unabhängig von der physikalischen Größe ist). Tatsächlich hat das Differential-Mikrowellen-Radiometer (DMR) des COBE-Satelliten solche Unterschiede in der Temperatur des kosmischen Hintergrundes nachgewiesen. Das DMR konnte die Hintergrundstrahlung in Winkelbereichen oberhalb sieben Grad erkennen; tatsächlich beobachtete es solche bei oder oberhalb zehn Grad.

Es fragt sich, wie diese skaleninvarianten Differenzen zu erklären sind. Obgleich es bisher keine allgemein akzeptierte Antwort gibt, lautet die vorherrschende Meinung, unter anderem von Guth, Alexei Starobinsky und Stephen Hawking, daß sie durch ursprüngliche Fluktuationen des Quantenvakuums erzeugt wurden. (Eine alternative Theorie führt sie auf Phasenübergänge zurück, die dem Urknall folgten, als das Universum von höheren zu niedrigeren Energiezuständen überging.) Nach der geltenden Ansicht wurden die anfänglichen Quantenfluktuationen während der Inflation um den Faktor 60 vergrößert; sie bewirkten Inhomogenitäten im Strahlungsfeld, die die gravitative Zusammenballung der Materie in der Raumzeit verursachten.

Derzeit sehen sich die Theoretiker gezwungen, die ursprünglichen Fluktuationen als unabhängige Variable anzusetzen, da das Universum des Urknallszenarios vor der Inflation keine Geschichte hatte. Dagegen besitzt das Universum eines multizyklischen Szenarios eine Vorgeschichte, mit der die ursprünglichen Quantenfluktuationen, die die Inflation in-formierten, verbunden sein könnten. Damit würden die Schwankungen zu abhängigen Variablen innerhalb eines rückbezüglichen iterativen Prozesses. In dieser Sicht enthalten die anfänglichen Vakuumfluktuationen die Skalarwellentransformierten aller Materie-Energie-Konfigurationen, die sich in einem vorgegebenen Bereich der Raumzeit bereits entwickelt haben. Die Fluktuationen, die die Inhomogenitäten in das inflationäre Strahlungsfeld einbringen, werden vom vorherigen Zustand des Universums ›in-formiert‹, der in dem bereits durch die Inflation entstehenden Bereich gespeichert ist.

Dieser Prozeß verknüpft die aufeinanderfolgenden Zyklen der Elemente des Universums zu einer (nicht-Markovschen) Kette. Die Evolution der Materie-Energie innerhalb jedes Zyklus determiniert die anfänglichen Fluktuationen, die ihrerseits die ›Körnigkeit‹ der Inflation bestimmen, die die makrokosmischen Strukturen des folgenden Zyklus determiniert.

Naturgemäß beschränkt sich der transzyklische Informationsübergang nicht auf die Mitbestimmung der Dimensionen der Makrostrukturen. Während sie sich entwickeln und physikochemische Blaupausen erschaffen, die zur Evolution komplexerer Materie-Energie-Systeme geeignet sind, wechselwirken die entstehenden Strukturen mit den Skalarwellenfronten, die im Vakuum von den zuvor entwickelten Materie-Energie-Systemen geschaffen wurden. Wie wir bemerkt haben, steuern diese ›Sekundärwellenfronten‹ die sonst zufälligen Evolutionsprozesse in Richtung einer Übereinstimmung mit den bereits entstandenen Konfigurationen.

Der transzyklische Informationsübergang erzeugt ein iterierendes, rückbezügliches Lernszenario. Ein interaktives, multizyklisches Universum korreliert seine physikalischen Parameter zunehmend zugunsten der Evolution komplexer Materie-Energie-Konfigurationen. In jedem der aufeinanderfolgenden Zyklen gibt es eine zunehmende Wahrscheinlichkeit für die Verwirklichung folgender Forderungen:

– ein ursprüngliches Strahlungsfeld mit genau angepaßtem Grad von Inhomogenität, um makrokosmische Strukturen zu erzeugen, die im Laufe der Zeit fähig werden, hochkomplexe Materie-Energie-Systeme aufzubauen und aufrechtzuerhalten;

– die geeignete Zahl von Baryonen zu synthetisieren, um die Raumzeit zu erfüllen;

– das Neutrino mit einer Masse auszustatten (sei sie gleich Null oder positiv), die exakt so bestimmt ist, daß die in einem Zyklus geschaffene Materie nach ihrer Synthese nicht wieder zerfällt; und

– die gravitativen, elektromagnetischen, sowie die starken und schwachen Kernwechselwirkungen so abzustimmen, daß sie die Konfiguration der Baryonen zu immer höher geordneten Raumzeitsystemen erlauben.

Das beschriebene Szenario erlaubt es der Selbstreferentialität des Universums, sich über den Zeithorizont eines einzelnen Zyklus hinaus zu einem (oder mehreren) früheren Zyklen zu erstrecken. Dies schafft eine signifikante Wahrscheinlichkeit für die Erzeugung makrokosmischer Strukturen in der Raumzeit, einschließlich von Sonnensystemen mit Planeten, die fähig sind, Leben zu unterstützen, wobei auf einigen von ihnen jene komplexen Konfigurationen tatsächlich erscheinen können, die mit dem Leben verbunden sind.

Um die Dynamik des hier skizzierten selbstreferentiellen Lernszenarios zu erläutern, kommen wir auf die Metapher des Meeres zurück, die im Kapitel 8 dargestellt wurde.

Wir stellen uns jetzt ein Meer vor, in dem eine lokale Störung, etwa eine zur Oberfläche aufsteigende Blase, konzentrische Wellen erzeugt, die sich vom Zentrum her radial ausbreiten. Die auslaufenden Wellenfronten üben einen Druck auf das Meer aus, so daß eventuell eine andere Blase entsteht, die eine neue Folge von Wellenfronten erzeugt. Diese breiten sich ebenfalls radial aus und erzeugen ihren eigenen rückwirkenden Druck, der eine dritte Blase auslöst – und so fort. Dieses Bild korrespondiert mit dem selbstreferentiellen Szenario, das von Prigogine u. a. vorgeschlagen wurde.

Wir fügen nun den Ψ-Feld-Faktor in dieses Bild ein, indem wir erlauben, daß das Meer die Spuren der Wellenfronten speichert, die auf ihm erzeugt werden. Während jede von einer Blase erzeugte Wellenfront nach außen läuft, soll also die Wasseroberfläche nicht wieder vollkommen glatt werden, sondern fein moduliert bleiben. Die nächste auslaufende Wellenfront wird dann von der so entstandenen statischen Topografie der Oberfläche moduliert. Während die aufeinanderfolgenden Wellenfronten mit den Spuren der früheren wechselwirken, fügen sie ihnen weitere Wellenmuster zu. Je mehr Wellenfronten über die Oberfläche des Meeres laufen, um so stärker wird sie moduliert, und um so stärker moduliert sie ihrerseits die nachfolgenden, die sich über sie ausbreiten. Während sich der Vorgang wiederholt, werden die aktuell existierenden und die früheren Muster kohärent und konsistent.

Wir können das selbstreferentielle Szenario zusammenfassen: Das Universum ist räumlich endlich und zeitlich unendlich. Es entwickelt sich in einer transzyklischen topologischen

Vielfachheit, die die Zufallsprozesse fortschreitend in geordnete Formen drängt und die universellen Konstanten auf die Konfigurationen der Materie-Energie abstimmt, die sich nacheinander in der kosmischen Raumzeit entwickeln.

Da die universellen Konstanten derzeit feinabgestimmt sind, können wir annehmen, daß der jetzige Zyklus nicht der erste ist. Im Rahmen des selbstreferentiellen Szenarios ist der laufende Evolutionszyklus, der im Standardszenario als Gesamtlebensdauer des Universums erscheint, nur einer aus einer potentiell unendlichen Folge evolutionärer Zyklen. Das Universum ist ein zeitlich unendliches, sich selbst erneuerndes, stark wechselwirkendes System, das sich der Komplexität der Evolution, der Entwicklung des Lebens und vielleicht auch des Geistes und des Bewußtseins progressiv anpaßt.

V. Zusammenfassung

13. Die Entstehung eines neuen Paradigmas

Im Laufe unserer Untersuchung der EWD wurde eine neue Sicht der Wirklichkeit deutlich. Zur notwendigen Erläuterung fassen wir die wichtigsten Eigenschaften der neuen Anschauung zusammen und betrachten die für Materie, Leben und Geist resultierenden Paradigmen.

– Das Universum besteht aus einem Quanten- und Supraquanten-Bereich von Materie-Energie, der der direkten oder instrumentellen Beobachtung zugänglich ist, und aus einem Subquantenbereich virtueller Energie, der weder direkt noch instrumentell erfaßt werden kann. Er ist jedoch durch seine Wirkungen auf den beobachtbaren Bereich erkennbar. Der unbeobachtbare Subquantenbereich ist das universelle Bezugssystem für alle Messungen des beobachtbaren Quanten- und Supraquantenbereichs.

– Der beobachtbare Bereich umfaßt vier Energie-übertragende und Energie-wandelnde Felder (das gravitative, das elektromagnetische, das starke und schwache Kernkraftfeld); der nicht erfaßbare Bereich besteht aus einem Formen-erhaltenden spektralen Feld virtueller Energie (dem Ψ-Feld).

– Die Wirkungen der Energie-übertragenden und Energie-wandelnden Felder werden durch die Gesamtstärke und die lokale Intensität der Felder bestimmt und sind abhängig von den Distanzen im Raum und in der Zeit. Die Wirkungen des Formen-erhaltenden Spektralfeldes werden innerhalb der Materie-Energie-dichten Raumbereiche quasi-instantan übertragen und nehmen mit der Zeit nicht ab. Sie hängen nicht von der Feldstärke ab, sondern von den gespeicherten Formen.

– Die skalaren Wellenformen, die im Ψ-Feld konserviert und von ihm übertragen werden, sind Einprägungen, die in diesem Feld von den Quanten und von den Supraquanten-Materie-Energie-Systemen erzeugt werden. Diese Eindrücke sind Fourier-Transformierte der 3n-dimensionalen Konfigurationsräume der Quanten und der aus ihnen gebildeten Makrosysteme. Mittels der inversen Fourier-Transformation in-formieren die Einprägungen ihrerseits die Quanten und Quantensysteme der korrespondierenden Konfigurationsräume durch nicht-zufällige Veränderung dynamisch unbestimmter Zustände. Während also die Energie-übertragenden und Energie-wandelnden Felder dynamische Wirkungen auf Quanten und Supraquanten-Teilchenkonfigurationen (d. h., auf Materie-Energie-Systeme) ausüben, bestehen die Wirkungen der Formen-konservierenden Felder in nicht-dynamischen Veränderungen der sonst gleichwahrscheinlichen Bewegungs- und Evolutionsbahnen der Materie-Energie-Systeme. Die ›Ψ-Effekte‹ manifestieren sich in der Bewegung der Quanten und in hypersensitiven chaotischen Phasen von Supraquantensystemen, in denen Parameteränderungen der Größenordnung der Quantenfluktuationsamplituden meßbare Bifurkationen einer Entwicklungsbahn verursachen können.

– Das Ψ-Feld konserviert die Fouriertransformierten aller Quanten und Supraquantensysteme innerhalb des Kegels der Skalarwellenausbreitung in der Raumzeit. Materie-Energie-Systeme wählen aus diesen umfassenden Beständen jene Elemente aus, die mit ihren eigenen endlichen Konfigurationsräumen kompatibel (d. h., durch sie transformierbar) sind. Auf diese Weise in-formiert das Ψ-Feld spezielle Systeme in Übereinstimmung mit den dynamischen Raumzeitstrukturen, die mit ihren eigenen Konfigurationsräumen isomorph sind, gemeinsam mit denen, die Aspekte ihrer unmittelbaren Umgebung darstellen. Eine derartige Information zeigt sich in der Stabilisierung der dynamisch stabilen Materie-Energie-Systeme innerhalb ihrer gegebenen dynamischen Zustandsbereiche, wie auch in der Restrukturierung kritisch instabiler

Systeme zu potentiell stabilen, besser an die Umgebung angepaßten dynamischen Zuständen.

– Die Ψ-Feld-vermittelten Daten in-formieren die menschlichen Organismen ebenso wie alle anderen Materie-Energie-Systeme. In menschlichen Systemen bewirkt die Information der analytischen Gehirnzentren sinnvolle Veränderungen der Verarbeitung des neuronalen Inputs vermittels der Chaosdynamik der entsprechenden Gehirnzonen. Wenn sie nicht durch die innere, links-hemispärisch beherrschte Zensur unterdrückt werden, entfalten sich die Ergebnisse der modifizierten Prozesse im Bewußtsein als außersinnliche Wahrnehmungen und andere Psi-Phänomene. Sie können als Beispiele der ›Wahrnehmung im Ψ-Feld‹ gelten.

Paradigma für die Materie

Die Alltagserfahrung lehrt, daß letztlich nur zwei Arten von Dingen in der Welt existieren: Materie und Raum. Die Materie nimmt Raum ein und bewegt sich in ihm – sie erscheint als primäre Wirklichkeit. Der Raum ohne materielle Strukturen wäre ein Hintergrund oder Behälter von zweifelhafter eigener Realität. Dieses Wirklichkeitskonzept wurde durch Einsteins relativistisches Universum sowie durch Bohrs und Heisenbergs Quantenuniversum revidiert. Es muß erneut überdacht werden. Die uns zuteil gewordene Sicht der physikalischen Grundlagen des Universums bedingt eine weitere Veränderung der bisherigen Vorstellungen über die Grundlagen der Wirklichkeit.

In dem Panorama, das sich unseren Augen eröffnet, können wir nicht mehr daran festhalten, daß die Materie primär und der Raum sekundär ist; selbst wenn in unserer gewöhnlichen Erfahrung die Körper ›fest‹ erscheinen, wogegen der Raum nur die Arena darstellt, in der die materiellen Objekte ihre Bahnen ziehen.

Das Konzept von Festkörpern, die Trajektorien im leeren Raum durchlaufen, gilt als Eckstein des Newtonschen Weltbildes; obgleich die Physik des 20. Jahrhunderts eine Allgemeingültigkeit eingeschränkt hat, bestehen die Reste weiterhin im wissenschaftlichen Weltbild und durchdringen sogar in subtiler Weise die Deutung der Quantenphänomene. Die Physiker akzeptieren zwar, daß der Raum eine ihm eigene Struktur besitzt, aber die Furcht vor der Annahme der Vorstellung eines Kontinuums, etwa des Äthers, zusammen mit dem verwirrenden Problem der mathematischen Singularitäten, hindert sie daran, die Wirklichkeit des Raumes und der Körper, die ihn besetzen, als gleichberechtigt anzuerkennen.

Die klassische Anschauung zeigt sich in den Interpretationen der Quantenexperimente durch die Physiker. Derzeit gültige Deutungen, auch wenn sie nicht mit dem Alltagsverstand übereinstimmen, sind Folgerungen aus Annahmen über die Natur der Wirklichkeit, nach denen zum Beispiel Photonen *durch* den Raum *hindurch auf* Schirme und Spiegel projiziert werden. Die Versuchsgeräte bestehen aus festen (oder halbfesten) Körpern, die von den Photonen in verschiedenen nachvollziehbaren und gelegentlich auch nicht-nachvollziehbaren Stoßprozessen getroffen werden. Photonen und Apparaturen gelten als primäre Wirklichkeit; was immer dahinter oder dazwischen liegt, erscheint gewissermaßen als sekundär.

Das Wirklichkeitsparadigma, welches aus unseren Untersuchungen resultiert, liefert ein anderes Bild. Der Raum – genauer: die Raumzeit – ist die primäre Realität: er ist sowohl von quantenhaften Vektorwellen erfüllt, die die gegenwärtige Physik an die Stelle der klassischen materiellen Massenpunkte gesetzt hat, als auch von den Skalarwellenmustern, die die Vektorwellen innerhalb des Vakuums verbinden. In dieser Sicht dürfen wir uns die Photonen und Elektronen nicht weiterhin als materieähnliche Gebilde vorstellen, die durch den Raum auf Schirme und Spiegel projiziert werden:

wir sollten vielmehr bedenken, daß alle mikrophysikalischen Ereignisse innerhalb des Vakuums stattfinden. Photonen und Elektronen sind Spin-gefangene Vektorwellendeformationen des Vakuums, und Schirme und andere Körper sind stehende Vektorwellen – relativ statische Deformationen, die nur den Anschein fester Körper erwecken. Tatsächlich erscheint im neuen Paradigma der Wellenaspekt der Quanten primär; ihr Teilchenaspekt ist nichts als ein im Zusammenhang mit den Experimenten und der Beobachtung geschaffenes ›Phänomen‹.

Wenn aber die Quanten Wellen sind, so fordert der Realismus, daß sie Wellen ›in‹ oder ›von‹ etwas sein müssen. Dieser Forderung wird Rechnung getragen: als Soliton-ähnliche Wellen sind die Quanten im Quantenvakuum und gleichzeitig integrale Elemente von ihm. Um folgerichtig zu sein, müssen wir also die Photonen und Elektronen, ebenso wie die Schirme und die anderen Laborinstrumente, als aktualisierte Wellen in und von einem virtuellen Subquanten-Energiefeld betrachten. Wenn wir Quanten messen, sollten wir uns bewußt sein, daß sie Wellenmuster in einem Subquantenfeld sind. Wenn wir Quantenexperimente durchführen, sollten wir bedenken, daß eine komplexe Welle mit anderen, weniger komplexen Wellen Versuche anstellt. Ausgestattet mit diesen Erkenntnissen und unter Berücksichtigung der Tatsache, daß die durch die Quantenbewegungen verursachten sekundären Skalarwellen sich quasi-instantan in unserem gesamten Materie-erfüllten Raumzeitbereich verteilen, brauchen wir uns nicht länger über die Unbestimmtheit und Nichtlokalität der von uns beobachteten Phänomene zu wundern.

Natürlich verletzt es das gewöhnliche Verständnis, in Begriffen eines kontinuierlichen Feldes zu denken, in dem die beobachteten Erscheinungen eigentlich nur Flußdeformationen sind. Aber das sollte uns nicht abschrecken: die Quantenphysik hat den Alltagsverstand schon seit 70 Jahren herausgefordert, und die neue ›Verletzung‹ ist in mancherlei Weise weniger schockierend als die vorhergegangenen. Wenn wir nach all dem das neue Paradigma für die Materie akzeptieren, entdecken wir in ihm jenes universelle Bezugssystem der Bewegungen in Raum und Zeit, das der gesunde Menschenverstand immer gefordert hat, das aber – anscheinend verfrüht – im Lichte der negativen Interpretation der Michelson-Morley-Versuche verworfen wurde. Die Anerkennung dieses Bezugssystems als interaktives Medium öffnet uns die Tür zu einer kohärenten Erklärung der verwirrenden Quantenparadoxien einschließlich der gleichzeitigen Wellen- und Korpuskeleigenschaften der Teilchen, des Fehlens determinierter Zustände und der Unmöglichkeit einfacher Lokalisierungen.

Paradigma für das Leben

Zur Untersuchung der materiellen Mikrobereiche mußten wir die alltägliche Vorstellung der Wirklichkeit revidieren und eine Welt anerkennen, in der der Raum ebenso real ist wie die Körper in ihm. Wenn wir nunmehr in die bekanntere Sphäre des Lebens eintreten, wird der Schock für den gesunden Menschenverstand weniger heftig sein. Das neue Konzept erfordert aber auch hier eine Veränderung der vorherrschenden Anschauungen von der Natur.

Im Licht unseres neuen Modells erscheint die lebende Natur nicht als die rauhe Welt des klassischen Darwinismus, in der jeder gegen alle kämpft und sogar jedes Gen seinen Vorteil gegenüber den anderen zu erringen sucht. In dieser klassischen Vorstellung der Welt wäre jede Zusammenarbeit, wenn sie überhaupt stattfände, nur eine besonders raffinierte Form von Selbstsucht. In dem neuen Paradigma sind die Organismen jedoch keine von Haut begrenzten selbstsüchtigen Wesen, und der Wettbewerb unter ihnen ist nie uneingeschränkt. Das Leben entwickelt sich, wie Goodwin feststellte, in einem heiligen Tanz von Organismus und Umfeld, der die Lebewesen zu Elementen eines weit ausgedehnten Netzwerks von Beziehungen macht, die andere Organismen und den gesamten Rest der planetaren Umgebung umfassen.

In der Sozio-Bio-Öko-Sphäre unseres Planeten erstreckt sich das Netzwerk der Beziehungen in zwei Richtungen, vom kleinsten Teil zum System als Ganzem, und vom gesamten System zu seinem kleinsten Teil. Die erste Art der Wechselwirkung ist unstrittig, aber die zweite ist überraschend: es ist nicht klar, wie ein ausgedehntes System seine kleinen Teile beeinflussen kann. Dennoch wird diese Art der Beeinflussung in einem Fachgebiet nach dem anderen beobachtet. Als erster benutzte Michael Polanyi dafür den Begriff ›umgekehrte Verursachung‹, dann führte James Campbell die Bezeichnung ›Abwärtsverursachung‹ ein. Karl Popper und John Eccles verwendeten diesen Term innerhalb ihrer Theorie der Wechselwirkungen von Geist und Gehirn, und Roger Sperry gab in seinen Arbeiten über Gehirn und Bewußtsein eine klare Interpretation des Vorgangs. Er behauptete, daß ›Phänomene höheren Niveaus auf physikalische Weise Bewegungen und zeitliche Abläufe steuern und auf andere Art unmittelbar aktiv die wesentlichen Raumzeittrajektorien, die Verteilungen und die Schicksale der Komponenten niedrigeren Niveaus bestimmen‹.[1]

In unserer Ecke des Universums verkörpert die Sozio-Bio-Öko-Sphäre das System mit dem höchsten Niveau, von dem die ›Abwärts-Verursachung‹ zu den Organismen, Populationen und Ökologien ausgeht, die unsere Welt bevölkern. Die resultierende In-formation der Organismen, Populationen und Ökologien mit der Struktur und Dynamik des Gesamtsystems sichert die Folgerichtigkeit des evolutionären Fortschritts wie auch der Schöpfungs- und Regenerationsprozesse. Spezielle Komponenten des komplexen Wellenmusters des Gesamtsystems korrespondieren mit der spezifischen

Morphologie organischer Systeme. Die relevanten Anteile beeinflussen als subtile Anstöße die Entwicklungsvorgänge der Organismen und Organismensysteme. Diese Anstöße erlauben ihnen, ihre artspezifische Morphologie ontogenetisch zu erzeugen, ihre Gestaltsformen in Heilungsprozessen zu regenerieren und die stark angepaßten Mutationsformen zu erreichen, die in einem sich verändernden Milieu nötig sind, um einen Sprung von einer Art zu einer anderen zu machen.

Paradigma für den Geist

Das Eingebettetsein der Soliton-ähnlichen Quanten im Ψ-Feld und der heilige Tanz der Organismen mit diesem Feld verweisen auf Raum- und Zeit-übergreifende Verbindungen in der physikalischen Welt und in der belebten Natur. Sie finden ihr Gegenstück in den Wechselwirkungen zwischen den Hirnfunktionen der Menschen wie auch zwischen den Menschen und ihrer Umwelt.

Die Wechselwirkungen unserer Gehirne miteinander und mit ihrer weiteren Umgebung deuten auf ein unerwartetes Maß der Offenheit unseres Geistes zur Welt. Dies steht in merklichem Gegensatz zu den skeptischen Philosophien. Seit Jahrhunderten haben die Philosophen mit der Idee des ›egozentrischen Prädikaments‹ gerungen, nach der wir letztlich nur die Inhalte unseres eigenen Geistes kennen können. Wenn wir dieses Argument der Skeptiker bis zum Äußersten führen, ist die Schlußfolgerung wahr: was auch immer wir wissen, ist in unserem Geist; ob es sich auf irgend etwas Darüber hinausgehendes bezieht, kann nicht zweifelsfrei bewiesen werden. Trotzdem neigen die Naturwissenschaftler dazu anzunehmen, daß wenigstens einige Erscheinungen in unserem Bewußtsein eine Art Abbildung der Außenwelt darstellen. Diese, als kritischer Realismus bekannte Einstellung ist keineswegs unvernünftig. Sie behauptet nicht, unser Bewußtsein bilde die äußere Welt direkt und eindeutig ab, sondern nur, es gäbe eine in etwa bestimmbare Beziehung zwischen dem, was in unserem Geist erscheint, und dem, was außerhalb unseres Schädels existiert.

Wie wir im Kapitel 11 gesehen haben, sind die Ergebnisse der während der Verarbeitung der Sinneswahrnehmungen im Gehirn ablaufenden Analysen der Nervensignale keine direkten Wiedergaben der Signale. Beim Sehen bewirken die Pupille und die Augenlinse eine Fourier-Transformation der optischen Signale, die auf das Auge treffen, während beim Hören das Ohr die Signale aus der Analyse der Phasenkohärenz zwischen äußeren und inneren Oszillatoren ableitet. Da bei der Analyse der subtilen Skalarwellen, die das Gehirn aus dem Quantenvakuum erreichen, unmittelbare holographische Transformationen stattfinden, ist auch für die Sinneswahrnehmungen anzunehmen, daß die den Raum und die Zeit überschreitenden Inhalte das Bewußtsein eher als Ergebnisse von Transformationen erreichen als in Form linearer Abbildungen der Welt, die uns umgibt.

In jedem Fall transformiert das Gehirn die Wellen, die es von außerhalb empfängt, in eine Ordnung, die in gewissem Sinn die angebotene Struktur ›enthält‹, obwohl sie sich in spezifischer Weise von ihr unterscheidet.[2]

Als kognitive Haltung der Wissenschaft ist der kritische Realismus vernünftig: es gibt gute Gründe für die Annahme, daß das Gehirn im übertragenen Sinn die Außenwelt ›repräsentiert‹. Das neue Paradigma für den Geist erklärt weiterführend, daß diese Repräsentation nicht auf die ›Präsentation‹ des sichtbaren Spektrums des elektromagnetischen Feldes und des hörbaren Spektrums in der Atmosphäre begrenzt ist, sondern sich auch auf die skalaren Wellen virtueller Energie im Quantenvakuum, d. h., auf die Wellentransformierten im Ψ-Feld, erstreckt. Der Grund dafür liegt im Aufbau unseres Gehirns aus Neuronengruppen und -netzen, die letztlich aus Teilchen bestehen, die mit dem skalaren

Spektrum des Quantenvakuums wechselwirken. Die Wellenmuster dieses Feldes üben einen subtilen Einfluß auf das Verhalten der Teilchen aus und erzeugen innerhalb der hypersensitiven, dem Chaos ständig ausgelieferten neuronalen Netze unseres Kortex analysierbare Informationen. Wir nehmen also zusätzlich zu den speziellen Frequenzbändern der elektromagnetischen Strahlung und des Schalls einen Bereich holografischer Wellenmuster des Ψ-Feldes wahr.

Natürlich erfassen wir dabei nicht die Ψ-Feld-Muster selbst, wie wir ja auch die Frequenzen des elektromagnetischen und akustischen Spektrums nicht unmittelbar wahrnehmen. Wenn wir Bilder unserer Umwelt sehen, empfangen wir die Information, die uns durch die wahrnehmbaren Frequenzen des elektromagnetischen Spektrums zugetragen wird. Wenn wir die Laute und Töne dieser Welt empfangen, nehmen wir die Information wahr, die in den Wellen enthalten ist, die sich in der uns umgebenden Atmosphäre ausbreiten. Das gleiche gilt auch hinsichtlich unserer Wahrnehmung des Ψ-Feldes. Wenn wir Intuitionen, Einsichten, Vorwarnungen und Emphatien empfinden, erfassen wir nicht die holographischen Interferenzmuster des skalaren Spektrums an sich, sondern die Information, die in diesen Mustern kodiert ist. Sie muß nicht durch körperliche Sinnesorgane umgesetzt werden: sie wird durch das subtile Spiel der neuronalen Netze unseres Gehirns direkt vermittelt.

Die Daten, die wir auf diesem ›direkten Weg‹ empfangen, sind ebenso real wie die durch unsere Sinnesorgane vermittelten, obgleich sie den meisten Menschen weniger deutlich erscheinen. Sie sind jedoch den Mystikern, den Künstlern und Sensitiven jeder Hochkultur und nahezu allen Angehörigen der sogenannten primitiven Kulturen bekannt. Wenn unser rationaler gesunder Menschenverstand sie nicht unterdrückt, bringen sie uns in spontane Berührung mit unserer natürlichen und menschlichen Umwelt.

Die uns im Ψ-Feld zugängliche Information ist multidimensional; sie kann daher die Spuren aller Ordnungs- und Organisationsniveaus enthalten, in die wir eingebettet sind. Wenn man die Vielfalt dieser Ebenen nach unten verfolgt, kann die aufgenommene Information auch die Wellentransformierten der Organe und Zellen beinhalten, die unseren Körper aufbauen; in der Gesamtstruktur aufsteigend kann sie Ausschnitte des sozialen und ökologischen Milieus erfassen, in dem wir leben.

Obgleich wir intensive Bezüge zu unseren Mitmenschen und zur Natur entwickeln könnten – und wie wir noch zeigen werden, auch sollten –, realisieren nur wenige von uns solche bewußten Beziehungen. Das ist leider nicht überraschend, da in den modernen Gesellschaften Unterdrückung anormaler Wahrnehmungen üblich ist. Dennoch gibt es Hinweise dafür, daß einige Menschen einen hohen Grad von Emphatie zu ihren Mitmenschen und zur Natur besitzen. Dichter, wie John Donne und William Blake zum Beipiel, haben unsere Einheit mit dem Universum besungen; Patrioten aller Zeitalter widmeten ihr Leben dem Land und der Gesellschaft, und Wissenschaftler, eingeschlossen William James, E. L. Grant Watson, Abraham Maslow, Gregory Bateson und Arne Naess, haben ein detailliertes Verständnis jener engen Beziehungen angestrebt, die zwischen Menschen und den natürlichen Ordnungen entwickelt werden können. Alte Völker haben sich schon immer eins mit der Natur gefühlt, sie waren in ihre natürliche Umgebung vollkommen eingebunden. Im Osten erklärte das Tao, der Natur zu folgen, sei unser höchstes Gut, während im Westen der eingeborene amerikanische Häuptling Seattle bestätigte: ›Wir wissen, daß alle Dinge so verbunden sind wie das Blut, das eine Familie eint. Alle Dinge sind verbunden. Was immer der Erde geschieht, geschieht den Kindern der Erde‹.

Unser Gehirn (und daher unser Geist) ist ein potentielles Fenster zum Universum. Dies ist eine immer wiederkehrende Einsicht. Bereits im 13. Jahrhundert schrieb der persische

Mystiker Aziz Nasafi, daß die geistige Welt, als Licht hinter der Körperwelt stehend, durch jedes Geschöpf, das ins Dasein tritt, wie durch ein Fenster hindurchscheint. Je nach der Art und der Größe des Fensters kommt mehr oder weniger Licht in die Welt.[3] Im Kontext des neuen Paradigmas erscheint das Gehirn als weit offeneres Fenster, als der klassische Empirist annahm: für ihn waren Gehirn und Geist auf die Wahrnehmung der schmalen Wellenbereiche der Umgebungsstrahlung begrenzt, auf die das Auge und das Ohr reagieren können. Der Physiker Raynor Johnson schlug eine treffendere Metapher vor: während wir bei der üblichen Wahrnehmung die Welt durch fünf Scharten eines Turmes betrachten, gibt es Bewußtseinszustände, in denen wir das Dach zum Himmel hin öffnen.

In dem neuen Paradigma ist unser Gehirn nicht nur ein Fenster zum Universum; es erscheint auch als Teil des Organismus und daher als Informationssender in das Universum hinein. Durch die subtilen Wellenvorgänge im Ψ-Feld vermittelt, fließt die Information zwischen dem Gehirn und dem übrigen Universum in beide Richtungen. Gedanken, Bilder, Gefühle und Intuitionen, die in unser Bewußtsein treten, finden ihre Entsprechungen in den elektrochemischen Aktivitäten unserer neuronalen Netzwerke, die ihrerseits ihre Gabor-Transformierten fortlaufend in das Vakuum einprägen. Unsere flüchtigsten Gedanken und unbestimmtesten Intuitionen bleiben in verschlüsselter Form im kosmischen Vakuum erhalten.

Unter der Voraussetzung des gegenseitigen Austauschs von Information zwischen menschlichen Gehirnen und der Welt sind die Gedanken und Wahrnehmungen einer Person für ihre Umgebung einschließlich anderer Menschen unmittelbar bedeutsam. Weil nämlich das Gehirn in veränderten Zuständen feine individuelle Unterschiede der Ψ-Feld-Muster nicht zu trennen vermag, kann der Gehirnzustand eines Individuums innerhalb einer gewissen Variationsbreite von einem anderen gelesen werden. Dies bedingt eine neue Dimension der Verantwortlichkeit menschlicher Wesen: was wir denken und fühlen, kann unsere Mitwesen beeinflussen, und zwar nicht nur diejenigen, die uns hier und jetzt nahestehen, sondern auch diejenigen an entfernten Orten und in kommenden Generationen.

Für die menschliche Erfahrung resultiert daraus eine Art Unsterblichkeit. Wenn sich die Gedächtnisinhalte einer Person nach ihrem Tod zurückrufen lassen, können ihre Erfahrungen wiedererlebt werden. Es ist also wahr, daß die Menschen durch die Erinnerungen fortleben, die wir von ihnen besitzen. Gedanken dieser Art sind mehr als unsere eigenen Erinnerungen an andere Personen, sie sind die Erfahrungen jener anderen Menschen, die von uns so wiedererlebt werden, als ob sie unsere eigenen wären. Diese Erfahrungen sind nicht gleichbedeutend mit persönlicher Unsterblichkeit im konventionellen Sinn. Es gibt einen Unsterblichkeitsfaktor, aber er bezieht sich nicht auf den individuellen Geist, sondern auf die größere Gesamtheit, an der der jeweilige individuelle Geist teilhat.

Es gibt unzählige Hinweise dafür, daß der menschliche Geist Teil eines größeren Ganzen ist: die entsprechenden Vorstellungen bilden die Grundlagen der Religion, der Metaphysik und der Mystik. Sie waren schon in Platos Konzept der Affinität der Seele zur Ideenwelt vorhanden und in den Schlußfolgerungen von Descartes und Berkeley hinsichtlich der Möglichkeit des Entkommens aus der egozentrischen Gebundenheit. Auch der Pragmatiker William James äußerte sich in ähnlicher Form, nachdem er aufgrund seiner detaillierten Erforschung religiöser Erfahrungen erklärte, sie würden ›ein für allemal beweisen, daß wir die Einheit mit etwas Größerem als uns selbst erfahren können‹.[4] Es war jedoch Gustav Fechner, der hervorragende Begründer der modernen Experimentalpsychologie, der die vielleicht bemerkenswerteste Darstellung dieser Einsicht lieferte, als er schrieb: ›Wenn einer von uns stirbt, ist es, als ob sich ein Auge der Welt schließen würde, da alle Beiträge zur (universellen) Wahrnehmung aus dieser speziellen Quelle aufhören. Aber die Erinnerungen und die sinnvollen Beziehungen, die sich um die Wahrnehmungen dieser Person herumgesponnen haben, verbleiben deutlich wie eh und je im größeren Erdenleben. Sie bilden neue Beziehungen, sie wachsen und entwickeln sich in alle Zukunft in der gleichen Weise, in der unsere eigenen, jeweils verschiedenen Gedankenobjekte neue Beziehungen bilden und sich innerhalb unseres gesamten endlichen Lebens entfalten, nachdem sie einmal im Gedächtnis gespeichert worden sind.‹[5]

Es stimmt nicht, daß wir einen vom Gehirn abtrennbaren Geist besäßen; viel eher gilt, daß wir ein vom Universum untrennbares Gehirn besitzen.

Ein Spiegel des Ostens

Ein Kosmos, der sich aus dem Chaos entwickelt, indem er, in harmonischer Verschiedenheit und in Richtung zunehmender Komplexität, Struktur und Bedeutung, stufenweise Ordnung aus dem Ungeordneten aufbaut, schöpferisch auf das Leben ausgerichtet, hin zu Geist und Bewußtsein in immer engeren Verbindungen: erscheint uns eine solche Welt fremdartig überraschend, oder ist sie uns seltsam vertraut?

Das Bild ist nicht neu: es ist so alt wie die menschliche Kultur und das Bewußtsein. Fügen wir hinzu, daß der Kosmos sich in der Wechselwirkung einer unsichtbaren Tiefe, die der Schoß alles Existierenden ist, mit einer Oberfläche, die die uns umgebende manifestierte Wirklichkeit ist, aufbaut, und daß er sich zyklisch entfaltet, hin zu neuen Gipfeln der Struktur und Ordnung und in den Schoß der Tiefe zurückkehrend, nur um aus ihm wieder und wieder aufzutauchen, so erhalten wir ein Bild, das seit Jahrtausenden existiert.

Diese Grundvorstellung findet sich an den Wurzeln der westlichen Kultur in der Naturphilosophie der ionischen Philosophen, die die Evolution des von ihnen als Kosmos bezeichneten geordneten Bereiches aus der uranfänglichen Einheit, dem Chaos, ableiteten. Die Vorstellung ist auch Teil der Naturphilosophie des Aristoteles, in der die manifestierte Welt Form annimmt, indem die reine Potentialität in die Materie eingeht und sie in-formiert. So entstehen aus Erde, Wasser, Luft und Feuer zuerst die einfacheren, anorganischen Körper, dann organische Gewebe und zuletzt das ganze Spektrum lebender Organismen.

Die von Aldous Huxley so benannte ›ewige Philosophie‹ ist das Leitthema der großen mystischen Traditionen. Sie sagt aus, daß eine tiefere Seinsschicht die Welt formt und sich in sie hinein vervielfältigt. Die archetypischen Symbole umfassen die Große Mutter Erde als schöpferische Quelle, den Baum des Kosmos und den Baum des Lebens, in denen die organische Verbundenheit von Wurzeln und Blättern die Verbindungen der Quelle mit ihren Emanationen symbolisiert. Die philosophischen und spirituellen Traditionen Indiens, Chinas und Griechenlands stimmen darin überein, daß es eine einzige Quelle gibt, einen zentralen, sich selbst erhaltenden Knoten des Seins und Bewußtseins, aus dem heraus alle Dinge entstehen. Die manifestierte Welt ist eine Emanation oder Projektion aus dieser Quelle, einer Quelle, die – wie wir sahen – von den Griechen als ›das Eine‹ bezeichnet wurde. Die präkolumbischen Kulturen ihrerseits sprachen von einer Großen Reise, auf der alle Dinge ihre Rolle und Identität in der Natur erwerben. Die Hindus nannten diesen Prozeß *Leela* (›Spiel‹) und sahen ihn als Verfestigung und Destillation der Urenergie, die aus der Ureinheit herabsteigt.

Die Hinduphilosophie vermittelt eine bemerkenswerte Darstellung des Prozesses, durch den sich die tiefe Einheit in die manifestierte Vielheit aufspaltet. In dieser Darstellung erscheint die physikalische Welt als Reflexion energetischer

Schwingungen subtilerer Welten, die ihrerseits Reflexionen noch subtilerer Energiefelder sind. Das Existierende besteht in der Schöpfung einer Hierarchie von Dingen und Wesen aus der anfänglichen Einheit reiner Energie: *Adi Shabd*. Sie nimmt zuerst die Form des *Sat Purush* (des wahren Seins) an und kommt in *Sat Lok* (am wahren Ort) zur Ruhe. In ihrer weiteren Emanation erschafft die ausströmende Energie *Par Brahm*, eine Region des Geistes, die von einer stark verfeinerten primären Materieform durchdrungen ist: *Prakriti*. Dann tunnelt die Primärenergie in den niedrigeren Bereich des *Par Brahm*, der als *Daswan Dwar* bekannt ist. Der erste Schritt führt zu Maha Sunna, der großen Leere der grundlosen Tiefe und dichter Finsternis. Von dort strömt die Energie durch einen Kanal, genannt die Zehnte Tür, nach *Mansarovar*, einem ausgedehnten Speicher. Am Ende verläßt sie den Bereich der reinen Spiritualität und erreicht den des universellen Geistes: *Brahm* oder *Kal*. Von hier aus projiziert sich die aktive kosmische Energie gemeinsam mit ihrem empfangenden weiblichen Partner *Maya* in die niederen Ebenen, wo sie die Hüllen individueller Körper und des individuellen Geistes annimmt. Die Zeit manifestiert sich, die Dinge werden den Gesetzen von Ursache und Wirkung unterworfen, und die Welt entfaltet sich in der Dualität, in der die positive aktive Macht durch den negativen empfangenden Pol ausgeglichen wird. Das Eine ist aus der kosmischen Quelle herausgetreten und hat sich in die Vielheit gewandelt.

In der gegenwärtig manifestierten Welt gibt es fünf Grundzustände: Erde als feste Materie (*Prithvi*), Wasser als flüssigen Zustand (*Jal*), Feuer als Stadium der Wärme (*Agni*), Luft als Gas (*Vayu*) und *Akash* (oder *Akasha*) als Urzustand, der sich in alle anderen gewandelt hat. Die absteigende Seele, die die kausalen, astralen und physikalischen Ebenen durchlaufen hat, ist nun mit einem physikalischen Körper bekleidet, so daß sie in allen Existenzbereichen leben und kommunizieren kann. Sie ist jedoch nicht im engeren Sinn von der Quelle getrennt. Akash ist in jedem menschlichen Wesen gegenwärtig: ›näher als der Atem, näher als Hände und Füße‹. Die Mystiker berichten, daß wir in die ursprüngliche Realität hineingezogen und mit ihr vereinigt werden können, die sie als einen Ozean des Lichtes, der Liebe, der Seligkeit oder als reines Bewußtsein beschreiben.

Ein ähnliches kosmologisches Konzept findet sich im Sanskrit als *mulaprakriti*, als ursprüngliche einheitliche Quelle, aus der sich alle Dinge durch Involution und nachfolgende Evolution entwickeln. Die Vorstellung ist auch in der chinesischen Kosmologie als Chi, als uranfängliche Einheit vorhanden, die die Saat von Yin und Yang in sich enthält, dem universalen Gegensatzpaar, das in seiner ständigen Wechselwirkung die Vielfalt der beobachteten Welt entstehen läßt. Das Tao gibt darüber einen ausführlichen, absichtlich unklar gehaltenen Bericht. In Lao-Tses oft zitierten Worten: ›Vor der Entstehung des Himmels und der Erde gab es nur ein unbestimmtes Etwas. Wie ruhig! Wie leer! Es steht für sich allein, unveränderlich; es wirkt überall, unermüdlich. Man kann es als Mutter aller Dinge unter dem Himmel betrachten. Ich kenne seinen Namen nicht, aber ich benenne es mit dem Wort *Tao*‹.[6]

Die *Upanishaden* enthalten die vielleicht bemerkenswerteste Beschreibung dieser ›Mutter aller Dinge‹. In vierundsechzig Versen, aufgeteilt in drei Kapitel, stellt das *Mundaka Upanishad*, einer der elf grundlegenden Texte, das Basiskonzept in Form einer Erzählung vor. Saunaka, ein erfolgreicher Weltmann, wendet sich an Angiras, eine legendäre Gestalt, dem das Wissen des Brahman zuteil geworden ist. Er stellt die berühmte Frage: ›Verehrter Meister, welches ist das Wissen, durch das alles in der Welt erkannt wird?‹ Angiras antwortet: ›Die Kenner des Brahman erklären, daß zwei Arten des Wissens erworben werden können – eine höhere und eine niedrigere. Das niedrigere Wissen ist der Inhalt des Rig-Veda, des Yajur-Veda, Sama-Veda, Atharva-Veda, wie auch der

Phonetik, des Rituals, der Grammatik, der Etymologie, der Metrik und der Astronomie. Das höhere Wissen ist dasjenige, durch das das Unvergängliche erreicht wird.‹

Angiras Antwort teilt das menschliche Wissen in eine höhere und eine niedrigere Form auf: in eine Kenntnis ›der Tiefe‹ und ›der Oberfläche‹. Das Wissen der Tiefe wird dem Suchenden enthüllt, dessen Geist in Ruhe ist, dessen Sinne beherrscht bleiben und der sich dem großen Geheimnis in einer geeigneten Weise nähert. Dies ist das Wissen des Brahman: die Wissenschaft dessen, ›was unsichtbar und ungreifbar ist, ohne Ursprung und Eigenschaften ..., ewig und vielfach leuchtend, alles durchdringend und überaus subtil ...‹ (1 : 13).

Nach Angiras ist das Universum eine natürliche spontane Emanation des Brahman, der unveränderlichen unzerstörbaren Grundlage aller Existenz. ›... Brahman dehnt sich aus, Materie wird aus ihm geboren, aus der Materie Leben, Geist, Wahrheit und Unsterblichkeit ...‹ (1 : 8). ›So wie die Spinne (ihr Netz) aussendet und (darin) sammelt, so wie die Kräuter auf dem Antlitz der Erde sprießen, so wie das Haar auf Haupt und Körper des Mannes wächst, so entspringt das Universum aus dem Unveränderlichen.‹ (1 : 7). ›Dieses ist die Wahrheit. So wie einem hell lodernden Feuer tausende feuriger Funken entspringen, ebenso, mein Geliebter, entsteht eine Vielfalt von Wesen aus dem Unzerstörbaren und fällt wahrlich wieder in es zurück‹ (2: enthält es, und um so stärker ist).

Im Raja-Yoga, einem der vielen Pfade (›Yogas‹), die zur Erkenntnis des unveränderlichen Grundes des Universums führen, finden wir einen genauen Bericht über die Entstehung der Welt aus ihrer unveränderlichen Quelle und über ihre letztliche Rückkehr in sie. In der berühmten Erzählung des Swami Vivekananda ist Akasha die fundamentale Substanz alles Existierenden, und Prana ist die höchste Energie, die alles bewirkt und formt. Am Anfang gab es nur Akasha, und am Ende wird wieder nur Akasha sein. Akasha wird zur

Sonne, zum Mond, zu Sternen und Kometen, es wird auch zum tierischen und menschlichen Körper, zu Pflanzen und zu allem, was überhaupt existiert. Am Ende eines Zyklus wird alles in das Akasha zurückschmelzen, um im nächsten Zyklus wieder aus ihm aufzutauchen.

Prana ist die unendliche allgegenwärtige Kraft, die auf Akasha wirkt. Prana ist Bewegung, Gravitation und Magnetismus; es findet sich in der menschlichen Tätigkeit, in den Nervenströmen des Körpers und sogar in der Kraft der Gedanken. Am Ende werden sich alle Kräfte wieder in Prana auflösen, so wie alle Dinge ins Akasha hinein ersterben werden, das jedoch nicht passiv ist. Als ›Akasha-Chronik‹ bewahrt es die Spuren alles dessen, was sich im manifestierten Universum ereignet.[7]

Das Paradigma von Oberfläche und Tiefe, des manifestierten Bereiches als Emanation der unergründlichen Tiefen einer ursprünglichen Einheit, prägt den östlichen Geist bis in die Gegenwart hinein. Gopi Krishna, der Gründer der Kundalini-Bewegung, spricht vom Kosmos als einem grenzenlosen Ozean, in dem vereinzelte Eisberge schwimmen. Der Ozean ist unseren Sinnen unzugänglich, aber die gigantischen Eisformationen sind als umgewandelte Erscheinungen des zugrundeliegenden Wassers wahrnehmbar. Wenn wir die Welt durch unsere Sinne betrachten, sehen wir nur die Eisberge. Wenn wir jedoch die Realität mit dem inneren Auge schauen, in *samadhi*, verschwinden sie, und das Wasser wird rundum sichtbar.

Der kosmische Ozean durchdringt Raum und Zeit. Er ist die Grundlage aller Dinge: die Energien der sichtbaren Welt entstehen aus der Urenergie, die in ihren schöpferischen Potentialen enthalten ist und sich durch sie manifestiert.[8]

Nahezu die gleiche Einsicht tritt im Westen im Zusammenhang mit dem New Age und den esoterischen Bewegungen zutage. Die bekannte Sensitive Barbara Ann Brennan spricht von einem universellen Energiefeld, das die Akasha-Chronik all dessen ist, was sich jemals ereignete und jemals gewußt wurde. Wir selbst können dieses Feld erreichen, indem wir uns zu einer erweiterten Bewußtheit bringen, die Barbara als ›Wahrnehmung der höheren Sinne‹ bezeichnet. In diesem Zustand haben wir Zugang zu Informationen, die nicht in unserem Geist und Gehirn gespeichert sind, sondern im universellen Energiefeld.[9] Diesem Feld wird nun wachsende Aufmerksamkeit zuteil. White und Krippner, beispielsweise, meinen, daß eine früher undefinierte Art von Energie oder Materie existiert, die die belebten und unbelebten Objekte sowie den ganzen Raum durchdringt und mittels der von ihnen so bezeichneten ›harmonischen Induktanz‹ alle Dinge miteinander verbindet.[10]

Ken Wilber sagte, derartige Vorstellungen seien so verbreitet, daß die ihnen unterliegende Weltanschauung ›entweder der größte Irrtum der menschlichen Geschichte ist – ein so extrem weit verbreiteter Irrtum, daß er im wahren Sinne des Wortes den Geist schwindeln läßt, oder daß sie die einzige und genaueste Reflexion der Wirklichkeit ist, die je entstanden ist.‹[11]

Wenn sich die Aufmerksamkeit auf die unerwarteten Wechselwirkungen und auf die Verbindungen in der Natur und in der menschlichen Erfahrung richtet, klärt sich der traditionell mystische Spiegel auf. Er beginnt, sich von der spirituellen Tradition des Ostens ins kompromißlose Licht westlicher wissenschaftlicher Forschung zu verschieben.

Das neue Paradigma für die Materie, das Leben und den Geist, weit davon entfernt, seltsam und unerwartet zu sein, erweist sich als eigenartig vertraut, ja sogar als erwartet. Das Konzept eines schöpferischen Kosmos mit seinem verborgenen Bereich der Quanten, seiner in-formierten Welt des Lebendigen und seiner verbindenden Sphäre des Geistes und Bewußtseins hat seinen Schatten seit tausenden von Jahren vorausgeworfen. Es handelt sich dabei nicht einfach um eine Koinzidenz. Wenn die Einsichten vernünftig sind, tauchen sie immer wieder im menschlichen Bewußtsein auf. Die erstaunlichsten Entdeckungen inspirieren ein ›Aha‹-Erlebnis, sofern sie ein Element der Wahrheit enthalten.

Das neue Paradigma macht keine Ausnahme. Es bringt uns nur etwas in detaillierterer wissenschaftlicher Form ins Bewußtsein, was wir und unsere Väter und Ahnen schon immer gewußt haben.[12]

14. Perspektiven für die Natur- und Geisteswissenschaften

Aspekte einer einheitlichen Wissenschaft

Von Zeit zu Zeit erschüttern Neuerungen das naturwissenschaftliche Establishment. Sie erinnern an die Evolution lebender Systeme und bilden mit ihren revolutionären Entdekkungen einen Gegensatz zu dem für die ruhigeren Perioden charakteristischen, ungestört-kontinuierlichen Fortgang der Forschung. Wesentliche Fortschritte sind immer an Entwicklungssprünge geknüpft, so war es von Galilei, Newton, Kopernikus und Kepler bis zu Einstein, Bohr, Bohm, Jung, Guth, Hawking, Eccles und Pribram. Die einheitliche Wechselwirkungsdynamik (EWD) fügt sich diesem nichtlinearen Entwicklungsstrom ein und verspricht, die wissenschaftliche Forschung sowohl hinsichtlich der Tiefe als auch der Allgemeingültigkeit zu erweitern.

Wir können das der EWD unterliegende Paradigma am besten verdeutlichen, indem wir Einsteins Aussage heranziehen, daß wir in der Wissenschaft das einfachst mögliche Schema suchen, das die beobachteten Tatsachen verbindet. Im Rahmen des EWD-Paradigmas besteht dieser Versuch nicht einfach darin, die beobachteten Ereignisse so zu beschreiben, wie sie erscheinen oder wie sie ablaufen. Es geht eher darum, zu erklären, wie ›die Tatsachen‹ entstehen. Die

Erklärung im Rahmen der EWD ist ein Beipiel für Einsteins Satz, der jetzt – in abgewandelter Form – lautet: *Wir suchen das einfachst mögliche Schema, mit dem wir verstehen können, wie die beobachteten Tatsachen entstehen.*

Es ist nicht möglich, die Entstehung der Naturereignisse im Rahmen eines einfachst möglichen Modells zu erklären, in dem die Quantenwechselwirkungen als primäre, ihrerseits unerklärte Gegebenheiten gelten. Die in Frage stehenden Interaktionen sind bereits hochkomplex und durch frühere Wechselwirkungen erzeugt worden. Das einfachst mögliche Schema, in dem die beobachteten Tatsachen verknüpft werden können, ist auf einer tieferen Ebene zu begründen, nämlich in dem Feld, das die Quanten miteinander verbindet. Wie gezeigt, muß dieser Bereich als stark strukturiert und informationsreich angesehen werden. Es handelt sich dabei um das Quantenvakuum, in dem jene Wechselwirkungsdynamik verwurzelt ist, die die beobachteten Tatsachen erzeugt.

Das Modell, in dem die Dynamik als Schlüssel der Evolution erscheint, verlagert den Ausgangspunkt der Untersuchung vom Quanten- auf das Subquantenniveau. Die Quanten befinden sich in einem höher gelegenen Stockwerk des Gebäudes, das sich in der Tat aus dem virtuellen Energiefeld des Vakuums erhebt. Das Vakuum selbst ist ein wesentlicher Teil der Wirklichkeit: seine Dynamik wechselwirkt mit den Teilchen und den Atomen und den aus atomarer Materie im Raum gebildeten Myriaden von Konfigurationen.

Eine im Vakuum gründende interaktive Dynamik zeigt wesentliche Möglichkeiten auf:

1. *Sie liefert eine in sich schlüssige Erklärung vieler Rätsel, die gegenwärtig unserem Verständnis der beobachteten Tatsachen entgegenstehen.* Wir gewinnen eine neue fruchtbare Perspektive zur Betrachtung der Probleme der Dualität, der Nichtlokalität und der Unbestimmtheit der Quanten, die über die Verbote von Bohrs phänomenologischer Philosophie hinausgeht. Wir erhalten neue Beschreibungsmöglich-

keiten der vielgestaltigen, in sich konsistenten Evolution von Ordnung und Komplexität der biologischen Welt, indem wir sie als kreativen Tanz des Quantenvakuums mit den aus ihm erwachsenden organisch-ökologischen Systemen verstehen. Darüber hinaus erhalten weiterreichende bewußte Erfahrungen eine neue Bedeutung: Phänomene wie Langzeitgedächtnis und transpersonale Erlebnisse gelangen in den Bereich erforschbarer Tatsachen.

2. *Die im Subquantenbereich begründete, interaktive Dynamik verlagert die Basis wissenschaftlicher Forschung weiter in die Tiefe, analog der geschichtlichen Entwicklung der modernen Wissenschaft.* Zuerst entdeckten Dalton und Lavoisier das unteilbare Demokritsche Atom als wesentlichen Bestandteil der gasförmigen Materie wieder. Dieses Fundament erniedrigte sich auf die Stufe des Rutherfordschen Atoms, das in einen Kern mit umlaufenden Bahnelektronen zerlegt werden konnte. Ein noch grundlegenderes Niveau wurde in diesem Jahrhundert mit der Entdeckung der Planckschen Konstante, der Quarks, der Strings und der mehr als 200 Elementarteilchen erreicht, die bei hochenergetischen Zusammenstößen auftreten. Gleichzeitig wandelte sich das Feld, in dem diese zunehmend kleineren und abstrakteren Strukturen eingebettet sind, vom passiven Euklidischen Raum der klassischen Mechanik zu dem turbulenten, mit potentieller Energie angefüllten Quantenvakuum der neuen Kosmologie. Es ist logisch, das Vordringen der wissenschaftlichen Forschung über die speziellen Mikrostrukturen hinaus, die das Vakuum bevölkern, in das virtuelle Energiefeld hinein fortzusetzen, das sie umfängt und miteinander verbindet.

3. *Die EWD erweitert den wirksamen Bereich der wissenschaftlichen Forschung.* Im 17. Jahrhundert beschrieb Galileis Physik die mechanischen Vorgänge an der Erdoberfläche. Die darauf folgende Newtonsche Mechanik erweiterte den Bereich dieser Beschreibungen auf alle Körper, die sich in

Inertialsystemen bewegen. Zu Beginn des 20. Jahrhunderts dehnte Einstein den Gültigkeitsbereich der physikalischen Gesetze auf Systeme aus, die bis zur Lichtgeschwindigkeit beschleunigt sind, und kurze Zeit danach erweiterte Bohr die physikalischen Gesetze auf die subatomare Welt. Es scheint jetzt, daß die relativistische Physik nur bis etwa 10^{-8} m gilt und daß die Quantenphysik, obwohl sie bis zur Planckschen Länge von 10^{-35} m Gültigkeit beansprucht, bereits ab 10^{-20} m auf Anomalien stößt, die z. B. mit der Energiedichte des Vakuums zusammenhängen. Die Postulate der EWD versprechen die Überwindung vieler Anomalien, indem sie sie auf Subquanten-Wechselwirkungen zurückführen.

4. *Die EWD verbessert auch die Allgemeingültigkeit wissenschaftlicher Theorien.* So wie Newton die Galileischen Gesetze verallgemeinerte und Einstein die Newtonschen Gesetze, so verallgemeinert die EWD die evolutionären Prozesse über den klassischen Bereich der Physik hinaus hin zur Biologie und schließlich zur Neurophysiologie und Psychologie. In diesem Zusammenhang ist die Evolution des Lebens nicht mehr grundsätzlich verschieden von der des Kosmos. In beiden Bereichen herrscht ein subtiler, jedoch wesentlicher Austausch von Information zwischen Systemen und Umgebungen, eine innere Rückbezogenheit, die die sonst undeterminierten Prozesse in-formiert, indem sie den Weg von Versuch und Irrtum in Richtung selbstkonsistenter Versuche zur Erforschung der verfügbaren Ordnungs- und Komplexitätsdimensionen verändert.

Im Laufe der Zeit könnte die in dieser Studie vorgeschlagene interaktive Dynamik zu einer in sich stimmigen mathematisch formulierten Wissenschaft der wichtigsten Bereiche der beobachteten Welt ausgearbeitet werden. Die künftige einheitliche Wissenschaft würde sowohl das Verhalten und die Evolution der Elementarteilchen als auch der Atome, Moleküle, Zellen, Organismen und Systeme von Organismen in der Raumzeit als Wechselwirkung vektorieller Materie-

Energie-Systeme mit subtilen Skalarwellen beschreiben, die sich im virtuellen Gas des Vakuums ausbreiten. Innerhalb des universellen Feldes würden diese Beschreibungen in Begriffen des Phasenraums der verallgemeinerten Lagekoordinaten und Impulse quantifiziert werden, die den Quanten und ihren atomaren, molekularen und supramolekularen Konfigurationen zugeordnet sind. Da die Zahl der Koordinaten innerhalb des Phasenraumes sehr groß ist, können die vollständigen Quantifizierungsgleichungen vielleicht niemals vollständig geschrieben werden. Sie würden aber – soweit erreichbar – die allgemeine Form

$$\mathrm{D}\ \mathrm{F}(i,j)$$

besitzen, in der ein universeller Integral-Differential-Operator D die kosmische Phasenraumdichte F(i,j) definiert und in der i,j die verallgemeinerten Lagekoordinaten und Impulse der Quanten im Quantenvakuum bedeuten.

Obgleich die Aspekte der hier vorgestellten EWD real sind und ihre Entwicklung im Bereich des Möglichen liegt, wird sie wohl nicht schrittweise ablaufen. Ein glatter kontinuierlicher Ablauf könnte durch die Weigerung des herrschenden wissenschaftlichen Establishments blockiert werden, einige seiner hochgeschätzten – wenn auch zunehmend problematischen – Konzepte und Theorien aufzugeben. Obwohl die Wissenschaft als solche ein offenes System ist, bezeugen Wissenschaftsgeschichte und -soziologie, daß die Wissenschaftler beim Auftreten neuer Daten, die sich nicht in die gewohnten Konzepte einfügen lassen, nicht einfach die alten Vorstellungen zugunsten der neuen, besser angepaßten verwerfen. Heisenberg bemerkte, ›daß jeder gute Physiker bereit sei, neue Konzepte aufzugreifen, daß aber selbst die besten Physiker manchmal sehr unwillig sind, einige ältere, augenscheinlich gesicherte Vorstellungen aufzugeben‹.[13]

Wenn aber trotz allem die Rätsel und Anomalien ein kritisches Maß erreichen, geben die Wissenschaftler schließlich doch die alten Konzepte auf, die sich als unzuverlässig erwiesen haben. Nach dem Überschreiten kritischer Schwellen gibt es in der Entwicklung der Wissenschaft keine Rückkehr zu den früheren Paradigmen: Fortschritt kann nur durch die Erforschung alternativer Konzepte und Hypothesen verwirklicht werden sowie durch die experimentelle Prüfung ihrer Anwendbarkeit und Folgerichtigkeit und ihrer heuristischen Aussagekraft.

Gegenwärtig steht die Wissenschaft unmittelbar vor einer kritischen Schwelle. Verflogen ist die sichere Überzeugung, die Grundlagen des natürlichen Universums bereits entdeckt zu haben; ebenso ist am Ende des 20. Jahrhunderts die für das ausgehende 19. Jahrhundert typische Selbstzufriedenheit nahezu verschwunden. In einem Gebiet nach dem andern werden Anomalien entdeckt, und das Interesse an ihnen wächst. Das tiefe Unbehagen in den Zentren des wissenschaftlichen Establishments wird an den Grenzen zum Neuen durch zunehmende Offenheit und durch das Gefühl der Begeisterung kompensiert. Zur Untersuchung der in der wissenschaftlichen Forschung auftretenden Anomalien werden mehr und mehr Gesellschaften und Vereinigungen geschaffen, und Prestige und Anerkennung dieser Netzwerke nehmen zu.*

Die zeitgenössische Wissenschaft könnte sich bald dem Zustand einer übersättigten Lösung nähern, in dem nur noch ein geeigneter Katalysator nötig ist, um eine radikale Zustandsänderung auszulösen. Sollte die einheitliche Wechsel-

* Beispiele: Die Society for Scientific Exploration an der Stanford University veröffentlicht vierteljährlich das Journal for Scientific Exploration; das Centre for Frontier Sciences an der Temple University gibt halbjährlich die Frontier Perspectives heraus, und das Scientific and Medical Network in Großbritannien, mit Mitgliedern in Europa, beiden Amerika, dem Mittleren und Fernen Osten sowie in Afrika, publiziert vierteljährlich den Network Newsletter.

wirkungsdynamik zu jenem Maß an Einfachheit, Eleganz, Fruchtbarkeit und Bestätigungsfähigkeit entwickelt werden, das akzeptable Hypothesen auszeichnet, so könnte sie die gegenwärtige kosmologische Revolution auf eine Stufe neuer Einsichten heben. Die derzeitigen, mit Rätseln belasteten fachspezifischen Theorien würden dann durch eine neue fruchtbare einheitliche Wissenschaft ersetzt werden: durch das in sich geschlossene Paradigma eines in-formierten Denkens über Materie, Leben und Geist.

Nachwort

Auf dem Weg zu einem neuen Bewußtsein

Wenn die Dynamik des Universums von Anbeginn den Lauf der Gestirne formte, die Sonne zum Leuchten brachte und die Erde bildete, wenn dieselbe Dynamik die Kontinente, die Meere und die Atmosphäre schuf, wenn sie das Leben in der ersten Zelle erweckte, eine zahllose Vielfalt lebender Wesen und am Ende uns selbst hervorbrachte und uns sicher durch die turbulenten Jahrhunderte geleitete, dann ist dies ein Grund zu glauben, daß derselbe führende Prozeß eben der ist, der in uns unser gegenwärtiges Verständnis unserer Selbst und unserer Beziehung zu diesem ungeheuren, erstaunlichen Prozeß erweckt hat. Nachdem wir für diese Führung seitens der Struktur und Funktion des Universums sensibilisiert worden sind, können wir Vertrauen in die Zukunft haben, die dem menschlichen Abenteuer bevorsteht.

Thomas Berry: Der Traum der Erde

Die Verwirklichung des Traumes vom einheitlichen Verständnis unserer Selbst und des Universums ist nicht nur von wissenschaftlichem Interesse; sie sollte gleichermaßen ein kritischer Faktor zur Sicherung des Wohlergehens und der Entwicklung der Menschheit sein. Eine vernunftgemäße einheitliche Wissenschaft könnte sich als wirksames Mittel erweisen, um der Menschheit die Wiedererlangung lebensfähiger Wege des Denkens und Handelns zu ermöglichen. In ihrer kulturellen Dimension könnte sie ein naturalistisch-holistisches Bewußtsein inspirieren, das geeignet ist, Einzelne und menschliche Gesellschaften mit dem schöpferischen Kosmos zu vereinen, der Ursprung ihres Seins und Quelle ihrer Existenz ist.

Der Kulturhistoriker Thomas Berry hat den Verlust einer

›guten Geschichte‹ als Problem unserer Zeit aufgezeigt. In der traditionellen Überlieferung besaß die westliche Gesellschaft eine allgemein akzeptierte Grundlage, die die emotionalen Haltungen formte, den Sinn des Lebens darstellte und die Handlungen motivierte. Sie erlaubte den Menschen, die Fragen ihrer Kinder zu beantworten, sowie den Gesellschaften, Verbrechen zu definieren und die Übertreter zu bestrafen. Sie machte die Menschen nicht notwendigerweise gut, auch schaffte sie die Schmerzen und Ungereimtheiten der Existenz nicht ab, aber sie vermittelte einen Zusammenhang, in dem das Leben sinnvoll ablaufen konnte. Heutzutage werden Bedeutung und Nützlichkeit dieser Grundlage hinterfragt.[1]

Die traditionelle ›Geschichte‹, so meint Berry, entstand vor etwa 3000 Jahren in einer Offenbarungserfahrung. Damals stellte man sich vor, die ursprüngliche Harmonie des Universums sei durch einen menschlichen Urfehler zerstört worden, der die Bildung einer menschlichen Gemeinschaft erforderlich machte, die am göttlichen Erlösungswerk teilnehmen konnte. Aber, wie bereits im Kapitel 1 bemerkt, trübte sich in den Wirren des 14. Jahrhunderts, als das mittelalterliche Europa die Pest und den hundertjährigen Krieg erlebte, die Leuchtkraft der tradierten Geschichte. Der Glaube an die göttliche Vorsehung wurde erschüttert, und die ursprünglich einheitliche Vorstellung spaltete sich in zwei Zweige, einen religiösen und einen wissenschaftlichen. Diejenigen Menschen, die weiterhin ihren vollen Glauben in die Religion setzten, orientierten sich zunehmend auf die zur Erlösung aus einer tragischen Welt erforderlichen Handlungen, während diejenigen, welche – obgleich anfänglich in der christlichen Lehre befangen – nach unabhängiger Forschung ausschauten, weltliches Verständnis der Naturvorgänge das menschliche Schicksal meistern zu können hofften.

Nach Berry liegen unsere gegenwärtigen Schwierigkeiten darin, daß der christliche, erlösungsorientierte Zweig der Geschichte keine verläßliche Führung mehr bietet, während der wissenschaftliche Zweig, mit seiner Baconschen Betonung der Ausbeutung der Natur für menschliche Zwecke, unsere Umwelt entwürdigt und geschädigt hat. Unabhängig davon, ob wir dieser Darstellung des Kerns unserer Probleme folgen oder nicht: wenn die Menschheit ihre Zukunft auf der Erde sichern will, müssen wir die fragmentarische mechanistische Weltanschauung der klassischen Wissenschaft hinter uns lassen und das einheitliche Konzept ansteuern, das das entscheidende Ziel der kosmischen Revolution darstellt. Nur ein einheitliches Weltkonzept kann die notwendigen Einsichten vermitteln, die wir zum Erfassen der Probleme und Möglichkeiten brauchen, mit denen wir in unserer planetaren Umgebung konfrontiert sind; nur ein derartiges Konzept erlaubt uns, die Lösungsmöglichkeiten zu erkennen und wirksam anzuwenden.

Die von uns in diesem Buch vorgelegten Grundlagen einer einheitlichen Wissenschaft der Materie, des Geistes und des Universums könnten zur Entwicklung einer sinnvollen ›Geschichte‹ beitragen, die uns erlaubt, uns selbst und unsere Stellung im kosmischen Schema der Dinge besser zu erkennen. Ein Bewußtsein, das sich zu seiner Inspiration auf diese Grundlagen stützt, würde uns helfen, einen engeren Bezug miteinander und mit der Natur zu verwirklichen; die Vorzüge einer derartigen Basis eines neuen Bewußtseins sind nur allzu deutlich. Der Kosmos, der sich in einer einheitlichen Wechselwirkungsdynamik selbst erschafft, ist eine nahtlose Totalität, deren Elemente organische Teile des Ganzen sind. Mehr noch: dieser Kosmos ist eine Gesamtheit, in der alle Elemente ununterbrochen mit dem Ganzen, und daher auch miteinander, in Berührung stehen. Hier sind alle Dinge, was sie sind, weil sie fortwährend in Kontakt mit dem zeitlosen Gedächtnis des Universums stehen. Die ›subjektive Kommunion‹ zwischen den koexistierenden Elementen der Welt, von Berry als Kennzeichen einer sinnvollen wirksamen ›Geschichte‹ betont, ist ein wesentlicher Faktor der neuen einheitlichen Wissenschaft, die einen interaktiven selbstschöpferischen Kosmos erkennt.

In diesem Kosmos liegt es in der Natur der Dinge, daß die kreative Verbundenheit der Elemente intensiver und deutlicher wird, während die Quarks und Atome, die Moleküle und Zellen und die Organismen, die im Laufe der Zeit entstehen, ihren Entwicklungsbahnen folgen. Auf unserem Planeten erreichte das Potential intensiven expliziten Verbundenseins einen Höhepunkt in den kognitiven und kommunikativen Fähigkeiten menschlicher Wesen. Aber die modernen Gesellschaften lassen es zu, daß viel von diesem Potentials brachliegt; die tieferen Fähigkeiten der Kommunikation von Mensch zu Mensch und von Mensch zu Welt werden nicht hinreichend anerkannt und daher nicht voll eingesetzt.

Ein schöpferischer Rückgriff auf die dem Ψ-Feld zugrunde liegende rückbezügliche Dynamik könnte uns helfen, diese Situation ins Reine zu bringen. Was wir mit einem kurzen Blick von dieser Dynamik erfaßt haben, erlaubt uns, die reale Möglichkeit zu überdenken, aus dem fortwährenden Tanz unseres Gehirns und Körpers mit der subtilen Geschichte des gleichzeitig evolvierenden Universums einen praktischen Nutzen zu ziehen.

Um unsere Stellung und unsere Rolle in der Gesamtheit der Dinge einschätzen zu können, ist es nicht erforderlich, die Information heranzuziehen, die in der genetischen Kodierung unseres Körpers eingebettet ist, wie Berry empfiehlt. Auch ist es nicht notwendig, sich an mysteriöse kosmische Kräfte zu wenden. Wir haben in unserem eigenen Geist Zugang zu den subtilen Signalen, die uns über die Ordnungen der Natur informieren. Diese Signale haben zu allen Zeiten die großen Dichter und Künstler inspiriert, die Wissenschaftler der vordersten Linie und die Philosophen. Der Zugang zu ihnen benötigt weder spezielle Gaben noch angeborenes Talent, er ist jedem möglich. Alle Personen könnten lernen, einige

Elemente der Information zu ›lesen‹, die auf ihren Geist einwirken, ob sie es wissen oder nicht. Es liegt im Interesse jedes einzelnen, sich dieser allzeit gegenwärtigen, oft ignorierten In-Formation bewußt zu werden: sie ist die Ausprägung des Kosmos in unserem Organismus. Ihre tiefere bewußte Wahrnehmung würde die subtilen Eindrücke auf ein Niveau heben, von dem aus sie unsere Handlungen und unser Verhalten stärker beeinflussen. Ein langer Weg könnte die menschlichen Wesen und Gemeinschaften zu einer neuen Integration in die Bio- und Soziosphäre führen und damit in den lebendigen Zusammenhang der irdischen Existenz.

Die eingangs zitierte Einsicht Berrys besitzt eine unerwartet tiefe Bedeutung. Wir kommen der Erkenntnis der evolutionären Dynamik des Universums näher; unser Dasein hängt eng mit unserem Bedarf an verläßlicher Führung in den kritischen Zeiten zusammen, in denen wir leben. Es gibt keine rein zufälligen Ereignisse; immer enthüllt eine tiefere Analyse die Existenz von Verbindungen. Es liegt an uns, die erforderlichen Analysen durchzuführen und die notwendigen Einsichten zu erlangen. Die Aussichten sind gut; die interaktive kosmische Dynamik wirkt auch in unserem Körper und in unserem Geist; wenn wir sie anzapfen, kann sie uns helfen, jene Bewußtheit zu erschaffen, die unsere Schritte in eine sinnvollere sichere Zukunft lenkt. Der ewige Traum kann eine neue Verwirklichung erfahren, deren Konsequenzen erstaunlich praktisch sein könnten: eine einheitliche Wissenschaft, die unseren Weg in der Welt aufzeigt, und ein neues Bewußtsein, das uns auf diesem Weg erleuchtet.

Anhang

Komplexität

Es gibt Möglichkeiten zur Messung der Komplexität der Phänomene der realen Welt, die von der subjektiven Bewertung der Beobachter unabhängig sind. Als klassisches Maß wurde der Informationsgehalt benutzt: wieviele Ja/Nein-Entscheidungen sind erforderlich, um ein System aus seinen Elementen aufzubauen. Die Anwendung dieser Methode ermöglichte es, den Informationsgehalt der DNA mehrerer Organismen zu bestimmen, wobei es sich allerdings vorwiegend um relativ einfache Strukturen, wie zum Beispiel Drosophila, handelte. Seth Lloyd und Heinz Pagels schlugen ein differenzierteres Maß der Komplexität vor. Diese ›thermodynamische Tiefe‹ ist so definiert, daß vollkommen geordneten Zuständen (wie etwa der regelmäßigen Anordnung der Atome eines Kristalls) ebenso wie vollkommen ungeordneten Zuständen (etwa den Molekülen eines Gases) der Wert Null zugeordnet wird; die dazwischen liegenden Zustände erhalten positive Werte. Damit wird die thermodynamische Tiefe eines Systems gleich der Differenz seiner Entropie – die dem Mangel an exakter Kenntnis des Systems seitens des Beobachters entspricht – und dem Informationsbetrag, der erforderlich ist, um alle Wege zu charakterisieren, auf denen das System den gemessenen Zustand erreicht haben könnte. Die thermodynamische Tiefe ist also proportional dem Betrag der Information, die der Prozeß abgegeben hat.[1]

Ein noch weiter ausgefeiltes Komplexitätsmaß wurde kürzlich entwickelt; es verbindet die Komplexität eines Systems mit dem Prozeß ihrer Berechnung. Diese, von Kolmogorov-Chaitin-Solomonoff (KCS) vorgeschlagene Definition sagt aus, daß die Komplexität von x gleich der Länge des kürzesten Programms zur Berechnung von x ist. Genauer formuliert: es wird behauptet, die Komplexität von x sei gleich der Länge des kürzesten sich-selbst-begrenzenden Programms zur Berechnung von x. Ein solches Programm sollte am Anfang eine Angabe über seine eigene Länge enthalten. (Später wurde nachgewiesen, daß die Berechnung unmöglich ist, da bereits das Konzept einer allgemein anwendbaren Vorschrift zum Auffinden des kürzesten Programms einen logischen Widerspruch beinhaltet.)[2]

Obgleich bisher kein vollkommen befriedigendes Maß für die Komplexität entwickelt worden ist, wächst die allgemeine Übereinstimmung, daß Komplexitätsgrade am besten dadurch festgelegt werden können, daß sie für vollkommen determinierte und für vollkommen indeterminierte Zustände den Wert Null annehmen und dazwischen positive Werte haben. Diese scheinen einem Maximum zuzustreben, wenn die Systeme zwischen regulärem und chaotischem Verhalten pendeln: bei derartigen Phasenübergängen sind die informationsverarbeitenden Fähigkeiten der Systeme besonders stark. Nach Crutchfield und Young kann ihre Komplexität quantitativ bestimmt werden.[3] Ihre Vorschläge sind in solider Form in die Computations-Theorie und die statistische Mechanik eingebettet. Sie zeigen, daß die Komplexität realer Systeme der Welt, zumindestens grundsätzlich, mit beliebig großer Genauigkeit gemessen werden kann.

Felder

Das wissenschaftliche Feldkonzept ist nicht neu; die Notwendigkeit, Ereignisse, die an verschiedenen Punkten des Raumes stattfinden, miteinander zu verbinden, ergab sich bereits aus der Newtonschen Gravitationstheorie. Die Vorstellung einer ›Fernwirkung‹ erschien seit jeher unannehmbar: Wenn ein Ereignis an einem Punkt des Raumes ein anderes an einem anderen Ort nach sich zog, dann mußte es einen Weg geben, die Wirkung vom ersten auf das zweite zu übertragen. Im 18. Jahrhundert begannen die Physiker, die Gravitation als Wirkung in einem Gravitationsfeld zu deuten: man nahm an, das Feld werde von allen im Raum befindlichen Massenpunkten erzeugt und wirke auf jeden Massenpunkt an seinem eigenen Ort. 1849 benutzte Faraday diese Vorstellung, um die unvermittelte Wirkung zwischen elektrischen Ladungen und Strömen durch elektrische und magnetische Felder zu ersetzen, die von allen Ladungen und Strömen erzeugt werden und zu einer bestimmten Zeit existieren. James Clerk Maxwell formulierte 1864 die elektromagnetische Lichttheorie in Form eines Feldes, in dem sich elektromagnetische Wellen mit endlicher Geschwindigkeit fortpflanzen. Einstein nannte 1934 das Maxwellsche Feldkonzept die tiefste und fruchtbarste unserer Wirklichkeitsvorstellungen seit Newton.[4] Bald danach begannen die Quantenphysiker, die Wechselwirkungen der Teilchen in Begriffen der Quantenfeldtheorien darzustellen.

Obgleich die Kopenhagener quantentheoretische Schule dagegen Einspruch erheben würde, muß auch den in der subatomaren Physik vorausgesetzten Feldern eine Art Wirklichkeit zugeschrieben werden. Tatsächlich sind die bekannten Elementarteilchen nur als Manifestation unterliegender energetischer Felder oder Wahrscheinlichkeitsfelder sinnvoll. Elektronen, zum Beispiel, werden als mathematische Punkte, das heißt als Teilchen ohne räumliche Ausdehnung, definiert. Aber sie können nur im Raum wirken, wenn sie selbst in gewisser Weise im Raum sind. Die Quantenfeldtheorie beschreibt die Wechselwirkung der Elektronen als Austausch virtueller Photonen innerhalb des elektromagnetischen Feldes. Logischerweise sollten Elektronen als punktuelle Ereignisse in räumlich ausgedehnten Feldern betrachtet werden.

Die Wirklichkeit des Raumes wird durch die Tatsache unterstrichen, daß die bei den elektromagnetischen Feldwechselwirkungen ausgetauschten Photonen virtuelle Teilchen sind, die keine von den Wechselwirkungen unabhängige Existenz besitzen. Das gleiche gilt für die Austauschteilchen der Quarkwechselwirkungen. So wie die Elektronen durch den Austausch von Photonen wechselwirken, besteht die Wechselwirkung der Quarks im Austausch von Gluonen. Im Fall der Gluonenkraft (auch Farbkraft genannt) nehmen die Wirkungen mit zunehmender Entfernung nicht ab. Im Gegenteil: die Quantenchromodynamik sagt aus, daß die Kraft – also die Anzahl der Gluonen – zwischen den wechselwirkenden Quarks proportional zum Abstand zunimmt. Dies wäre eine echte Anomalie, wenn der Raum zwischen den Quarks nicht in gewissem Sinn von einem ausgedehnten dynamischen Feld ›erfüllt‹ ist.

Andere Erscheinungen, denen ohne Rückführung auf unterliegende Felder jegliche Ähnlichkeit mit der Wirklichkeit fehlen würde, beinhalten die wolkenähnlichen Ladungen der Elektronen (gebildet aus Quarks, Antiquarks und aus Gluonen, die zwischen den Quarks ausgetauscht werden) sowie die Transformationen von Quarks als Folge von Wechselwirkungen (in den schwachen Wechselwirkungen verändert das Quark seinen ›flavour‹, aber nicht seine ›colour‹, dagegen verändert es bei starken Wechselwirkungen, wenn es ein Gluon absorbiert oder emittiert, seine ›colour‹, aber nicht seinen ›flavour‹.

Chaos

Computersimulationen der Dynamik komplexer Systeme zeigen, daß solche Systeme in chaotischen Zuständen Empfindlichkeiten erreichen, die sich bis hinunter zum Vakuumniveau erstrecken.[5] Dies folgt aus der Tatsache, daß komplexe Systeme, die ganz oder teilweise von chaotischen Attraktoren beherrscht werden, in ultrasensitiver Weise durch die Abhängigkeit von den Anfangsbedingungen gekennzeichnet sind.

Die Attraktoren bestimmen die geometrische Form der dynamischen Kräfte, die die Entwicklung eines Systems erzwingen. Punktattraktoren erschaffen Grenzzyklen, die auf einen einzigen Punkt hin konvergieren; periodische Attraktoren entfalten bestimmte Periodizitätsformen; chaotische oder seltsame Attraktoren erzeugen Bahnen, die sich nicht wiederholen und keinen regelmäßigen Verlauf aufweisen. In einem System, in dem chaotische Attraktoren vorherrschen, können zwei ununterscheidbar nahe Anfangspunkte zu stark voneinander abweichenden Endpunkten führen. Als Folge mikroskopisch kleiner Anfangspunktdifferenzen können also makroskopisch verschiedene Endpunkte auftreten.

In einem System ohne definierte Anfangs- und Endzustände läuft die durch chaotische Attraktoren bedingte Abhängigkeit von den Anfangsbedingungen auf eine Abhängigkeit von Parameterschwankungen hinaus. Unmeßbar feine Veränderungen der Werte innerer oder äußerer Parameter erzeugen meßbare Wirkungen, dies ist die explosionsartige Verstärkung infinitesimaler Fluktuationen, die allgemein als ›Schmetterlingseffekt‹ bekannt wurde. Im Ergebnis können in ultrasensitiven chaotischen Zuständen nicht nur die Quanten, sondern auch die aus Quanten aufgebauten makroskopischen Systeme über die Rückkopplung im Vakuumfeld beeinflußt werden.

Chaotische Zustände sind in der Natur nicht so selten, wie gemeinhin angenommen wird. Im Unterschied zu den vereinfachten mathematischen Modellen werden Systeme der realen Welt oft von mehreren, möglicherweise sogar von zahlreichen Attraktoren beherrscht (vgl. Abb. 7, S. 70). Systeme, die einer gesetzmäßigen Entwicklungstrajektorie folgen, werden von Punkt- oder periodischen Attraktoren beherrscht, die eine einzigartige regelmäßige Evolutionsbahn definieren. Bei hinreichender Kenntnis des Zustandes eines derartigen Systems zu irgendeinem Zeitpunkt kann der Zustand zu irgendeiner anderen Zeit vorhergesagt (oder zurückverfolgt) werden. Jedoch sind Systeme, die ausschließlich von Punkt- und periodischen Attraktoren beherrscht werden, Idealisierungen: in der realen Welt ist immerfort ein gewisses Maß an Chaos gegenwärtig. Das bedeutet – Friede sei Laplace –, daß vollständige Vorhersagbarkeit niemals möglich ist: eine tiefere Analyse weist auf Irregularitäten in der Entwicklungsbahn nahezu aller Systeme.

Das Chaos ist allgegenwärtig: auch bei den Planetenbewegungen, die als klassisches Beispiel für Vorhersagbarkeit galten, sind chaotische Attraktoren am Werk. Kleine Schwankungen charakterisieren die Bahnen der Planeten, insbesondere die des Pluto. In lebenden Systemen ist das Chaos noch stärker ausgeprägt: chaotische Attraktoren sind selbst im Rhythmus des gesunden Herzens nachgewiesen worden. Das tiefste, fortwährend vorhandene Chaos in der Welt des Lebendigen findet sich im Nervensystem. Die Auswertung von Elektroencephalogrammen zeigt, daß ihre Phasenverteilungen Muster enthalten, die durch zahlreiche chaotische Attraktoren beschrieben werden können. Ein Akt der Wahrnehmung, zum Beispiel, besteht in einem explosiven Sprung der relevanten neuronalen Netze aus dem Bereich eines chaotischen Attraktors in den eines anderen (ein solcher Bereich enthält einen Satz von Anfangsbedingungen, aus dem heraus ein Netz zu neuem Verhalten startet). Zur Wahrnehmung von Gerüchen scheinen die Riechknospen und der Kortex für jeden Geruch, den das menschliche Wesen (oder das Tier) unterscheiden kann, einen chaotischen Attraktor bereitzustellen. Diese Attraktoren sind untereinander verbunden: wann immer ein Geruch in einem bestimmten Zusammenhang Bedeutung erhält, wird ein zusätzlicher chaotischer Attraktor aktiviert, und alle Attraktoren verändern sich. (Als Ursache des Chaos innerhalb dieses Systems erscheint die Wechselwirkung zwischen den Geruchsnerven und dem Kortex: sie haben keine gemeinsame Schwingungsfrequenz und erregen sich gegenseitig hinreichend stark, um zu verhindern, daß eines der Systeme in einen stabilen Zustand übergeht. Ihre Konkurrenz erzeugt eine Form des kontrollierten Chaos und erhöht damit die Empfindlichkeit und die Instabilität des Systems.)

Chaos existiert in vielen Bereichen neuronaler Verarbeitung: so entstehen, zum Beispiel bei der Bilderkennung im Rahmen der visuellen Wahrnehmung in größeren kortikalen Bereichen, chaotische Ausbrüche im Gamma-Frequenzbereich des EEG. Walter Freeman, dessen Team als erstes die Grundlagen der Geruchswahrnehmung erforschte, behauptet, die Ergebnisse deuten an, daß das kontrollierte Chaos des lebenden Gehirns mehr ist als ein zufälliges Nebenprodukt: es ist eine seiner fundamentalen Eigenschaften.[6]

Die neue Metaphysik

Die fundamentalen Voraussetzungen unseres neuen Paradigmas bilden eine ›Metaphysik‹ im aristotelischen Sinn, das heißt, eine Gruppe fundamentaler Prinzipien. Ihre Ausarbeitung folgt logisch auf die der physikalischen Grundlagen – die Metaphysik folgt der Physik (daher ihr Name: ›meta‹ bedeutet im Griechischen ›kommen nach‹). Da der wesentliche Teil dieser Studie den physikalischen Grundlagen der Dynamik gewidmet ist, durch die der Kosmos sich aus dem Chaos entwickelt, seien hier noch die notwendigen, bisher mehr oder weniger stillschweigend vorausgesetzten Grundprinzipien skizziert.

Die Metaphysik, die dem neu entstehenden Paradigma unterliegt, ist in ihren spezifischen Einzelheiten neuartig. Sie zeigt jedoch eine deutliche Verwandtschaft zur Metaphysik der Evolutionsprozesse im allgemeinen und zu Whiteheads ›Philosophie der Organismen‹ im besonderen.[7] Die Grundlagen beinhalten ein dynamisches, organisch ineinander verbundenes, selbstreferentielles Universum.

Wie in Whiteheads Metaphysik sind alle Objekte des Universums oberhalb des Quantenniveaus komplexe Strukturen: sie sind materiell-energetische Systeme (Whitehead nannte sie ›Gesellschaften aktualisierter Entitäten‹ oder einfach ›Organismen‹). Die Systeme sind, was sie sind, durch eine zweifache Wechselwirkung, die sie mit dem Rest des Universums verbindet (Whitehead: ›Erfassen‹). Einerseits ›erfassen‹ Materie-Energie-Systeme andere Materie-Energie-Systeme in ihrem Raumzeitbereich, sofern sie für ihre physische Zusammensetzung bedeutsam sind, andererseits erfassen die Systeme beständige Muster, die in sie ›eintreten‹ und dadurch eine konkrete Individualisierung erhalten.

In dieser sich entwickelnden Metaphysik, wie auch in Whiteheads Philosophie der Organismen, besteht die Wirklichkeit des Universums in zwei fundamentalen Arten des Existierenden auf zwei verschiedenen physikalisch getrennten Niveaus. Auf dem einen dieser Niveaus sind die Existenzen raumzeitliche ›aktuelle Wesenheiten‹: wahrgenommene, wahrnehmbare, instrumentell ableitbare Quanten und materiell-energetische Quantenkonfigurationen. Auf dem anderen Niveau sind die Existenzen ›ewige Objekte‹: Wellenmuster, die von den aktuellen Wesenheiten erzeugt und unabhängig von ihnen aufrechterhalten werden. Wie Plato betrachtete auch Whitehead die ewigen Objekte als die letzten, nicht aus empirischen Tatsachen abgeleiteten Gegebenheiten der Wirklichkeit. Die von uns vorgeschlagene Metaphysik hat einen günstigeren Ausgangspunkt: Sie erklärt die in die Raumzeit eintretenden Muster als im Vakuum gründende Wellenformen, die die Trajektorien und die 3n-dimensionalen Konfigurationsräume gegenwärtiger oder früher existierender Materie-Energie-Systeme in-formieren. Das aber impliziert: die eintretenden Muster selbst entwickeln sich, wogegen sie bei Whitehead, wie bei Plato, eine endliche Gruppe bilden, die ein für allemal vorgegeben ist.

Die beiden Bereiche des Universums sind verschieden, aber

nicht getrennt: sie sind unlösbar verbundene Niveaus einer und derselben kosmischen Realität, d. h., das Universum erscheint als eine einzige vollständige Vorstellung. Das Grundniveau ist das des Quantenvakuums, eines kosmischen Mediums fluktuierender Wellen virtueller Energie. Das abgeleitete Niveau ist die beobachtete oder beobachtbare raumzeitliche Welt: das physikalische Universum unter Vernachlässigung seiner Vakuumkomponente.

Das Grundniveau des Universums und das abgeleitete Niveau sind über die Zeit synchronistisch verbunden. Hinsichtlich der zeitlichen Durchdringung besitzt das Grundniveau Priorität: es ist der Quellgrund der Quanten als Basiseinheiten von Materie-Energie in der Raumzeit. Die im Vakuum synthetisierten Quanten bleiben synchronistisch durch Vorwärts- und Rückwärts-Fouriertransformationen mit ihrem Quellgrund verwoben. Die Quanten und die komplexeren Materie-Energie-Systeme transformieren ihre Bahnen und Konfigurationsräume als interferierende Wellenformen in das Energiefeld des Vakuums hinein und übersetzen isomorphe Wellenfronten aus diesem Feld heraus. Die Vorwärtstransformation findet statt, indem Quanten, als primäre Soliton-ähnliche Wellen im Vakuum, Sekundärwellen erzeugen: das sind dann die Fourier-Transformierten ihrer raumzeitlichen Trajektorien und Konfigurationen. Die Umkehrtransformation besteht darin, daß die Sekundärwellenfronten in subtiler, aber wirksamer Weise die dynamisch unbestimmten Entwicklungsphasen der Materie-Energie-Systeme ›in-formieren‹.

Die Wechselwirkung der beiden Niveaus erzeugt einen Bootstrap-Effekt: Am logisch begründeten (experimentell nicht verifizierbaren!) Beginn des Prozesses gibt es ›nichts als‹ das Quantenvakuum: einen räumlich und zeitlich unbegrenzten See virtueller Energie. Ein vorgegebener räumlicher Bereich unterliegt in einem bestimmten Zeitabschnitt einer kritischen Instabilität, und ein gewisser Bruchteil der freigesetzten Energien sinkt nicht wieder in das virtuelle Energiefeld zurück. (Raum und Zeit erhalten ihre Bedeutung erst in Bezug auf die späteren Ereignisse.) Die freigesetzte Energie bleibt in Form Soliton-ähnlicher Knotenpunkte als Singularitäten der Energiekonzentration erhalten, die den umfassenden virtuellen Energiefluß überlagern. Die meßbaren Knoten verweben sich miteinander und mit dem Quantenvakuum. Sie bilden das abgeleitete Niveau des Universums als Bereich der von quantenhafter Materie-Energie erfüllten Raumzeit.

Das Universum entwickelt sich in der Wechselwirkung der beiden Niveaus. Materie-Energie-Systeme in der Raumzeit hinterlassen die Eindrücke ihrer Wellenformen im virtuellen Energiefluß des Vakuums, und die so erzeugten Wellenfronten wechselwirken mit der raumzeitlichen Evolution der Materie-Energie-Systeme. Diese bauen sich dadurch in doppelter Weise auf: zum einen durch ›Erfassen‹ der anderen Materie-Energie-Systeme auf dem Wege kausaler Ausbreitung innerhalb der vier universellen Wechselwirkungsfelder, zum anderen ›erfassen‹ sie die isomorphen Elemente der bereits geschaffenen Wellenfronten, die innerhalb des Ψ-Feldes, des fünften universellen Feldes der Natur, vermittelt werden. Der Prozeß entwickelt Materie-Energie-Systeme in der Raumzeit in bezug zu ihren beständigen Spuren im Vakuum.

Die selbstreferentielle Dynamik des Universums ist nicht vollkommen deterministisch, sie erlaubt aber alternative Evolutionswege an den Bifurkationspunkten, an denen der Zugriff der dynamischen Materie-Energie-Systeme abgeschwächt ist. Die kritischen Zustände sind chaotisch. Im Gegensatz zu früheren Interpretationen sind sie nicht vollkommen zufällig. Stochastische Verteilungen der Wahrscheinlichkeiten behalten ihre Gültigkeit, sie werden aber subtil, jedoch entscheidend durch die Rücktransformation (das ›Eintreten‹) der Ψ-Feld-Wellenmuster in-formiert.

Die kausalen Einflüsse innerhalb des interaktiven Universums sind vielfältig und verlaufen, hierarchisch gegliedert, in zwei Richtungen. Jedes Quanten- oder Materie-Energie-System wird von allen anderen Quanten innerhalb des raumzeitlichen Kegels der sich im Vakuum ausbreitenden skalare Wellenfronten beeinflußt. Wegen der unbegrenzten Geschwindigkeit der Ausbreitung der sekundären Wellenfronten in einem Materie-erfüllten Raumzeitabschnitt erfaßt dieser Kegel die Quasigesamtheit eines kosmischen Bereiches, etwa einen Planeten. Die quasimomentan übertragenen Kausalwirkungen sind statistische Vorgaben in ansonsten zufälligen Wahrscheinlichkeitsverteilungen hinsichtlich alternativer Entwicklungstrajektorien. Es gibt also, zusätzlich zu der harten Determiniertheit als Folge der bekannten dynamischen Kräfte, noch eine weiche Determinierung als Ergebnis jener Muster, denen Plato und die Platoniker eine ideelle Wirklichkeit beigemessen haben. Sie wird in unserer Metaphysik auf das virtuelle Subquantenenergiefeld des physikalischen Universums zurückgeführt. Danach gibt es keine uneingeschränkte Zufälligkeit.

Kausale Einflüsse schreiten in beiden hierarchischen Richtungen voran: von den Teilen zum Ganzen und vom Ganzen zu seinen Teilen. Die klassische strenge Determiniertheit beruht vorwiegend auf der ›aufwärts‹ gerichteten Verbindung, da die Teile die Struktur und das Verhalten des von ihnen gebildeten Gesamtsystems gemeinsam bestimmen. Dagegen verläuft die im Ψ-Feld vermittelte schwache Determinierung hauptsächlich ›abwärts‹. Dabei in-formieren die Fourier-Transformierten des gesamten Systems die chaotischen, dynamisch unbestimmten Zustände seiner Teile, indem sie eine subtile Basis der Auswahl der Entwicklungsbahnen einbringen. Vom größten System innerhalb einer Materie-dichten Region der Raumzeit ausgehend, schreitet diese umgekehrte Kausalität durch die verschiedenen Untersysteme hindurch zu seinen quantenhaften Komponenten fort.

Der interaktive Entwicklungsprozeß ist, obgleich regional

konzentriert, von kosmischem Ausmaß. Dieser kosmische Prozeß ist aber nicht unendlich, sondern räumlich und zeitlich eingeschränkt. Seine räumlichen Grenzen werden durch die Expansion der übergalaktischen Strukturen bestimmt, die das Ergebnis der uranfänglichen Vakuuminstabilität sind. Im Laufe der Zeit wird der Prozeß durch die begrenzte Verfügbarkeit der freien Energien eingeschränkt, die zur Entwicklung der Materie-Energie-Systeme notwendig sind. Unaufhaltsam erschöpfen sich die lokalen Konzentrationen freier Energien, die Quellen und Speicher negativer Entropie, unabhängig davon, ob die makroskopischen Strukturen des Universums weiter räumlich expandieren oder sich auf eine Singularität zurückziehen.

Während die Entropie den Entwicklungsprozeß überholt, kehrt sich ihre raumzeitliche Komponente um. Komplexe Konfigurationen der Materie-Energie brechen in einfacheren Strukturen auseinander, die ihrerseits in nackte Atomkerne – ohne Elektronenhüllen – zerfallen und zu superdichten schwarzen Löchern werden. Mit der endgültigen ›Verdampfung‹ der schwarzen Löcher sterben die zerfallenen Quantenreste und fallen zurück in das virtuelle Energiefeld des Vakuums.

Jedoch kehrt sich – im Gegensatz zur Raumzeitkomponente – die Spektralkomponente des Prozesses nicht um: Die von den sich entwickelnden Materie-Energie-Systemen geschaffenen skalaren Wellenfronten bleiben im virtuellen Vakuumenergiefeld kodiert. Die Umkehrung der Materie-Energie-Evolution erzeugt im Ψ-Feld ständig weitere Ergänzungen abnehmenden Komplexitätsgrades, die sich den in früheren Entwicklungsphasen gebildeten komplexen Mustern überlagern. Wenn die zerfallene Materie vollständig in das Vakuum zurückgekehrt ist, werden keine neuen skalaren Wellenfronten mehr geschaffen: danach verharrt das Ψ-Feld in Ruhe.

Ein Universum mit einem einzigen Zyklus würde damit

ebenfalls zur ewigen Ruhe gelangen. Es gibt aber keinen hinreichenden Grund zur Annahme, daß neue Instabilitäten des Vakuums nicht imstande sind, frische solitäre Quantenwellen in einer neuen Raumzeit zu erschaffen; stattdessen gibt es einige gute (obgleich abstrakt-mathematische) Gründe für die Annahme, daß solches geschehen kann: wie wir gesehen haben, sind die Parameter eines multizyklischen offenen Universums wesentlich in sich selbst konsistent. In einem solchen Universum wiederholt sich der Evolutionsprozeß immer wieder, allerdings nicht in exakt gleicher Form. Die spektralen Aufzeichnungen der vorangegangenen Zyklen bleiben im Vakuum kodiert. Sie beeinflussen die Entwicklung der während des folgenden Zyklus synthetisierten Materie-Energien; jeder Zyklus wird also durch die Evolution aller vorhergegangenen Zyklen ›in-formiert‹. Da der Prozeß fortwährend auf funktionale Reaktionen auf die vom Chaos erzeugten Alternativen ausgerichtet ist, wird die Evolution mit jedem Zyklus zunehmend effektiver. In aufeinanderfolgenden Zyklen erreichen Materie-Energie-Systeme während gleicher Zeitspannen höhere Ordnungsgrade und höhere Komplexität.

Anmerkungen und Literaturhinweise

Kapitel I

1 Heisenberg, Werner, *The Physicist's Conception of Nature*, London 1955.
2 *The Philosophy of Niels Bohr*, in: Bulletin of Atomic Physicists, vol. XIX, 7.
3 Eddington, Arthur S., *The Nature of the Physical World*, New York 1929, S. 341.
4 –, a.a.O., S. 276.
5 Jeans, James, *Interview in Living Philosophers*, New York 1931.
6 Heisenberg, Werner, *Philosophic Problems of Nuclear Science*, New York 1952, S. 62.
7 –, *Development of Concepts in the History of Quantum Theory*, in: American Journal of Physics, Vol. 43, 5, 1975.
8 Prigogine, Ilya, Persönliche Mitteilung am 4. September 1990.
9 Harris, Errol E., *The Universe in the Light of Contemporary Scientific Developments*, in: M. Kafatos (Hg.), Bell's Theorem, Quantum Theory and Conceptions of the Universe, New York 1989.
10 Gell-Mann, Murray, *A Schematic Model of Baryons and Mesons*, in: Physics Letters, Vol. 8.3, 1964.
11 Weinberg, Steven, *The Search for Unity: Notes for a History of Quantum Field Theory*, in: Daedalus, Discoveries and Interpretations: Studies in Contemporary Scholarship (II) 1977.
12 Als Überblick über die neuesten Entwicklungen zur Superstring-Theorie siehe Parker, Barry, *The Search for a Supertheory: From Atoms to Superstrings*, New York 1987.
13 Chew, Geoffrey S., *The analytic s-matrix*, New York 1966 – Stapp, Henry P., *Space and Time in s-matrix Theory*, in: Physiological Review, Vol. 135B, 1985.
14 Hawking, Stephen, *A Brief History of Time*, New York 1989 (dt. *Eine kurze Geschichte der Zeit*, Reinbek bei Hamburg 1988).
15 Bohm, David, *Wholeness and the Implicate Order*, London 1980 (dt. *Die implizite Ordnung*, München 1985.)
16 Bohm, David und Heily, B. J., *Non-relativistic particle systems*, in: Physics Reports 828, 1986.
17 Stapp, Henry P., *Matter, Mind, and Quantum Mechanics*, New York 1993.

18 Heisenberg, Werner, in: Daedalus, Vol. 87, 1958, S. 99-100.

19 Heisenberg, Werner, *Physics and Philosophy*, New York 1985 (dt.: *Physik und Erkenntnis*, in: Gesammelte Werke, Berlin 1984.)

20 Stapp, Henry P., a.a.O.

21 Stapp, Henry P., *Quantum Theory and the Place of Mind in Nature*, in: Niels Bohr and Contemporary Philosophy, Faye, J. und Folse, H. J. (Hg.) im Druck.

22 Stapp, Henry P., persönliche Mitteilung vom 7. 4. 1993.

23 Laszlo, Ervin, *Evolution: The Grand Synthesis*, Boston und London 1987. (dt. *Evolution – Die neue Synthese*, Europaverlag 1991.)

24 Prigogine, Ilya, *Thermodynamics of Irreversible Processes*, New York 1967.

25 Prigogine, Ilya und Stengers, Isabelle, *Order out of Chaos: Man's New Dialogue with Nature*, New York 1984. (dt. *Dialog mit der Natur*, München 1981.)

26 Prigogine, Ilya und Stengers, Isabelle, a.a.O., S. 169-170.

27 Goodwin, Brian, *Development and evolution*, in: Journal of Theoretical Biology, Vol. 97, 1982. – Goodwin, Brian, *Organisms and minds as organic forms*, in: Leonardo Vol. 22, 1989, S. 27-31.

28 Injuschin, V. M., *Elementy teorii biologicheskogo polia*, Alma Ata 1978.

29 Sheldrake, Rupert, *A New Science of Life*, London 1981. (dt. *Das schöpferische Universum,* Berlin 1993) – The Presence of the Past, New York 1988. (dt. *Das Gedächtnis der Natur*, München 1992.)

30 McKenna, Terence, Sheldrake, Rupert und Abraham, Ralph, *Trialogues at the Edge of the West*, Santa Fe, NM 1992 (dt. *Denken am Rande des Undenkbaren*, München 1993).

Kapitel II

1 The Born-Einstein Letters, London 1971.

2 Wheeler, John Archibald, *Bits, quanta, meaning*, in: A. Giovannini, F. Mancini, M. Marina (Hg.), *Problems of Theoretical Physics*, Salerno 1984.

3 Wheeler, J. A., a.a.O.

4 Einstein, Albert, Podolski, Boris und Rosen, Nathan, *Can quantum mechanical description of physical reality be considered complete?*, in: Physical Review, Vol. 47, 1935.

5 Bell, John S., *On the Einstein-Podolsky-Rosen Paradox*, in: Physics, Vol. 1, 1964.

6 Kleppner, David, Lettmann, Michael und Zimermann, Myron, *Highly excited atoms*, in: Scientific American, Mai 1981.
7 Barrow, John D. und Tipler, Frank J., *The Anthropic Cosmological Principle*, New York 1986.
8 Chaitin, G. J., *A Computer Galery of Mathematical Physics*, IBM Research Report, New York 23. 3. 1985.
9 Misner, C., Thorne, K./ Wheeler, J., *Gravitation*, San Francisco 1970.
10 Dawson, Richard, *The Extended Phenotype*, Oxford 1982.
–, *The Blind Watchmaker*, London 1986 (dt. *Der blinde Uhrmacher*, München 1987).
11 Denton, Michael, *Evolution: Theory in Crisis*, London 1986.
12 Lorenz, Konrad, *The Waning of Humaneness*, Boston 1987 (dt. *Der Abbau des Menschlichen*, München 1995.
13 Weyl, Hermann, *Philosophy of Mathematics and Natural Science*, verbesserte Auflage, Princeton, NJ 1949.
14 Dorst, Jean, Interview mit Jean Staude, a.a.O.
15 Wolff, Etienne, Interview mit Jean Staude, a.a.O.
16 Eldredge, Niles und Gould, Stephen J., *Punctuated equilibria: an alternative to phylogenetic gradualism*, in: Shopf (Hg.), *Models in Paleobiology*, San Francisco 1972.
17 Eldredge, Niles, *Time Frames: The Rethinking of Darwinian Evolution and the Theory of Punctuated Equilibria*, New York 1985.
18 Gould, Stephen J., *Irrelevance, submission and partnership: the changing role of paleontology in Darwin's three centennials, and a modest proposal for macroevolution*, in: Bendal, D., *Evolution from Molecules to Men*, Cambridge 1983.
19 Schutzenberger, M., Interview mit Jean Staune in Figaro Magazine, a.a.O.
20 Sermonti, Guiseppe, Interview mit Jean Staune, a.a.O.
21 Hall, Barry, in: Proceedings of the Natural Acadamy of Scientists USA, Vol. 88, S. 5882-86.
22 Fondi, Roberto, *La Revolution Organiciste*, Paris 1986.
–, Interview mit Jean Staune, a.a.O.
23 Jacob, Francois, *Molecular tinkering in evolution*, in: D. S. Bendall (Hg.), *Evolution from Molecules to Men*, a.a.O.
24 Weyl, Hermann, Dorst, Jean und Fondi, Roberto, a.a.O. – Hardy, Alister, *The Spiritual Nature of Man*, London 1981 – Taylor, Gordon Rattray, *The Great Evolution Mystery*, London 1983.
25 Sinnot, Edmund, Matter, *Mind and Man*, New York 1957.
–, *The Problem of Organic Form*, 1963.
26 Eccles, John und Robinson, Daniel N., *The Wonder of Being Human*, London 1985 (dt. *Wunder des Menschseins*, München 1991).

27 Lashley, Karl, *The Problem of cerebral organization in vision*, in: Biological Symposia, Vol. VII, Visual Mechanism, Lancaster 1942.
28 Young, J. Z., *Memory*, in: Richard Gregory, (Hg.), *Oxford Companion to the Mind*, Oxford 1987.
29 Moody, Raymond, Jr., *Life After Life*, Covington 1975. (dt. *Leben nach dem Tod*, Reinbek 1977) –, Vorwort zu: David Lorimer, *Whole in One: The Near-Death Experience and the Ethic of Interconnectness*, London 1990 (dt. *Die Ethik der Nah-Todeserfahrung*, Frankfurt/Main 1993).
30 Moody, Raymond A., Jr., in: *The Light Beyond*, New York 1988.
31 Lorimer, David, *Whole in One*, a.a.O., Kapitel 1 (dt. *Die Ethik der Nah-Todeserfahrung*, Frankfurt/Main 1993).
32 Stevenson, Ian, *Children Who Remember Previous Lives*, Charlotteville 1987.
33 –, *Unlearned Language: New Studies in Xenoglossy*, Charlotteville 1984.
34 Detlefsen, Thorwald, *Schicksal als Chance*, München 1979. Netherton, Morris und Shiffrin, Nancy, *Past Lives Therapy*, New York 1978.
35 Stevenson, Ian, *Children Who Remember Previous Lives*, a.a.O., Kap. 11.
36 Woolger, Roger, *Other Lives, Other Selves*, New York 1987.
37 Shlain, Leonard, *Art and Physics: Parallel Visions in Space, Time, and Light*, New York 1991.
38 Jung, Carl G., *Synchronicity: An Acausal Connecting Principle*, in: Gesammelte Werke, Vol. VIII, Princeton 1973. (dt. *Synchronizität*, München 1990) – Peat, David, *Synchronicity: The Bridge Between Matter and Mind*, New York 1987. (dt. *Synchronizität*, München 1991) – Combs, Allan und Holland, Mark, *Synchronicity: Science, Myth, and the Trickster*, New York 1990.
39 Elkin, A. P., *The Australian Aborigines*, Sidney 1942.
40 Targ, Russel und Puthoff, Harold, *Information transmission under conditions of sensory shielding*, in: Nature, Vol. 251, 1974.
Targ, Russel und Harary, Keith, *The Mind Race*, New York 1984.
41 Persinger, Michael A. und Krippner, Stanley, *Dream ESP experiments and geomagnetic activity*, in: The Journal of the American Society for Psychical Research, Vol. 83, 1989 – Ullman, Montague und Krippner, Stanley, *Dream Studies and Telepathy: An Experimental Approach*, New York 1970.
42 Dossey, Larry, *Recovering the Soul: A Scientific and Spiritual Search*, New York 1989.
43 Aron, Elaine und Arthur, *The Maharishi Effect: A Revolution through Meditation*, Walpole, NH 1986.

Kapitel III

1 Gabor, Dennis, *A New Microscopic Principle*, in: Nature, Vol. 161, 1946.
2 Hoyle, Fred, *The Intelligence Universe*, London 1983.
3 Lee, T. D., *Particle Physics and Introduction to Field Theory*, New York 1982.
4 Michelson, A. A., *The Relative Motion of the Earth and the Lumineferous Ether*, in: American Journal of Science, Vol. 22, 1881, S. 120-29.
5 Sagnac, G., *The lumineferous ether demonstrated by the effect of the relative motion of the ether in an interferometer in uniform rotation*, in: Comptess Rendus de l'Academie des Sciences, Vol. 157, Paris 1913.
6 Ives, Herberg, *Light signals sent around a closed path*, in: Journal of the Optical Society of America, Vol. 28, 1938; *Revisions of the Lorentz transformations*, in: Proceedings of the American Philosphical Society, Vol. 95, 1951; *Lorentz-type transformations as derived from performable rod and clock operations*, in: Journal of the Optical Society of America, Vol. 39, 1949; *Extrapolation from the Michelson-Morley experiment*, in: Journal of the Optical Society of America, Vol. 40, 1950.
7 Silvertooth, Ernest W., *Experimental dedection of the ether*, in: Speculations in Science and Technology, Vol. 10, 1987; *Motion through the ether*, in: Electronics and Wireless World, Mai 1989; *A new Michelson-Morley experiment*, in: Physics Essays, Vol. 5, 1992. (weitere bibliographische Angaben in LaViolette, Paul, *Beyond the Big Bang: Ancient Myth and the Science of Continuous Creation*, New York 1994).
8 Einstein, Albert, in: Verhandlungen der Schweizerischen Naturforschungsgesellschaft, Band 105, 1924.
9 Licata, Ignazio, *Dinamica Reticolare dello Spazio-Tempo*, in: Ausgabe Nr. 27, Soc. Ed. Andromeda, Bologna 1989.
Requardt, Manfred, *From Matter-Energy to Irreducible Information Processing – Arguments for a Paradigm Shift Fundamental Physics*, in: Haefner, K. (Hg.), *Evolution of Information Processing Systems*, New York und Berlin 1992.
10 Bearden, Thomas E., *Toward a New Electromagentics*, 1983.
11 Tiller, William A. *What are subtle energies?*, in: Journal of Scientific Exploration, Vol. 7, 1993.
12 Wheeler, John A., *Quantum Cosmology*, in: Fang, L. Z. und Ruffini, R. (Hg.), *World Science*, Singapur 1987.
13 Licata, Ignazio, *Solitonic Particles Theory in Quantized Space-Time*, (Nachdruck) 1988.

14 Russell, J. Scott, *Report on Waves*, in: British Assoc. for the Advancement of Science, 1845.
15 Yuan, H.C. und Lake, B.M., *Nonlinear deep waves*, in: B. Kursunoglu, A. Perlmutter und L.F. Scott (Hg.), *The Significance of Nonlinearity in the Natural Sciences*, New York 1977.

Kapitel IV

1 Wigner, Eugene, in: I.J. Good (Hg.), *The Scientist Speculates*, London 1961.
2 Jahn, R.G. und Dunne, B.J., *On the quantum mechanics of consciousness with application to anomalous phenomena*, in: Foundation of Physics, Vol. 16, 1986.
3 Everett, Hugh, in: Rev. Mod. Physics, Vol. 29, 1957.
4 Dirac, Paul, in: Proc. Einstein Centennial Symposium, Jerusalem 1979.
5 Aspect, A., Grangier, P., Roger, G., in: Physical Review Letters, Vol. 49, 1982.
6 De Beauregard, O. Costa, *Le Temps Deploye*, Monte Carlo 1988.
7 Duke, D.W. und Pritchard, W.S. (Hg.), *Measuring Chaos in the Human Brain*, London 1991 – Jansen, B.H. und Brandt, M.E. (Hg.), *Nonlinear Dynamical Analysis of the EEG*, London 1993.
8 Jacob, François, *The Logic of Life: A History of Heredity*, New York 1970.
9 Ho, M.W., *On not holding nature still: evolution by process, not by consequence*, in: M.W. Ho und S.W. Fox (Hg.), *Evolutionary Processes and Metaphors*, London 1988.
10 Hall, B.G., *Evolution on a petri dish*, in: Evolutionary Biology, Vol. 15, 1982.
11 Saunders, Peter T., *Evolution without natural selection*, in: Journal of Theoretical Biology, 1993.
12 Ho, M.W., *The role of action in evolution*, in: Cultural Dynamics, Vol. 4, 1991, S. 336-54.
13 Eldredge, Niles, *Unfinished Synthesis. Biological Hierarchies and Modern Evolutionary Thought*, Oxford 1985.
14 Ho, M.W. und Saunders, P.T. (Hg.), *Beyond Neo-Darvinism: Introduction to the New Evolutionary Paradigm*, London 1984.
15 Euler, Manfred, *Reconstructing complexity: information dynamics in acustic perception*, in: H. Atmanspacher und H. Scheingraber (Hg.), *Information Dynamics*, New York 1991.
16 Gibson, J.J., *The Ecological Approach to Visual Perception*, Cambridge, MA 1980.

17 DeValois, Karen und Russell, *Spatial vision*, in: Annual Review of Psychology, Vol. 31, 1980.
18 Pribram, Karl, *Brain and Perception: Holonomy and Structure in Figural Processing*, Hillsdale, NJ 1991.
19 Pribram, Karl und McGuinness, D., Kommentar zu Jeffrey Grays ›The neuropsychology of anxiety: An enquiry into the functions of the septo-hippocampal system‹, in: The Behavioural and Brain Sciences, Vol. 5, 1982.
20 Gibson, J. J., a.a.O.
21 Pribram, Karl, *Brain and Perception*, a.a.O.
22 ebd.
23 Lashley, Karl, *The problem of cerebral organization in vision*, a.a.O.
24 Edelman, Gerald M. und Montcastle, V. B., *The Mindful Brain: Cortical Organization and the Group-selective Theory of Higher Brain Function*, Cambridge, MA 1978.
Edelman, Gerald M., *Neural Darvinism: The Theory of Neuronal Group Selection*, New York 1978 und *Bright Air, Brilliant Fire: On the Matter of Mind*, New York 1992.
25 Edelman, Gerald M., *Bright Air, Brilliant Fire*, a.a.O., S. 102.
26 ebd., S. 107-108.
27 Lorimer, David, *Whole in One*, a.a.O., S. 22.
28 Nach einem Bericht in: Cyber, Mailand, November 1992.
29 Stevenson, Ian, *Cases of the Reincarnation Type*, 4 Bände, Charlottesville 1975-1983 und *Children Who Remember Previous Lives*, a.a.O.
30 Jung, Carl G., Kommentar zu ›The Secret of the Golden Flower‹, in: R. Wilhelm, *The Secret of the Golden Flower*, New York 1962.
31 Von Franz, Marie-Louise, *Psyche und Materie*, Einsiedeln 1988 (unveröffentlichter Brief).
32 Von Franz, Marie-Louise, *Psyche und Materie*, Einsiedeln 1988.
33 Siehe Barrow, John D. und Tipler, Frank J., *The Anthropic Cosmological Principle*, a.a.O. – Greenstein, George, *The Symbiotic Universe*, New York 1987.
34 Kurki-Suonio, H., *Galactic beads on a cosmic string*, in: Science News, Vol. 137, 1990
Lerner, Eric, nach der Veröffentlichung von T. Van Flandern ›Major meeting on new cosmologies‹, in: Journal of Scientific Exploration, Vol. 7, 1993.
35 Gunzig, E., Geheniau, J. und Prigogine, I., *Entropy and Cosmology*, in: Nature, Vol. 330, 1987.
Prigogine, I., Geheniau, J. und Gunzig, E. und Nardone, P., *Thermodynamics of Cosmological Matter Creation*, in: Proceedings of the National Academy of Sciences, USA, Vol. 85, 1988.

Kapitel V

1 Sperry, Roger W., *In defense of mentalism and emergent interaction*, in: Journal of Mind and Brain, siehe auch: *Problems Outstanding in the Evolution of Brain Function* (James Arthur Lecture on the Evolution of the Human Brain), American Museum of Natural History, New York 1964, sowie *A modified concept of consciousness*, in: Psychological Review, Vol. 76, 1969.
2 Pribram, Karl, *Brain and Perception*, a.a.O.
3 Nach einem Zitat von Erwin Schrödinger aus *The Oneness of Mind*, in: Ken Wilber (Hg.), *Quantum Questions*, Boston und London 1984.
4 James, William, *The Varieties of Religious Experience*, London, New York und Bombay 1904 (dt. *Die Vielfalt der religiösen Erfahrung*, Frankfurt/Main 1995).
5 Watson, E. L. Grant, *The Mystery of Physical Life*, Edinburgh 1992.
6 Nach einem Zitat von William James, in: *The Pluralistic Universe*, London, New York und Bombay 1909.
7 Duyvendar, J. J. L., *Tao Te Ching*, London 1954.
8 Swami, Vivekananda, *Raja-Yoga*, University Press of India 1937.
9 Krishna, Gopi, *Kundalini for new age*, in: Kishore Gandhi (Hg.), *The Odyssey of Science, Culture and Consciousness*, New Delhi 1990.
10 Brennon, Barbara Ann, *Hands of Light: A Guide to Healing Through the Human Energy Field*, New York 1987.
11 White, John und Krippner, Stanley, *Future Science*, New York 1977.
12 Wilber, Ken, *The great chain of being*, in: Journal of Humanistic Psychology, Vol. 33, 1993.
13 Heisenberg, Werner, *Theory, Criticism and Philosophy*, in: *From A Life of Physics*, Evening Lectures at the International Center for Theoretical Physics, Triest, Juni 1968.

Nachwort

1 Berry, Thomas, *The Dream of the Earth*, San Francisco 1988.

Anhang

1 in: Scientific American, August 1988.
2 Goertzel, Ben, *The Evolving Mind*, New York 1993.
3 Crutchfield, J. P. und Young, K., in: Physical Review Letters, Vol. 63, 1989.

Crutchfield, J. P., *Computation at the Onset of Chaos*, in: W. H. Zurek (Hg.): *Complexity, Entropy, and the Physics of Information*, Reading, MA 1990.

4 Einstein, Albert, *The World As I See It*, New York 1934.

5 Sahw, Robert, *Strange attractors, chaotic behaviour, and information flow*, in: Zeitschrift für Naturforschung, Vol. 36 A, 1980.

6 Freeman, Walter J., *The physiology of perception*, in: Scientific American, Februar 1991.

7 Whitehead, Alfred North, *Process and Reality: An Essay in Cosmology*, New York 1929.

–, *Science and the Modern World*, New York 1925.

–, *Adventures of Ideas*, New York 1933.

Register

Zu dieser Ausgabe

insel taschenbuch 2108
Ervin Laszlo
Kosmische Kreativität

Der Text folgt der Ausgabe: Ervin Laszlo, *Kosmische Kreativität. Neue Grundlagen einer einheitlichen Wissenschaft von Materie, Geist und Leben*, Insel Verlag Frankfurt am Main und Leipzig 1995. Die englische Originalausgabe erschien 1993 unter dem Titel *The Creative Cosmos. A Unified Science of Matter, Life and Mind* bei Floris Books in Edinburgh. Die Übersetzung aus dem Englischen besorgte Vladimir Delavre. Umschlagabbildung: ZEFA-Masterfile.